JN409710

정석 자동차 보수도장

성낙천 · 양은상 · 김영길 · 김동학 공저

머리말

최근 일간지에 직 · 간접 고용인원이 175만 명에 달하며, 대한민국 7가구당 1가구가 먹고 사는 산업이 "자동차 산업"이라고 발표했다.

이는 지난 10년 동안 여수 인구(29만 명)와 맞먹는 규모의 일자리를 창출한 산업으로 "자동차 산업"이 차지하는 비중이 우리나라 경제에 미치는 영향이 매우 크다는 점을 확연히 보여 주는 것이다.

자동차 보수도장은 지난 1997년 프랑스 국제기능올림픽에 처음 출전한 것을 기점으로, 1998년 전국기능경기대회로 학교 정규교육에 도입되었고, 2006년 자동차 보수도장 국가기술자격 검정제도의 도입 등으로 자동차 보수도장 기술의 진보가 눈부시게 발전하고 있으며 향후 국가기술자격 검정에 "자동차 보수도장 산업기사" 신설을 눈앞에 두고 있다.

고등학교, 전문대학교 등 정규 학교 교육을 통해 전문 기술 인력이 양성됨으로써 현장의 도제교육에서 학교가 기술교육의 주체가 되었음은 매우 괄목할 만한 성장이다.

최근 자동차 보수도장의 역사에 한 페이지가 새롭게 기록되고 있다. 국제적인 VOC 규제에 적합하도록 설계된 "수용성 도료"를 보수도장 공정에 적용하는 것이다. 새로운 자동차용 보수 도료의 출시는 기술, 장비, 재료 등에 다양한 변화를 수반한다.

도료의 변화와 함께 자동차 역시 알루미늄, 마그네슘, 탄소섬유 등의 비철금속과 비금속 재료가 다양하게 적용됨으로써 자동차 보수도장 기술의 끊임없는 노력을 요구하고 있다.

본 교재는 새로이 적용되는 수용성 도료의 적용과 다양한 소재의 도장 기법, 그리고 빛바랜 흑백의 사진 자료들을 새롭게 전면 컬러판으로 집필하여 최신의 도장 기술을 배우려는 후학들에게 이론적 지식과 실무에 적용할 수 있는 지침을 제공하여 신차 수준의 품질을 재현하는 기술적 진보를 제시하려고 한다.

끝으로 도서출판 기한재 사장님과 임직원 여러분에게 깊은 감사를 드리고 귀한 기회를 허락해주신 하나님께 감사와 영광을 돌립니다.

자동차 보수도장 기술발전의 밑거름이 되기를 기원하며
저자일동

차 례

VI 광 택

VII 플라스틱 도장

VIII 도장 결함 및 수정 작업

Ⅰ. 안전관리

제1절 안전관리 일반

1. 개 요

1.1 사고의 개념

생산 현장에는 수많은 위험이 존재한다. 건물의 붕괴나 화재, 건물내 미끄러짐, 추락, 기계·설비에 의한 협착 또는 감전, 가스·독극물의 누출·폭발, 공기오염, 방사선·유해광선, 소음·진동 등에 의한 신체장애 등 기계적 또는 비기계적 위험이 상존한다.

이러한 생산 현장은 작업을 통해 제품을 만드는 장소로 가공, 조립, 운반 등의 신체적 활동으로 그 과정에서 설비와 작업자의 무리한 접촉으로 사고가 유발되는 것이다. 사고에 대해 미국의 안전 전문가인 버즈(Frank E. Bird's, Jr.)는 "결과적으로 인적피해나 물적 피해를 초래하는 바람직하지 않은 사상(事象, Event)"이라고 정의한다.

사고란 '아무도 원하지 않고, 예상하지도 못한 불행한 사상(事象, Event)'을 말한다.

1.2 사고의 형태별 분류

① 추락 : 사람이 건축물, 사다리, 경사면, 나무 등에서 떨어지는 경우
② 전도 : 사람이 평면상으로 넘어졌을 때를 말함(과속, 미끄러짐 포함)
③ 충돌 : 사람이 정지 물체에 부딪친 경우
④ 낙하·비래 : 물건이 주체가 되어 사람이 맞은 경우
⑤ 붕괴·도괴 : 적재물, 비계, 건축물이 무너진 경우
⑥ 협착 : 물건에 끼워진 상태, 말려든 상태
⑦ 감전 : 전기접촉이나 방전에 의해 사람이 충격을 받은 경우
⑧ 폭발 : 압력의 급격한 발생으로 폭음을 수반한 팽창이 일어난 경우
⑨ 파열 : 용기 또는 장치가 물리적인 압력에 의해 파열된 경우
⑩ 화재 : 물체의 연소로 인한 피해를 당한 경우

⑪ 무리한 동작 : 무거운 물건을 들다가 허리를 삐거나 상해를 입은 경우
⑫ 이상온도 접촉 : 고온이나 저온에 접촉한 경우
⑬ 유해물 접촉 : 유해물 접촉으로 중독이나 질식된 경우

1.3 사고의 원인

1.3.1 직접 원인

사고에 직접적으로 관여한 원인을 기계설비와 사람으로 구분할 수 있다. 기계설비의 불완전한 원인을 물적 요인이라고 하며, 사람의 불완전한 행동에 의한 원인을 인적요인이라 한다.

(1) 물적 요인(물체의 불안전한 상태)

① 물체 자체의 결함
② 방호장치의 결함
③ 복장, 보호구의 결함
④ 물체의 배치 및 작업장소 결함
⑤ 작업환경의 결함
⑥ 생산공정의 결함

(2) 인적 요인(사람의 불안전한 행동)

① 위험장소 접근
② 안전장치의 기능 제거
③ 복장, 보호구의 잘못 사용
④ 기계, 기구의 잘못 사용
⑤ 불안전한 자세, 동작
⑥ 위험물 취급 부주의

1.3.2 간접 원인

(1) 직접 요인의 배후에서 사고에 간접적으로 영향을 준 원인이다

① 기술적 요인
② 교육적 요인
③ 작업관리 요인
④ 학교 교육적 요인
⑤ 사회적/역사적 요인
⑥ 신체적 요인
- 극도의 피로
- 청각 장애
- 저시력
- 작업에 부적격한 신체적 장애

⑦ 정신적 요인
- 협조 정신 부족
- 작업에 적당치 못한 태도 및 자세
- 느린 정신 반작용
- 부주의
- 정서 안정의 부족 신경과민
- 신경과민

1.4 사고예방 원칙과 대책

안전은 생산성 증대에 있어 큰 역할을 한다. 작업장 안전 절차의 준수를 통하여 안전한 작업 환경을 만드는 것은 개인의 안전과 효율적인 작업 모두를 위해서 중요하다.

1.4.1 사고의 예방 원칙

(1) 원인연계의 원칙

사고는 자연적으로 이유 없이 발생되지 않으며 반드시 원인이 있어 그 원인에 의해서 사고로 발전하게 된다.

(2) 손실우연의 원칙

사고의 결과로써 생긴 손실의 크기는 우연에 의해서 정해진다. 이것은 피해자의 기민성이나 반사신경, 위험요소의 크기, 신체적 조건, 신체부위, 보호구 착용여부 등에 따라 달라진다.

(3) 예방가능의 원칙

사고는 여러 가지 원인들에 의해 발생되므로 그 원인만 제거되면 예방할 수 있다. 따라서 모든 사고는 예방이 가능하다.

(4) 대책선정의 원칙

모든 사고는 예방이 가능하므로 예방대책이 강구되어야 한다. 또한 사고는 여러 원인이 종합적으로 연계되어 발생하므로 종합연계 대책이 강구되어야 한다.

1.4.2 사고 예방대책 5단계

(1) 제1단계-조직

경영주는 안전의 목표를 설정할 때 먼저 안전관리 조직을 구성하여 안전활동 방침 및 계획을 수립하여야 하고, 전문적 기술을 가진 조직을 통해 전 근로자가 참여하는 안전활동을 전개함으로써 사고를 예방하여야 한다.

(2) 제2단계-사실의 발견

조직편성이 완료되면 안전점검, 사고조사, 관찰 보고서의 검토, 안전회의 등을 통해 시설물의 위험요소나 근로자의 불안전행동을 발견한다.

(3) 제3단계-분석

현장조사로 발견한 사실의 분석, 작업 환경 및 작업공정의 분석, 교육과 훈련의 분석 등을 통해 사고의 직접, 간접원인을 찾아낸다.

(4) 제4단계-시책의 선정

분석을 통해 얻은 원인을 토대로 효과 적인 개선방법을 선정하여야 한다. 개선방안에는 기술적 개선, 교육 및 훈련의 개선, 안전규정 및 수칙의 개선, 인사배치나 상벌의 개선 등이 있다.

(5) 제5단계-시정책의 적용

사고예방을 위한 시정책은 반드시 적용되어야 하며, 적용 결과를 평가하여 불합리한 것은 재조정되어 실시되어야 한다.

제 2 절 도장 안전관리

1. 유기용제

1.1 유기용제의 위험성

(1) 인화점

액체를 가열하면 증발이나 분해하여 증기 가스를 발생한다. 이 증기나 가스가 가연성일 경우 화기에 접근하게 되면 연소한다. 이것을 인화라고 하며 이때의 액체 온도를 인화점이라 한다.

【표 1-1】 석유류별 인화점

구 분	인화점	종 류
제1석유류	21℃ 미만	가솔린, 솔벤트, 나프타, 벤졸, 톨루엔 등
제2석유류	21~70℃	등유, 크실렌, 미네랄스피릿, 셀루솔브 등
제3석유류	70℃ 이상	중유

(2) 발화점

그 자체가 가열되어 자연적으로 발화하는 온도를 말하며 이러한 분해와 산화 등으로 생긴 약간의 열이 점차 저장되어 가는 상태 일 때 발생하며 공기의 유통이 좋게되면 발생되지 않는다. 이는 공기에 의해 발생된 열이 제거되어 온도가 상승하지 못하기 때문이다.

① 자연 분해에 의한 열 발생 : 셀룰로이드, 락카 에나멜 등

② 자연 산화에 의한 열 발생 : 석탄 분말, 도료의 걸레 등

(3) 폭발한계

인화성 액체의 증기나 가스는 공기와 적당하게 혼합된 농도의 범위가 아니면 연소하지 않는다. 증기의 농도가 너무 적을 때나 너무 과다할 때에는 연소하지 않는다.

이 범위를 폭발한계 또는 연소범위라고 부르며 이 범위의 폭이 넓을수록 위험도가 큰 것이다.

【표 1-2】 폭발한계

기체 & 증기	폭발한계	기체 & 증기	폭발한계
수 소	4.1~75.0% 용량	아 세 톤	2.5~13.0% 용량
아세틸렌	2.3~82.0	톨 루 엔	1.2~7.0
메틸알코올	7.0~37.0	메틸에틸케톤	1.8~11.5
에틸알코올	3.5~20.0	부틸아세테이트	1.2~7.6
암모니아	15.7~27.4	벤 졸	1.4~9.5
프 로 판	2.1~9.5	가 솔 린	1.4~8.0

1.2 도장과 화재

극성 용제(알코올류, 에스테르류) 등을 제외하곤 대부분의 유기용제는 전기의 부전도체이므로, 휘저으면 정전기를 발생하여 축전된다. 특히, 습도가 낮고 접지 저항이 높은 바닥 등에서 도료를 저어서 금속에 용기를 접촉하면 화학방전이 일어나 작업자가 전기 쇼크를 받게 되고, 인화의 염려가 있다. 유기용제들의 발화점은 매우 높으나, 인화점은 매우 낮다. 특히, 용제를 제외하고는 상온에서 인화의 위험이 있음을 알아야 한다.

도료의 대부분은 유기용제를 혼합하여 사용하고, 배합량은 작아도 인화점이 낮은 유기용제가 조금만 혼입되어도 인화점이 내려가기 때문에, 비교적 안전하다고 여겨지는 도료에서도 신너 등을 첨가할 때는 내용을 조사해 보아야 한다. 유기용제의 폭발범위는 극히 한정되어 있으며, 비교적 저농도의 범위에 있다. 이 폭발범위에 들어가지 않으면 유기용제 증기는 인화되지 않는다.

유기용제의 연소는 기름이나 고체의 연소와 마찬가지로 용제증기가 공기와 혼합한 가스가 연소한다. 가스의 연소속도는 매우 빠르므로, 한번 연소가 일어나면 급속히 빠른 속도로 불꽃이 번지게 된다.

또한 화재는 도장할 때 비산하는 용제증기로 인하여 발생되므로 도장기기나 장비는 될 수 있는 한 발화원에서 멀리 떨어진 곳에 장치해 두어야 하며 밀폐된 장소에서 도장할 경우, 비록 환기장치가 되어 있더라도 용제 증기의 농도가 한계에 달하면 화재나 폭발이 발생된다. 따라서 유기용제의 화재에 탄산가스, 사염화탄소, 포말소화기 등의 불연성 가스로 진화하는 것이 좋으며, 덮어씌우는 방법도 유효하다. 용제류의 화재에는 초기 소화가 특히 유효하기 때문에, 도장 현장에 소화기의 비치가 중요하다.

1.3 인체에 미치는 영향

호흡 또는 피부에서 체내로 침입한 유기용제는 그 화학 구조에 의해 특정의 장기에 선택적으로 축적된다. 유기용제는 신진대사에 의해 서서히 체외로 배설되는데 침입량보다 배설량이 적으면 점차적으로 특정 장기에 축적되어 신경장애, 조혈기능장애, 간·신장 기능장애를 일으킨다.

1.3.1 도료의 유기용제

도료나 신너에 함유되는 용제는 단일 용제인 것은 거의 없으며 각종 유기용제의 혼합물이다. 도료의 특성에 맞추어 그 품종이나 조성을 배합하고 있다.

유기용제의 인체에 대한 작용 강도는 허용한계 값으로 표시되는 독성의 강도 외에 휘발성에 의한 것이 크다. 증기압이 높은 것일수록 휘발되기 쉽고 하절기에는 동절기보다 휘발되기 쉽다. 일반적으로 유성계, 프탈산계 도료용 용제보다 래커계, 합성 수지계 용제쪽이 증기압이 높은 용제를 많이 사용하고 있으므로 용기의 덮개, 엎지를 때의 처치 등을 신속하고 침착하게 하여야 한다. 또한 도료 신너를 사용할 때에는 미리 어떤 유기용제가 함유되어 있는가를 확인하는 것이 중요하다.

1.3.2 유기용제 허용농도

① 유기용제는 상온 및 상압하에서도 휘발성 액체로 다른 물질을 녹이는 성질을 가지고 있거나 또는 이러한 것들의 혼합물을 말한다.

② 유기용제 함유물 : 유기용제를 해당 혼합물 50% 이상 함유된 물질

③ 유기용제 최대 허용 농도(ppm)

㉠ 제1종 유기용제 : 25ppm

㉡ 제2종 유기용제 : 200ppm

㉢ 제3종 유기용제 : 500ppm

【표 1-3】 유기용제 허용농도

화학상의 분류	용 제 명	중독예방 규칙구분	허용농도(ppm)
석유계 탄화수소	- 미네랄스피리트	제 3 종	(500)
	- 석유나프타	제 3 종	500
	- 석유벤젠	제 3 종	(500)
	- 휘발유	제 3 종	(500)
방향족 탄화수소	- 코울타나프타	제 2 종	100
	- 벤젠	제 1 종	25
	- 톨루엔	제 3 종	200
	- 크실렌	제 2 종	100
할로겐 탄화수소	- 파크롤에틸렌	제 2 종	100
	- 트리크롤에틸렌	제 2 종	100
	- 4연화탄소	제 1 종	10
알코올 종 류	- 메틸알코올(메탄올)	제 2 종	200
	- 에틸알코올(에탄올)	없음	1,000
	- 이소프로필알코올	제 2 종	400
	- 이소프타놀	제 2 종	100
	- 이소아민알코올	제 2 종	100
	- MIBC	제 2 종	25

화학상의 분류	용 제 명	중독예방 규칙구분	허용농도(ppm)
케 톤 종 류	- 아세톤 - 메틸에틸케톤(MEK) - 메틸이소부틸케톤(MIBK) - 사이크로헥산	제 2 종 제 2 종 제 2 종 제 2 종	1,000 200 100 50
에 틸 종 류	- 에틸에텔 - 셀루솔브	제 2 종 제 2 종	400 200
에스텔 종 류	- 에틸아세테이트(초산에틸) - 부틸아세테이트(초산부틸) - 초산이소프로필 - 초산프로필	제 2 종 제 2 종 없음 제 2 종	400 200 250 200

1.3.3 게시 및 구분의 표시

(1) 게 시

① 유기용제가 인체에 미치는 영향
② 유기용제의 취급상 주의 사항
③ 유기용제 중독 시 응급조치

(2) 표 시

① 제1종 유기용제 : 빨 강
② 제2종 유기용제 : 노 랑
③ 제3종 유기용제 : 파 랑

(3) 유기용제 사용 위험구역 설치 표시

출입금지, 위험, 화기엄금

(4) 산업안전 표시

【표 1-4】 산업안전 표시

① 금지표시(빨강)

출입금지	보행금지	차량통행 금 지	사용금지	탑승금지	금 연	화기금지	몸체이동 금 지

1. ② 경고표시(노랑)

인 화 성 물질경고	산 화 성 물질경고	폭발물 경 고	독극물 경 고	몸 균 형 상실경고	레 이 저 광선경고	유해물질 경 고	위험장소 경 고

부 식 성 물질경고	방 사 성 물질경고	고압전기 경 고	매 달 린 물체경고	낙하물 경 고	고온경고	저온경고

③ 지시표시(파랑)

보안경 착 용	방 독 마스크 착 용	방 진 마스크 착 용	보안면 착 용	안전모 착 용	귀마개 착 용	안전화 착 용	안전장갑 착 용	안전복 착 용

④ 안내표시(녹색)

녹십자 표 지	응급구호 표 지	들 것	세안장치	비상구	좌 측 비상구	우 측 비상구

1.4 중독에 따른 위험

(1) 중독 경로 : 흡입, 피부 접촉

(2) 중독 증상

① 급성 : 피로, 두통, 구토, 실명, 순환기장애, 호흡기장애, 눈의 염증, 간장장애, 신경마비, 시각 혼란 등으로 사망 경우 발생

② 만성 : 빈혈, 적혈구파괴, 피부염 등의 중독

(3) 유기용제의 영향으로 인체에 나타나는 현상

【표 1-5】 유기용제의 인체에 미치는 영향

분류 \ 용제		방향족 탄화수소계		알코올계			에스테르계		케톤계			에테르계	
		톨루엔	크실렌	이소프로필알코올	메틸알코올	부틸알코올	에틸아세테이트	부틸아세테이트	아세톤	메틸에틸케톤	메틸이소부틸케톤	셀로솔브아세테이트	부틸셀로솔브
유해작용	피부질환 : 가려움,염증	◎	○	○	○	○	○	○	○	◎	●	○	○
	안과질환 : 충혈, 눈물, 동통	◎	○	○	○	○	○	○	○	◎	●	○	○
	비염 : 콧물과다	◎	○	○	○	○	○	○	○	◎	●	○	○
	기관지 장애 : 기침		○								●		
	마취 작용	◎	○	◎	●	◎	◎	◎	◎	◎	●	◎	◎
	중추신경계 작용 : 현기증, 시력저하, 두통	◎	○	◎	●	◎	◎	◎	◎	◎	●	◎	◎
	자율신경계 작용 : 식욕부진, 현기증	◎	○	◎	●	◎	◎	◎	◎	◎	●	◎	◎
	간장장애 : 황달	○	○	○	○	○		○			○		
	조혈장애 : 빈혈	◎	◎						○				○
	신장장애	○	○	○	○	○						○	◎
용도	래커계 도료/희석제	◎	◎	◎	◎	◎	◎	◎	◎	◎	◎	◎	◎
	우레탄계 도료/희석제	◎	◎				◎	◎		◎	◎	◎	
	소부 도료/희석제	◎	◎			◎	◎				◎		

※ ● 〉 ◎ 〉 ○의 순서로 유해작용이 강함

1.5 예방 대책

① 위험성이 적은 도료 및 용제 선택

② 작업장의 통풍, 환기조건 개선 및 용제 증기의 축적 방지

③ 위험 장소의 경우 작업 전, 작업중 정기적인 농도 측정

④ 마스크 착용

⑤ 작업자 교대 및 작업시간 단축

⑥ 중독 시 구급 조치 지도

⑦ 정기 건강진단 외에 노동안전위생법에 의해 6개월마다 1회는 특수 건강진단 실시하고 5년간 보관 자료를 보관한다.

2. 산업현장의 여러 가지 유해 물질

깨끗한 공기의 구성을 살펴보면 산소 21%, 질소 78%, 기타 1%로 되어 있으며 이를 기준으로 인간이 매분 10리터의 공기를 흡입하는데 힘든 노동의 경우 약 5배의 공기가 더 필요하다.

[그림 1-1] 공기의 구성

2.1 공기 중에 포함된 유해요소

① 분진(△) : 고체물질이 파쇄 및 분쇄되어 발생하는 미세한 입자이다.

② 흄(△) : 금속이 용융되고 기화하거나 급속히 냉각되었을 때(주물, 단조, 용접) 금속성 입자로 공기 중에 떠다니는 입자이다.

③ 미스트(△) : 스프레이 작업 시 발생하는 미세한 액체 방울이며 대개 여러 가지 성분이 혼합되어 있는 경우가 많다.

④ 가스(△) : 실온에서 공기 중에 함유되어 있는 기체물질로 배출원으로부터 감지되지 않고 빠른 속도로 먼 곳까지 이동할 수 있다. 유독가스는 인체에 매우 치명적이다.

⑤ 유해증기(△) : 해로운 액체 또는 고체로부터 증발하여 발생된 유해물질로 일반적으로 실온에서는 액체 상태이며 미세한 증기는 눈으로 볼 수 없는 것도 있다.

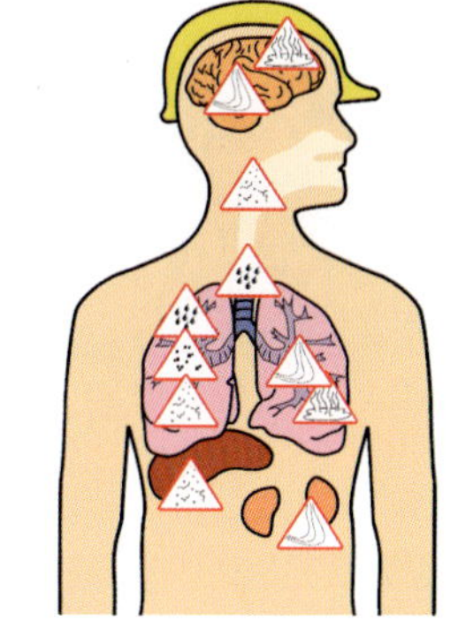

[그림 1-2] 유해물질이 인체에 미치는 영향

2.2 호흡성 분진이란?

호흡기를 통하여 폐포에 축적될 수 있는 크기의 분진으로 고체상의 물질이 분쇄, 파쇄, 연마, 절삭 등에 의해 미세 입자로 될 때 형성되며, 입자가 작을수록 공기 중에 떠있는 시간이 길고 흡입이 쉽게 된다.

도장 작업 시 샌딩에 의한 구도막 제거 작업이나 퍼티, 프라이머-서페이서면의 연마, 광택 작업의 칼라 샌딩 공정의 연마 작업중에 발생된다.

2.3 인체에 미치는 영향

호흡기를 통하여 인체에 흡입된 분진(작은(細)기관지 400μm, 폐포 100 - 300μm, 분사페인트의 입자크기 = 0.1μm)은 점액섬모 운동에 의하여 상기도로 이동되어 제거되거나 폐포에 침작된 분진은 대식세포와 점액성 섬모운동에 의하여 소화기 계통으로 들어가 제거된다. 제거되지 못한 분진은 인체의 각 기관에 의하여 용해되거나 일부 분진은 폐포 표면에 잔류되기도 하며, 잔류된 분진이 인체에 치명적으로 유해하다.

① 퍼티 샌딩 작업 시 분진 : 진폐증 위험

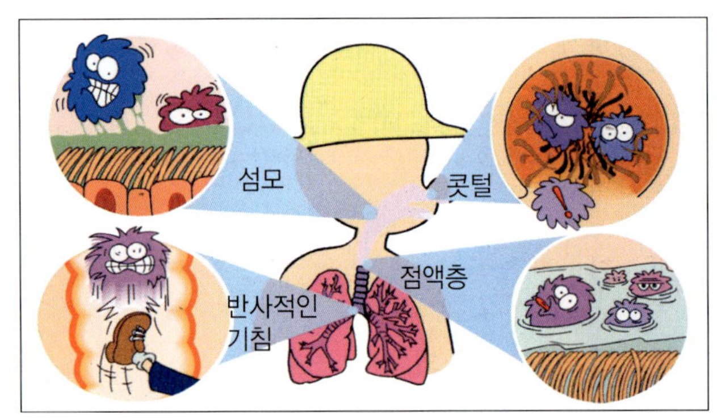

[그림 1-3] 인체의 방어기전

② 구도막 제거 시 함연 도료 : 납중독 위험

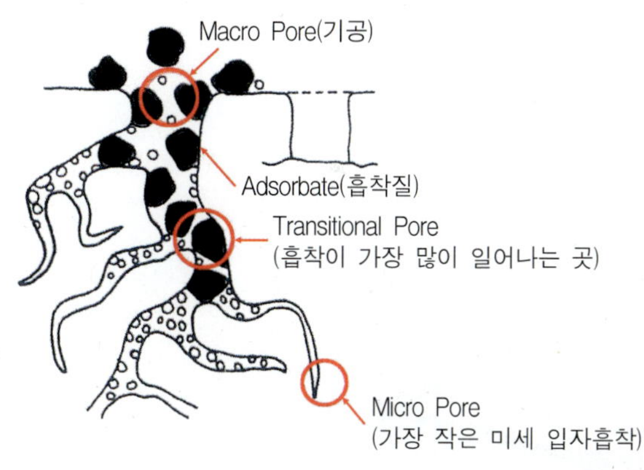

(a) 활성탄의 구조

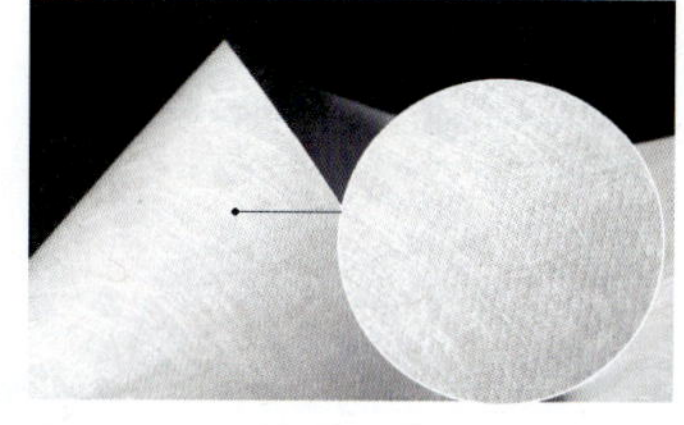

(b) 미세섬유 필터

[그림 1-4] 활성탄과 방진 필터의 구조

2.4 방독마스크의 필터 원리 및 적용

① 물리적 흡착 : 활성탄의 표면과 유해 증기의 표면간의 흡착에 의해 증기가 활성탄 기공 내부에 응축된다.

② 화학적 흡착 : 화학 처리된 활성탄 표면과의 "비가역적 반응"에 의한 화학 결합이 형성된다.

③ 활성탄의 원료 : 석탄, 야자껍질을 분쇄하여 고온 및 저산소 환경에서 처리한다.

④ 활성탄의 특징 : 넓은 내부 표면적으로 기공망을 구성하고 있으며 입자상 물질의 포집에는 부적합하여 방진 필터를 병행 사용한다.

2.5 방진마스크의 필터 원리 및 적용

① 침강 : 입자가 물질 자체의 중량으로 인해 여과된다.

② 충돌 : 흡입기류와 같이 들어와 부딪침으로써 여과된다.

③ 간섭 : 긴 모양의 분진 입자가 필터에 걸림으로써 여과된다.

④ 확산 : 가볍고 미세한 분진이 공기의 확산운동을 따라 움직이다가 여과된다.

⑤ 정전기 : 필터 내의 정전기로써 입자상 물질을 포집하여 여과된다.

3. 도장 작업 시 안전 보호구

3.1 안전보호구 종류

(1) 보안경(safety goggle)

작업중 먼지, 용제, 경화제 기타 이 물질이 눈에 들어갈 위험이 있으므로 늘 착용하도록 한다.

[그림 1-5] 보안경

(2) 내용제성 고무장갑(gloves)

박리제, 탈지제, 스프레이 작업, 건청소 등 통상적인 작업 시에 손을 보호하기 위해 사용한다.

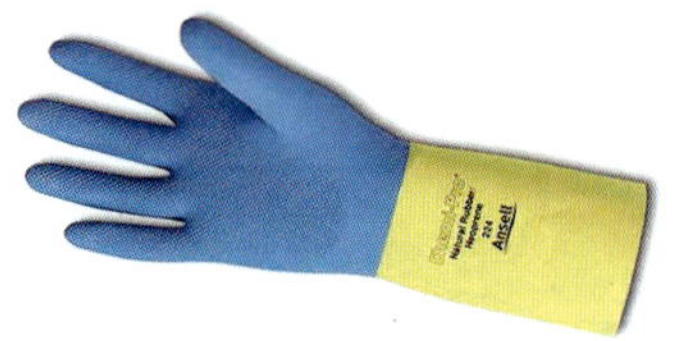

[그림 1-6] 고무장갑

(3) 방진마스크(dust respirator)

작업할 때 발생하는 연마 및 기타 먼지를 걸러준다.

[그림 1-7] 방진 마스크(1회용)

(4) 방독마스크(respirator)

도료에 함유된 이소시아네이트(isocyante) 및 눈에 보이지 않는 유독가스와 락카나 에나멜의 스프레이 먼지로부터 활성탄이 함유된 필터가 작업자를 보호한다.

공기공급식(supplied-air respirator)과 카트리지필터식(cartridge filter respirator)이 있다. 카트리지방식은 방진 필터를 부착하여 도장 작업자의 방진과 방독 작업을 겸용으로 보호한다.

(a) 공기공급식(supplied-air respirator) (b) 카트리지필터식(cartridge filter respirator)

[그림 1-8] 방독마스크

(5) 안전화(safety shoes)

발끝 부분에 금속물질이 들어가 딱딱하고, 미끄럼 방지 기능이 있으며 작업의 편리를 위해 사용한다.

[그림 1-9] 안전화

(6) 스프레이 보호복(protective clothing)

화학제품으로부터 인체와 피부를 보호하기 위해 사용한다.

[그림 1-10] 스프레이 부스복

3.2 보수도장 작업공정별 안전 보호구

【표 1-6】 공정별 적용 안전 보호구표

작업 공정	유해물질/작용	안전보호구 및 유의사항
1. 표면조정 작업 - 유분 탈지제거/세척 - 화성피막 처리	- 솔벤트 사용 - 흡입 및 비산 - 눈 및 피부 접촉 등	- 방독면, 내화학성 고무장갑, 보안경 착용 - 환기가 잘 되는 곳에서 작업 → 환기장치 사용
2. 하지 도료혼합 - 퍼티 및 프라서페	- 스틸렌 및 과산화물 사용 - 흡입 - 눈 및 피부 접촉 등	- 방독면, 내화학성 고무장갑, 보안경 착용 - 환기가 잘 되는 곳에서 작업 → 환기장치 사용
3. 건식 연마 작업 - 퍼티 및 프라서페	- 도료의 연마분진 - 흡입 - 눈 및 피부 접촉 등	- 방진마스크, 장갑, 보안경 착용 - 환기가 잘 되는 곳에서 작업 → 환기장치 사용
4. 조색 작업 - 경화제, 신너혼합	- 이소시아네이트, 폴리아미드, 산 솔벤트 - 도료의 퓸, 흡입 - 눈 및 피부 접촉 등	- 방독면, 내화학성 고무장갑, 보안경 착용 - 환기가 잘 되는 곳에서 작업 → 환기장치 사용
5. 스프레이 작업 - 중도/상도용 도료 (프라서페, 베이스, 크리어)	- 이소시아네이트, 솔벤트 등을 포함한 도료 분진 - 도료의 비산, 흡입 - 눈 및 피부 접촉 등	- 방독면, 내화학성 고무장갑, 보안경, 보호복 착용 - 환기가 잘 되는 곳에서 작업 → 환기장치 사용
6. 건 세척 작업	- 이소시아네이트, 폴리아미드, 산, 솔벤트 - 도료의 퓸, 흡입 - 눈 및 피부 접촉 등	- 방독면, 내화학성 고무장갑, 보안경 착용 - 환기가 잘 되는 곳에서 작업 → 환기장치 사용
7. 광택 작업	- 폴리아미드, 산, 솔벤트 - 도료의 퓸, 흡입 - 눈 및 피부 접촉 등	- 방독면, 장갑, 보안경 착용 - 환기가 잘 되는 곳에서 작업 → 환기장치 사용

3.3 방독면 관리

방독면(방진마스크)을 착용하기 전에 반드시 면체의 형태와 크기가 얼굴에 잘 맞는지 점검하고 밀착시험을 통하여 안면부에 새는 곳이 있는지 확인하여야 한다. 마스크의 효과는 정확하게 착용하는 사람에 의하여 결정되어지며 올바른 관리가 중요하다.

방독면의 정화통 필터는 보통 활성탄이나 화학처리한 활성탄으로 되어 있으며, 특정류의 가스 및 증기에 대하여 친화력 혹은 거부 반응을 가지므로, 특정류의 가스 및 증기를 제거한다. 활성탄에는 수백만 개의 작은 구멍들이 있어 오염물질을 활성탄 안에 포집하며 일정 시간 사용하면 포집능력이 저하되므로 필터 교체를 통하여 새로운 포집능력을 부여한다.

3.3.1 사용 전 주의 사항

① 몸체, 연결관, 정화통의 연결상태
② 보안유리 파손, 탈락, 이완 상태
③ 규정 정화통 여부
④ 정화통에 수분 및 습기 여부
⑤ 정화통 내부에 흡수제, 눌림판 이완 여부
⑥ 흡수제의 악취 여부
⑦ 정화통 몸체의 부식 여부
⑧ 몸체와 얼굴과의 밀착도

3.3.2 사용 후 주의 사항

① 분진 같은 이물질 제거(헝겊, 붓 등)
② 내부는 마른 헝겊 또는 물, 알코올을 적신 헝겊으로 닦고 짧은 시간 내에 그늘 건조
③ 흡기와 배기의 조절구에 묻은 수분 제거

3.3.3 보관 시 주의 사항

① 상비품은 손질 후 직사광선을 피하여 건조된 장소의 상자속에 보관
② 고무제품 세척 및 취급주의
③ 정화통의 상하 마개 밀폐
④ 방독마스크는 겹쳐 쌓지 않는다.

4. 도장 작업중 사고 발생 시 처치

① 작업중지 및 현장 대피
  - 작업장의 환기 장치의 기능 저하 또는 기능 상실 시
  - 작업장 내부가 유기용제 등으로 오염된 사태 발생 시

② 상기 사고로 오염물 제거 시까지 작업자 출입금지

③ 중독사고 발생 시 신속히 오염지역에서 환자를 구출하여 인공호흡 후 병원이송 조치

5. 도장 작업장 준수사항

5.1 작업 전 준수사항

① 특정 작업장 내에 인화물질 휴대 금지
  ☞ 성냥, 라이터 또는 불꽃(해머)이 될 우려가 있는 것

② 신체 노출을 피하고, 작업복 청결

③ 맨발, 슬리퍼, 징이 박힌 신발 금지

④ 유기용제 게시판, 구분표시확인

⑤ 일일 작업 초과량 작업장내 반입 금지

⑥ 소화기 비치 장소 확인

⑦ 특정 작업장 내에 방폭 등 설치

⑧ 작업장 통풍

⑨ 장비 점검 : 환풍 장치, 도장 부스, 교반기, 보호구, 전기 기구 등

5.2 작업 후 준수사항

① 작업 종료 후 계속적인 환기

② 보호구, 기계기구 및 공구 정비

③ 가연물 및 작업장 정돈
- 바닥이나 테이블 항시 청결 유지
- 사용한 더러운 천, 종이타월은 뚜껑 덮인 캔에 버려야 한다.
- 통로에 도구나 기계 등을 놓지 말 것

④ 작업 후(흡연/식사 전) 양치질/세면

5.3 용제, 도료, 기타 취급상 주의 사항

① 용제의 증기 및 유해가스 분진 등의 오염된 공기를 제거 교환하고, 그 물리적 조건(온도, 습도)을 적절하게 조정하여 불쾌감 감소를 위한 적절한 환기장치 설치
- 자연 환기법 : 건물의 창문 등을 이용, 실내외의 온도차, 풍력 등을 원동력으로 환기
- 전체 환기법 : 풍력, 온도차 등의 자연력과 기계의 힘으로 신선한 공기를 실내로 흡입시켜 공기 희석
- 국부배출 환기법 : 오염된 공기가 실내의 공기 중에 혼합되기 전 신속히 최소의 풍량과 마력으로 제거

② 용제 및 도료를 사용하지 않을 때에는 캔의 뚜껑은 반드시 밀봉

③ 정전기의 대전 방지를 위하여 캔, 드럼, 전기 기구류는 반드시 접지

④ 도장 작업 현장에서는 흡연과 인화물질의 사용을 금지

⑤ 도료, 용제, 경화제가 눈에 침투 시 흐르는 물에 충분히 세안 후 즉시 안과치료

Ⅱ. 도료의 지식

제1절 개 요

1. 도장의 발전

인류는 이미 오래 전부터 부식예방과 아름다운채색을 위해 도료를 사용해 왔다.

구약성경 창세기 6장 14절에 “너는 잣나무로 너를 위하여 방주를 짓되 그 안에 간들을 막고 역청(아스팔트 【광물】 (mineral) pich; bitu-men; asphal)으로 그 안팎에 칠하라”라고 도료의 사용이 성경에도 기록되어있으며 또한 6000여 년 전 고대 이집트 시대 피라미드 내부의 벽화에 유성 도료를 사용했고, 미이라에 옻칠이 되어 있는 것을 알 수가 있다. 동양에서도 이미 2000년 전부터 옻을 사용한 자료가 있으며 동, 서양의 고분 등에서 발견된 토기와 목제품에서 아름다움을 위해 채색이 되었음을 알 수가 있다.

초기의 도료는 주로 천연 수지나 식물과 광물에서 얻어진 안료를 사용하여 동물의 단백질 등을 활용했으며 현재 사용하고 있는 유사한 형태의 도료는 18세기경부터 유성페인트가 나오게 되었으며 본격적인 합성 수지 도료의 시대로 돌입한 것은 세계 2차대전 이후 석유 화학의 발전과 함께 알키드 수지, 멜라닌 수지, 불포화 폴리에스테르 수지, 에폭시 수지, 우레탄 수지, 아크릴 수지, 실리콘 수지, 불소 수지 등 특징 있는 도료용 합성 수지가 차례로 개발되었고 자동차와 도료의 관계가 깊어지기 시작한 도료의 획기적인 발전은 1920년 이후 미국에서 개발된 니트로 셀룰로오스(NC)래커 도료로 1980년대 전반까지 자동차 보수도장 시장에서 주류를 이루었다.

이와 같이 합성 수지 도료의 연구가 진척되어 감에 따라 더욱 도료의 품질과 종류도 증가되어 그 성능도 다양해져 각 도료의 성질에 적합한 도장공정, 방법, 설비, 기기 등도 발전하게 되었다.

2. 우리나라의 도장

우리나라의 도료는 지금부터 약 1400년 전에 중국에서 불교가 전파되었을 때 불상에 도금과 옻칠을 통해 기술이 전래되어 왔으며 외국으로부터 수입된 시기는 조선조 말 고종황제 때로 보일유 등으로 도료가 제조되었고 고종 말에는 래커 도료와 스프레이 도장법이 활용되기 시작하여 현재에 이른다.

한국전쟁이후에 석유화학 공업의 발달에 따라 비닐 수지, 멜라민 수지, 에폭시 수지, 불포화 폴리에스테르 수지, 폴리우레탄 수지, 합성 수지 에멀션, 라텍스계 도료 등이 속속 실용화되어 왔으며 최근에는 유기용제를 사용하지 않는 수용성 수지 도료, 분체 도료도 실용화되고 있다.

3. 도장 산업의 전망

현대의 도장은 도막의 경화 방법도 자연건조 방법에서 가열 건조, 화학적 반응 건조법 등의 발전과 함께 환경 친화적인 요인에 많은 영향을 받아 인간이 안심하고 생활할 수 있는 환경을 유지하기 위한 노력의 일환으로 도료의 개발도 환경 친화적, 인간 친화적인 방향으로 전환 될 것이며, 환경파괴를 최소화하기 위해 환경 친화적인 도료개발에 많은 연구와 테스트가 진행 중에 있고 향후 도료 개발의 방향은 수용성 도료 및 무용제형 도료인 분체 도료로 전환 될 것으로 생각되며 컴퓨터 등의 발전으로 전 공정 자동화 및 무인화 도장 등의 발전도 기대된다.

제 2 절 도료의 지식

1. 개 요

1.1 도료

보호, 장식을 위해 물체의 표면에 불투명한 단단한 필름막으로 변화된 얇은 층으로 피도물에 도장하기 위해 어떤 안료로 착색된 액체나 용해 가능한 수지합성으로 된 것으로, 도포하여 건조된 얇은 피막층을 형성시킴으로써 피도물에 요구된 기능을 부여하는 유동상태(또는 고체)의 화학제품이다.

1.2 도료의 특징

① 감각적인 색상, 작업성, 평활하고 광택이 있는 도막을 형성해야 한다.
② 도장 전 도막은 물리적인 유연성, 내충격성, 경도가 높아야 한다.
③ 화학적 성질인 내용제성, 내약품성, 내후성 등 화학적 저항성이 커야 한다.
④ 계면 물리화학적 성질인 내식성, 부착성이 우수하고 한번 도장으로 두꺼운 도막을 형성할 수 있어야한다.

1.3 도료의 분류 방법

분 류	대표적인 도료 종류
수 지	유성 수지, 프탈산 수지, 염화비닐 수지, 아미노 알키드 수지, 아크릴 수지, 우레탄 수지, 애폭시 수지 도료 등
안 료	알루미늄 도료, 광명단 도료 등
도료 상태	조합 도료, 2액형 도료, 분체 도료 등
도막 성상	무명 도료, 무광 도료, 백색 도료 등
도막 성능	내산/내알카리 도료, 방화 도료, 전기절연 도료, 내열 도료 등
도장 방법	붓도장, 정전 도장, 전착 도장, 침지 도장, 스프레이용 도료 등
피도물 종류	금속용, 플라스틱용, 콘크리트용, 목공용 도료 등
도장 장소	바닥용, 외부용, 내부용 도료 등
도장 공정	하도용, 중도용, 상도용 도료 등
경화/건조성상	저온건조형, 자연건조형, 가열 건조형, 자외선경화형, 전자선경화 도료 등
유통 경로	가정용, 공업용, 일반범용 도료 등
용 도	건축용, 자동차용, 목재용, 금속용, 선박용, 캔용 도료

2. 도료의 구성

구 분	도막형성 요소			도막형성 조요소
	도막형성 주요소 수지(resin)	도막형성 부요소 첨가제(additive)	안료(pigment)	용제(solvent)
목 적	안료의 부착, 광택, 경도 및 내구성 유지	도료의 특정 성능 향상	색채 및 은폐력 부여	수지 용해 및 유동성 부여
종 류	- 천연 수지계 · 고무유도체 · 역청계 - 섬유소유도체 - 유성계(동 · 식물류) - 합성 수지계	- 침전방지제 - 흐름방지제 - 표면평활제 - 기포방지제 - 증점제 - 습윤제 - 분산제 - 크레타링방지제 - 색분리방지제	- 무기 안료 · 착색 안료 · 체질 안료 · 금속분 안료 · 방청 안료 · 특수 안료 - 유기 안료 · 착색 안료 · 형광 안료	- 지방족 탄화수소계 - 방향족 탄화수소계 - 에스테르계 - 에테르계 - 케톤계 - 알코올계 - 물

* 투명 도료 : 수지+첨가제+용제
* 불투명(유색) 도료 : 수지+첨가제+안료+용제

2.1 수지(resin)

수지는 도료에서 안료를 고착시키고 도막이 되어 피도물을 보호하는 중요한 역할을 하는 성분이며 수지는 대부분이 고체이기 때문에 용제에 녹여 수지 바니쉬로 만들어 사용한다.

천연의 것을 천연 수지라 하고 인공적으로 합성한 것을 합성 수지라 말한다.

수지는 무기 도료에 사용되는 몇 가지를 제외하고는 유기물의 수지가 많다. 도료의 구성 성분 중에서 기본적인 골격을 형성하는 것이 수지라 할 수 있다. 수지의 성분에 따라 도료의 특징 및 성능을 결정짓는 경우가 많다.

안료와 안료를 연결하는 의미에서 바인더(Binder)라고도 하며 도막에 광택, 경도 및 부착성을 부여하는 투명하거나 반투명한 액체이며 고체인 것도 있다.

이들 수지는 어떤 수지냐에 따라 도료의 명칭이 결정지어 진다. 따라서 도료의 특성을 이해하기 위해서는 먼저 수지의 종류별 특징을 이해하는 것이 도료를 이해하는데 한결 도움이 된다.

2.1.1 천연 수지(Natural Resin)

천연 수지에는 천연의 동식물에서 채집된 것으로서 이 가운데는 땅속에 매몰되어 몇 세기를 거치는 동안에 화석화된 수지도 있고, 수목의 분비물을 증류시켜 만든 수지도 있으며, 곤충의 분비물에서 채집된 송진, 생고무, 담머고무, 셀락고무, 역청질 수지 등이 있지만 그 성능은 다 각기 다르고 최근에는 합성 수지 도료의 이용이 활발해지고 천연 수지의 이용은 감소추세에 있다.

(1) 송진(Rosin)

송진은 융점(90~100℃)이 낮아 특별한 경우에는 그대로 사용하지만 거의 대부분이 변성시켜서 사용되고 있다. 가장 대량으로 사용되나 융점이 낮기 때문에 도료에서는 글리세린과 화합시켜 에스텔검을 석회로 중화시켜 석회 로진을 다시 유용성 석탄산 수지로 변성시켜 사용되며 유성 바니쉬의 주된 수지 원료이다. 알키드 수지가 개발되어 사용되기 전까지는 도료의 주성분이기도 했다.

(2) 고무(Dammer)

천연고무는 분자량이 매우 크기 때문에 용제에 녹였을 때 점도가 너무 높아 도료를 만들 수가 없다. 이것을 도료물성에 맞게 변화시킨 산화고무, 염화고무 등이 있는데 도료에 가장 많이 사용되는 것은 염화 고무이다. 이것은 불연성이고 내수성, 내약품성이 매우 우수하다. 방향족 탄화수소계 용제에 녹여 내약품성 도료, 선박의중방식 도료 등에 사용한다.

① 셀락(Shell-ac) : 인도가 주산지이며, 곤충의 분비물로 된 수지이다. 쉐라그 또는 시게라그라고도 불린다. 담황색, 주황색으로서 표백시킨 것을 표백셀락 또는 백라그라고도 한다.

② 담머(Dammer) : 인도 사마트라 지방의 수목에서 나오는 것으로서 비교적 용제에 가용성이

며, 색상이 양호하기 때문에 용제로 용해시켜 휘발성 바니쉬로 사용된다. 흰 에나멜의 전색제가 된다. 또 탈납시킨 것은 래커에도 사용된다.

(3) 역청질

역청질이란 비추맨(Bitumen)이라고 하여 아스팔트 같은 물질을 말한다. 유럽에서는 아스팔트와 길소나이트를 같은 의미로 사용되고 있으며 더 넓게는 콜타르(Coultar) 등도 포함한다. 특히, 콜타르는 에폭시나 우레탄 도료에 혼합하여 중요한 방수 도료, 내약품 도료, 중방식 도료 등으로 사용되고 있다.

2.1.2 섬유소 유도체

(1) 니트로셀룰로스(Nitrocellulose, NC)

질화면은 솜을 농황산과 농질산으로 처리하여 만들어지는 폭발성 섬유질 백색 분말이다. 케톤이나 에스테르계 용제에 녹여 알키드 수지, 가소제 등과 혼합하여 NC래커를 만드는데 쓰인다.

니트로 셀룰로오스(초화면) 또는 질화면를 용해한 것을 전색제로 하여 여기에 다른 수지, 가소제, 안료 등을 배합시킨 도료로서 피록실린(Pyroxylin)래커라고도 하고, 일반적으로 래커라고 한다. 도막 형성 기구는 유성 도료와 달라 용제의 휘발만으로 건조되기 때문에 매우 속건성이며 강인한 도막이 형성되기 때문에 화재의 위험성이 있는가 하면 살갗임이 적어 여러 번 도포하게 되는 점이다.

래커처럼 섬유소 유도체를 주성분으로 하는 도료는 많이 있으나 래커가 그중에서 대표적이다. 래커를 질화면 도료라고 하는 이유는 도료 속에 질화면의 량이 많이 배합되어 있기 때문이 아니고 래커의 특성이 주로 질화면에서 유래하기 때문이다.

래커에는 질화면 외에도 수지나 가소제도 배합된다. 그것은 질화면만으로는 도료로서의 성능 즉, 도막의 부착성, 광택, 살갗임 등에 충분하여야 하지만 도막의 탄성도 중요하기 때문이다. 도료의 정의 중에는 물리적으로도 화학적으로도 안전성이 필요로 하기 때문에 질화면 외에도 수지 가소제 등이 혼합되는 것이다.

수지는 광택, 부착력, 살갗임을 좋게 하고 가소제는 가소성을 좋게 한다. 이와 같이 질화면 수지 가소제를 배합하여 용제에 녹이면 투명한 엿 같은 액상이 된다. 이것을 크리어(투명)래커라고 한다.

이와 같이 수지 가소제 질화면 등의 종류별 배합율에 따라 특징이 다른 크리어 래커를 제조하게 되며, 여기에 빨강, 노랑, 파랑 같은 안료를 섞으면 래커 에나멜 즉 빨간 래커 에나멜, 파란 래커 에나멜, 노란 래커 에나멜이 된다.

(2) 셀룰로스 아세테이트 부틸레이트(Cellulose Acetate Butyrate, CAB)

섬유소에 무수초산과 락산을 작용시켜 얻어지는 섬유소 유도체이며 백색, 무취, 무미의 분말이다. 케톤 및 에스테르 용제에 녹여 CAB래커를 만든다.

(3) 에틸셀룰로스(Ethyle Cellulose, EC)

에틸셀롤로스는 섬유소를 에틸 에테르화시킨 것으로 백색, 무미, 무취의 분말이다.

톨루올의 용제에 녹여 종이나 호일 래커로 이용이 된다. 내광성, 내열성, 내알칼리성 등이 좋고 난연성이다.

2.1.3 동·식물유

지방산의 종류에 따라 건성유, 반건성유, 불건성유의 3가지로 분류한다.

건성유는 칠해두면 공기와 접촉하여 산화중합(산화중합 : 구조에 따라 이중결합, 삼중결합, 즉 불포화기(C=C, C≡C)가 많은 기름은 공기 중의 산소와 작용하여 중합)되어 건조되며 도막을 형성한다. 일반적으로 옥소가로 구별하며, 비교적 건조가 느린 것을 반건성유라고 하며 건조가 안 되는 것을 불건성유라고 한다.

① 불건성유 : 옥소가가 100 이하

② 반건성유 : 옥소가가 100~130 정도

③ 건성유 : 옥소가가 130 이상 도료에 사용되는 동·식물유는 다음과 같다.

구 분	건조성	용 도
아마인유(Linceed Oil)	건 성	도료용 바인더로 사용(알키드 수지, 바니쉬 제조)
어유(Fish Oil)	건 성	알키드 수지, 선저 도료용 바니쉬 제조
등유(Tung Oil)	건 성	바니쉬 제조, 알키드 수지 제조
오이티시카유(Oiticica Oil)	건 성	
탈수파마자유 (Dehydrared Caster Oil)	건 성	
대두유(Soya Oil)	반 건 성	
사플라워유(Safflower Oil)	반 건 성	
해바라기유(Sunflower Oil)	반 건 성	
톨오일(Tall Oil)	불 건 성	일반동·식물과는 구조가 다름 알키드 수지 제조
야자유(Coconut Oil)	불 건 성	알키드 수지 제조(불건성)
파마자유(Caster Oil)	불 건 성	

식물유를 화학적으로 처리하여 건조성, 내수성 등을 개량한 것에 합성건성유란 것도 있다. 탈수 피마자유, 마레인화유, 스티렌화유, 우레탄화유, 석유계 합성건성유 등이 있다.

2.1.4 합성 수지(Synthetic Resin)

합성 수지는 대부분이 석유화학에서 얻어지는 여러 가지 원료로 제조되는 수지들이며 고분자이기 때문에 고체형이 대부분이고 분자량이 작아짐에 따라 반고체, 액체형도 있다. 고체형은 사용 시 용제에 녹여 쓰는 것도 있고 편의상 제조업체에서 제조 시에 용제에 녹여 제품화하고 있는 것도 많다.

도료의 전색제로 사용되는 합성 수지는 단종 또는 2종 이상이 배합시킨 것 등으로 그 성질을 화학적으로 자유로이 바꿀 수 있기 때문에 여러 가지 성질을 갖는 도료가 생산되고 있다. 때문에 그 하나하나의 성질을 잘 파악하여 적절한 사용 방법과 관리로 도장하여야 된다는 것이 더욱 중요하다.

[그림 2-1] 여러 가지 합성 수지

【표 2-1】 수지의 종류 및 용도

종 류	용 도
알키드 수지(Alkyd Resin)	일반페인트, 에나멜, 소부에나멜, 가구용 도료, 자동차용 도료, 방청 도료
페놀 수지(Phenolic Resin)	내약품성 도료, 내수성 도료, 방청 도료
요소 수지(Urea Resin)	소부용 도료, 목공용 도료, 방청 도료
아크릴 수지(Acrylic Resin)	건축용 도료, 도로표지용 도료, 일반 및 자동차용 소부 도료, 분체 도료
아미노 알키드 수지(Amino Alkyd Resin)	일반소부 도료, 내약품성, 자동차용 도료
비닐 수지(Vinyl Resin)	내수/내약품성 도료, 선박중방식 도료
포화 폴리에스테르 수지(Polyester Resin)	고급금속소부 도료, 분체 도료
불포화 폴리에스테르 수지 (Saturated Polyester Resin)	목공용 도료, FRP용 재료, 절연충진제, 절연함침 무용제 바니쉬, 퍼티
에폭시 수지(Epoxy Resin)	내수·내약품성 도료, 방수 도료, 콘크리트 바닥용 도료
폴리우레탄 수지(Poly Urethane Resin)	방수 도료, 바닥재, 고급목공 도료, 고급금속 도장 도료, 토목·건축용 발포제
불소 수지 도료(Fluolic Resin)	내열 도료, 초고내후성 건축 도료
실리콘 수지(Silicon Resin)	내열 도료, 고내후성, 건축중방식 도료, 내약품성 도료
폴리아마이드 수지(Polyamide Resin)	에폭시 수지 도료의 경화제
염소화 폴리프로필렌 수지 (Chlorinated Polypropylene Resin)	내수성, 내약품성, 내후성, 중방식
석유 수지(Petroleum Resin)	염가방청 도료, 융착식 도료, 은분 도료
구마론 수지(Coumaron Indene Resin)	은분 도료, 선저 도료, 내약품성 도료

(1) 알키드 수지(Alkyd Resin)

알키드 수지는 프탈산 수지(Phthalic acid Resin)라고도 하며 그 용도의 대부분이 도료이며, 일반적으로 그리 알려져 있지 않으나 최근의 합성 수지 도료의 발전의 주역은 바로 이 알키드 수지 도료라고 하여도 과언이 아니다.

알키드 수지 에나멜은 중용성, 건성유 변성 알키드 수지가 사용되는 것으로서 내후성, 내우성, 부착성, 광택 보유성이 좋은 도료로서 중차량의 외판 대형기계, 전기시설, 군용기재 등에 널리 사용된다.

장유성 건성유 변성 알키드 수지를 사용한 것은 붓칠에 적합하며 마린 페인트라 하여 선박 도장과 건조구조물(교량, 철탑, 탱크 등)에 널리 사용되고 있다. 더욱 여기에 건성유를 많이 배합시킨 것은 합성 수지 조합 페인트로서 종래의 유성 조합 페인트에 대신하고 있는 상태이다.

중유성 또는 단유성 알키드 수지에 소량의 요소 멜라민 수지를 배합하여 열경화용으로 만든 것을 열경화 프탈산 수지 도료라고 하며, 공업용에 또는 부품, 차량부품, 금속가구, 농기구, 금속 건축재료, 드럼 내면 등 공업용 금속 도장에 사용된다.

(2) 페놀 수지(Phenol Resin)

페놀 수지는 합성 수지 중 가장 오래된 것으로서 일명 백크라이트(Bake-lite), 석탄산(페놀)과 포르말린(Formalin) 등의 축합반응으로 얻어지며, 원료 및 반응방법에 따라 여러 가지 종류가 있으나 일반적으로 페놀 수지 도료의 도막은 내수, 내약품성, 전기절연성이 우수하나 그 반면에 도막이 무르고 황변이 쉽고 내후성에 뒤떨어지는 결점이 있다. 때문에 페놀 수지는 단독보다는 오히려 페놀 변성유 바니쉬, 페놀변성 프탈산 수지 등과 다른 합성 수지 등과 병용시켜 제조되는 경우가 많으며, 하지 도료에도 이용된다.

(3) 요소 수지(Urea Resin)

멜라닌 수지와 같이 프탈산 수지와 병용하여 열로 경화시키는 열경화성 도료이나 금속 도장용에는 요소 수지 도료에 멜라민 수지와 일부 병용하여 사용하면 부착성, 굴곡성 개선된다. 2액형의 요소 수지 도료로서는 산성의 경화제를 첨가하여 목제품 등의 도장에 사용된다.

(4) 아크릴 수지(Acylic Resin)

아크릴 수지를 주 성분으로 한 도료로서 상온 건조형과 가열 건조형의 것이 있다. 상온 건조형은 아크릴 래커라고 하며 아크릴 수지, 니트로셀룰로오스, 가소제 등을 용제에 녹여 이것을 전색제로 하고 있기 때문에 일반 래커와 같은 작업성을 갖고 있으며 속건성으로서 내후성, 광택 보유성이 우수하며, 변색이 적고 황변성이 없다. 결점으로는 용제의 휘발성이 뒤지며 경화건조가 일반적인 래커보다 뒤지며 내용제성, 내열성에도 뒤진다.

자동차, 항공기, 알루미늄건제 플라스틱 등의 비철 금속에 주로 사용된다. 가열 건조형은 에폭시 수지, 멜라민 수지 등으로 변성시킨 것으로서 변성제의 조성에 따라 여러 가지 종류로 제조되나 일반적으로 150~180℃의 고온 가열로 경화된다.

열로 경화된 도막은 금속면에 대한 부착성이 좋고 보색성, 내수성, 내약품성, 내충격성, 내유성, 내오염성에 우수하다. 비철금속의 건축재 부품, 가정 전기용품 강제 불라인드(Blind) 칼러 함석 등의 금속에 많이 사용된다.

(5) 아미노 알키드 수지(Amino alkyd Resin)

멜라민 수지라고도 하며, 멜라민 수지는 단단하고 내수성, 내약품성 등이 우수한 수지이다.

멜라민 수지 도료는 일반적으로 야자유 등 불건성유로 변성시킨 단유성 알키드 수지 약 70%와 멜라민 수지 약 30%를 혼합시킨 것을 전색제로 한 도료로서 도장 전 100~140℃로 열경화시킴으로서 경화건조한다.

도막은 경도가 높고 광택도 좋아 법랑의 외관과 비슷하다. 내열, 내수, 내약품성에도 비교적 우수하며 열로 경화시키는 도료에 대표적으로 사용되고 있다. 승용차, 가정용 전기제품, 미싱, 완구, 금속제품, 가구 등 모든 금속제의 도장 마무리에 사용되고 있다. 에폭시 수지를 변용하여 더욱 부착성, 내수성, 내약품성을 강화시킨 것을 에폭시 멜라민 수지 도료라고 하며 금속 도장의 고성능 하지 도료로 널리 사용되고 있다.

(6) 비닐 수지(Vinyl Resin)

비닐 수지는 급속히 발전하여 일용품에서도 흔히 볼 수 있는 것으로서 아세틸렌과 염산에서 제조되는 염화닐을 베이스로 하고 아세틸렌과 초산에서 만들어지는 초산비닐, 비닐로 유명한 폴리비닐 알코올, 사란이라고 하는 염화비닐리덴수지 등 여러 종류가 있다.

염화비닐, 초산비닐, 기타 비닐계의 수지를 용제에 녹인 것을 주된 전색제로 한 도료의 총칭으로 비닐 수지 도료라고 한다.

래커도 마찬가지로 용제의 휘발에 따라 건조하는 휘발성 도료로서 도막은 내약품성, 내유성, 내수성 등에 우수하나 도막이 약간 연하고 온도가 올라가면 연화하는 결점이 있다.

화학공장의 내약품용 콘크리트 도장 기타 난연 도료로 사용된다. 염화비닐 수지 중합체를 하고, 이것들은 철망, 소형 금속제품 등을 담그기 도장을 한 후 고온으로 경화시켜 한번에 두터운 도막이 오르게 하는 소위 플라스틱 도장에 사용된다.

(7) 폴리에스테르 수지(Polyester Resin)

반투명판으로 함석, 슬레이트 대신으로 지붕, 차양판 등으로 이용하는 것이 있고, 유리섬유를 기재로 한 강화 플라스틱(FRP)은 그 강인성과 경량성으로 안전모, 보트, 자동차보디, 욕조 등 그 용도가 다양하다.

(8) 불포화 폴리에스테르 수지(Saturated Polyester Resin)

불포화 폴리에스테르 수지를 스티렌 모노마에 용해시킨 것을 전색제로 하여 여기에 과산화물(과산화벤졸) 또는 메틸에틸케톤 디옥사이드에서 생기는 경화제와 나프텐산 코발트, 디멜틸아니린 등이 촉진제를 첨가하여 반응시켜 도막을 형성시키는 것으로서 용제로 사용되는 스티렌도 중합되어 수지가 되며, 도막을 형성시키므로 무용제 도료라고도 하며 살붙임이 좋고 경도가 높으며 내약품성이 있고 도막이 두텁다는 등의 특징이 있으며 도막이 두터워야 하는 퍼티(purry)뿐만 아니라 목공용 크리어 도료로서 사용되고 있다.

(9) 에폭시 수지(Epoxy Resin)

에폭시 수지는 내약품성(특히 내알칼리성), 부착성, 도막경도, 내마모성 등이 매우 우수한 도료이며, 내약품 도료 또는 금속 하지 도료 등에 흔히 사용된다. 종류로는 고온경화성, 아민경화성, 유변성의 3가지로 분류한다.

(10) 폴리우레탄 수지(Poly Urethane Resin)

폴리우레탄 수지는 우레탄 포옴(Form)이라고도 불리며, 스펀지 메트리스(Matterss)로 면제품인요나 방석속에 널리 사용되고 있다.

배합조성에 따라 광범위하게 사용되며 도료용으로서는 오히려 에폭시 수지 도료와 같이 내마모성에도 우수하고 내약품 도료, 내마모성 도료 또는 목공제품의 고급 마무리용으로 사용된다.

도료에는 상온 건조성과 가열 건조성이 있다. 또 2액형으로 된 것과 1형으로 된 것도 있다. 건성유로 변성된 우레탄화유(Uretane)도 개발되어 가정용 도료의 크리어 마무리제로 일반화 되어가고 있다.

(11) 불소 수지(Fluolic Resin)

불소 수지는 1938년 Plunkett가 폴리테드라 폴로오르 에칠렌을 합성 공업화된 이래 다양한 폴리머의 개발과 함께 독특한 물성으로 산업일반의 고급소재로 널리 사용되고 있다. 불소 수지의 구성을 보면 폴리에틸렌과 폴리프로필렌 등 지방족 탄화수소계 수지의 수소 원자 일부 또는 전부가 불소 원자로 치환한 구조를 가지고 있으며 여타의 유기 고분자 물질에 비하여 뛰어난 내후성과 내구성을 가진다.

2.2 안료(Pigment)

안료는 물, 기름, 용제 등에 녹지 않는 착색된 미세한 분말(고체)이며 물감과는 다르다. 안료는 착색도막의 두께, 도막의 강인성, 내구성을 주기 위하여 이용되며 화학적 성질과 아울러 물리적 성질도 좌우한다.

도료용 특성으로서는 조성색상, 착색력, 은폐력, 형상, 입도 분산성, 내약품성, 내열성, 내광성, 내후성 기타 전색제 중에서의 효용과 유동학적 문제 등을 들 수 있다. 도료용 안료는 그 조성에 따라 무기 안료와 유기 안료로 분류한다.

무기 안료는 광물성 안료라고도 불리며, 자연산 또는 인공으로 된 것이 있다. 일반적으로 내후성, 내약품성에는 강하나 색상은 그리 선명하지 않다. 그러나, 유기 안료(래커라고도 부른다)는 유기염료를 무기체질에 침착 시킨 것으로서 무기 안료에 비하면 색상은 선명하나 그 반면에 은폐력이 적고 내후성도 떨어지는 것이 많다. 착색 안료는 색채나 광택을 만드는 안료로 무기 및 유기 안료 등이 속하며 이는 상도 도료에 포함되는 안료이다. 또 무기 안료에 속하는 것으로서 체질 안료라고 불리는 것이 있다. 이것은 착색력이 적고 유색 안료의 증량제로 또는 도막의 충진제로 사용되고 있다. 무기 안료 중에는 알루미늄, 구리 합금 등의 금속이나 합금을 분말로 한 금속분말 안료도 있다. 도료용 안료는 용도별로 분류하여 방청 안료, 선저 도료에 사용되는 독성 안료, 방화성 안료와 같은 특수 안료로 구분되는 것도 있다.

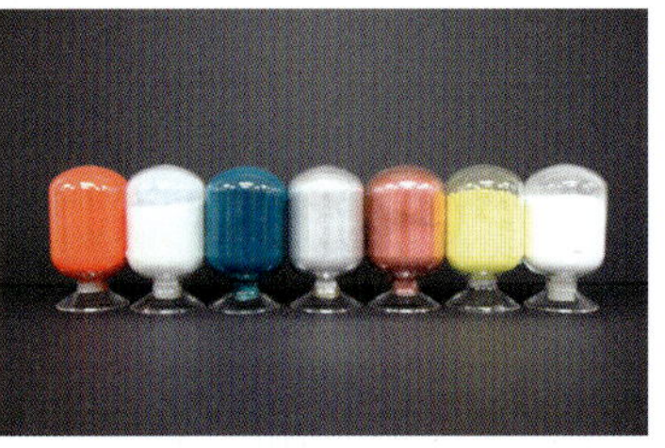

[그림 2-2] 여러 가지 안료

【표 2-2】 안료의 구분

구 분		특 징	원 료
착색 안료	무기 안료	내구성, 은폐력이 높으므로 색이 탁하고 선명성이 부족하다.	암석, 금속과 같은 천연의 원료를 가공
	유기 안료	아름답고 선명한 색상을 발하나 내구성, 은폐력이 약하다.	석유로부터 합성
	메탈릭	다른 착색 안료와 혼합되어 금속성의 느낌을 나타낸다.	알루미늄
	펄	진주와 같은 독특한 색상을 발한다.	합성 마이카(운모)
체질 안료		튼튼하고 두터운 도막을 형성하고 연마성을 좋게 하며 작업성을 높여준다.	탄산칼슘, 탈크 등
방청 안료		녹의 발생을 막고 다음 칠해질 도료와 철판과의 밀착력을 향상시킨다.	크롬산아연, 아연분 등
특수 안료		선저용 도료인 독성 방출 및 방화용으로 사용된다.	아산화동, 에머럴드그린, 산화 안티몬
형광 안료		형광염료를 합성 수지 중에 용핵시켜 열경화시켜 미세한 분말로 빨강, 노랑, 파랑 등이 있다.	유화아연, 주광형광, 연화무수규산

【표 2-3】 무기 안료와 유기 안료의 비교

구 분	유기 안료	무기 안료
비 중	가사비중은 크고 비중은 작다	가사비중은 작고 비중은 크다
색 상	선명하고 착색력이 크다	색감이 약하고 착색력이 작다
흡 유 량	아주 크다	아주 작다
은 폐 력	작 다	크 다
광 택 도	약간 높다	약간 낮다
전기저항성	크 다	작 다
내 광 성	낮 다	높 다
내 열 성	낮 다	높 다
내 용 제성	불 량	양 호
내 약 품성	양 호	불 량
혼 화 성	우 수	불 량
독 성	낮 다	유 독 성
용 도	제 한 적	광 범 위
가 격	고 가	저 가

2.2.1 안료의 역할

① 착색과 은폐력을 부여한다.
② 도료의 유동성, 점도 등의 물성을 조절한다.
③ 도막의 형성을 결정한다.
④ 도막의 강도, 광택조절의 기능을 수행한다.
⑤ 방청, 기타 특수기능을 발휘한다.
⑥ 도막에 자외선, 수분 등의 침입을 방지하여 내구성을 향상시킨다.
⑦ 가격 조절의 기능을 수행한다.

2.2.2 안료의 일반적인 성질

(1) 색

물체에 태양광선이 닿으면 물체의 표면에서 반사되는 부분과 물체 속에 흡수되는 부분, 물체에 투과되어 다시 밖으로 나오는 부분으로 나뉜다.

이와 같이 안료에 대한 빛의 선택적인 흡수 투과는 본질적으로 그 화학구조에 기인하며 분자를 구성하고 있는 원자의 상태에 따라 정해진다고 한다.

안료의 색은 공기 중 분말상태에서의 색과 전색제에 혼합했을 때의 색이 약간 틀리게 보인다. 이것은 전색제 자체의 굴절률이 있기 때문이다.

한정된 수의 안료의 종류로서 여러 가지 다양한 색상을 얻기 위해서는 두 종류 또는 그 이상을 혼합하여 사용하는 경우가 많이 있는데 백색과 흑색의 안료를 혼합하면 여러 종류의 회색이 얻어지고 유채색의 안료와 백색 또는 흑색 안료를 혼합하면 밝거나 어두운 담채색이 얻어진다. 또 색상이 다른 안료를 혼합하면 다양한 색상의 색이 얻어진다.

안료의 혼합시 색의 관계는 색광의 혼합 경우와는 달리 아주 복잡하다. 따라서 현재로는 오로지 경험에 의해 조색을 하며 또 같은 안료라도 품질에 따라서 착색력이 다르므로 조색은 시험 후 안료 배합비를 바꾸어 조색하는 방법을 채택해야 한다. 최근에는 CCM(Computer Color Matching) 기법이 도입되어 각 안료의 데이터를 입력시켜 조색하기가 쉽게 되었으나 최종 조색을 경험에 의해 이루어지고 있는 것이 현실이다.

(2) 비중

안료의 비중은 진비중과 겉보기 비중으로 나누는데 일반적으로 비중을 말할 때는 진비중을 말한다.

비중은 일부 예외도 있지만 일반적으로 무기 안료는 유기 안료에 비해 크다. 안료의 비중은 도료의 저장 안전성에 많은 영향을 준다. 즉 비중이 큰 안료는 도료 저장중 또는 사용중 침전이 심하므로 설계 시 고려가 필요하다.

① 진비중 : 안료가 공간을 100% 차지했을 때의 비중을 말한다.
② 겉보기 비중 : 안료가 느슨하게 쌓여 많은 공기를 포함한 상태로 차지하는 공간까지 계산할 때의 비중을 말한다.
※ 진비중이 겉보기 비중보다 크다.

(3) 착색력

안료의 착색력은 일정량의 어떤 안료를 일정량의 다른 안료에 섞었을 때 그 다른 안료를 얼마나 섞는 안료의 색에 가깝게 하느냐 하는 능력이며 입자의 크기가 작을수록 착색력이 크며 일반적으로 유기 안료는 무기 안료보다 착색력이 크다. 물론 무기 안료 중에서도 입자가 고운 감청, 카본블랙 등은 착색력이 크다.

(4) 은폐력과 굴절률

안료를 도료로 만들어 소지에 도장했을 때 흑색 소지와 백색 소지의 경계선이 안보이게 하는 안료의 능력을 은폐력이라 한다. 은폐력은 착색력과 반대로 무기 안료가 크고 유기 안료는 작다.

유기 안료에는 오히려 투명도가 좋은 안료들이 많기 때문에 유기 안료 단독으로는 소지의 은폐는 기대하기 어렵고 색상에 지장이 없는 한 무기 안료들과 혼합 사용하는 방법도 고려된다. 하지만 이때 유기 안료와 무기 안료를 혼합하여 사용했을 때 도장을 하기 전에 색상과 도장 전 건조가 완료되고 난 뒤의 색상차이가 크게 나타나므로 조색을 할 경우에는 젖은 상태에서 칼라 비교를 하지 말고 건조가 된 상태에서 칼라 비교를 하는 것이 훨씬 조색하기가 쉽다.

은폐력은 수지와 안료간의 굴절률 차이에서 발생하며 같은 수지에서는 안료의 색에도 관계가 깊지만 안료 굴절률이 크면 은폐력도 크고, 굴절률이 작으면 은폐력도 작다. 극단적으로 굴절률이 수지와 동일하면 완전 투명성을 나타낸다. 수지의 굴절률은 평균 약 1.5이기 때문에 굴절률이 1.5~1.6 범위에 드는 체질 안료들은 수지에 분산되면 거의 투명에 가까운 것을 볼 수가 있다. 그러나 어두운 색일 경우에는 광선을 많이 흡수하여 반사하는 광선이 얼마 없기 때문에 은폐력이 크다.

(5) 입자의 크기와 모양

안료 입자의 크기와 모양은 색, 은폐력, 착색력, 분산성, 점성, 도막강도 등에 영향을 미친다. 안료입자의 모양은 특정한 경우를 제외하고는 고상이 바람직하나 실제로는 입상, 판상, 침상 등 여러 가지가 있다.

안료입자의 크기는 천연광석을 분쇄하여 만든 천연 안료는 분쇄정도와 분급정도에 따라 달라지며 합성 안료는 합성 조건에 따라 달라지지만 일반적으로 합성 안료가 천연 안료보다 훨씬 미세하다.

도료 제조 시 분산공정은 안료와 안료를 최대한 미세한 입자로 떼어놓아 서로 뭉치지 못하도록 하는 것이라 할 수 있다.

2.2.3 안료의 구비 조건

① 밝기 및 색상(Color)이 우수해야 한다.
② 은폐력이 우수해야 한다.
③ 전색제 속에서 분산 및 침윤이 쉬워야 한다.
④ 전색제와 반응성이 좋아야 한다.
⑤ 특수 도장에 요구되는 내약품성, 내열성, 내광성에 견디어야 한다.
⑥ 오일 흡유량 선택이 중요하다.
⑦ 입자의 크기(은폐력, 광택, 안전성)가 적당해야 한다.
⑧ 입자의 모양이 적당해야 한다.

2.2.4 안료의 분류

【표 2-4】 안료의 분류

<table>
<tr><th>구분</th><th colspan="2">종 별</th><th>품 명</th></tr>
<tr><td rowspan="13">무기안료</td><td rowspan="8">착색 안료</td><td>백색 안료</td><td>티탄백, 아연화, 리토폰, 연백</td></tr>
<tr><td>적색 안료</td><td>벵갈라, 크롬바밀론, 크롬오렌지, 카드 뮴레드</td></tr>
<tr><td>황색 안료</td><td>황연, 카드뮴 옐로우, 티탄 옐로우, 황색산화철</td></tr>
<tr><td>녹색 안료</td><td>크롬그린, 산화크롬, 코발트 그린, 시아닌그린</td></tr>
<tr><td>갈색 안료</td><td>산화철분, 번트암바</td></tr>
<tr><td>청색 안료</td><td>감청, 군청, 코발트 블루, 시아린 블루</td></tr>
<tr><td>자색 안료</td><td>망간 바이올렛, 자군청</td></tr>
<tr><td>흑색 안료</td><td>카본블랙, 본블랙, 검정 산화철</td></tr>
<tr><td colspan="2">체질 안료</td><td>탄산칼슘, 크레이, 알미나, 탈크, 카오린, 황토분, 호분마이카, 황산바륨</td></tr>
<tr><td colspan="2">금속분 안료</td><td>알루미늄분, 브론즈분</td></tr>
<tr><td colspan="2">방청 안료</td><td>연단, 아산화연, 염기성 크롬산연, 시아나미드연, 징크크로메이트, 아연말</td></tr>
<tr><td rowspan="2">특수 안료</td><td>독성 안료</td><td>아산화동, 황색 산화수은, 에머럴드그린</td></tr>
<tr><td>방화 안료</td><td>산화 안티몬</td></tr>
<tr><td rowspan="6">유기안료</td><td rowspan="6">착색 안료</td><td>적색 안료</td><td>퍼머넌트레드, 파라레드, 리솔레드, 워칭레드, 싱카샤레드, 본마룬</td></tr>
<tr><td>황색 안료</td><td>한자 옐로우, 벤지딘 옐로우</td></tr>
<tr><td>녹색 안료</td><td>프탈로 시아닌 그린</td></tr>
<tr><td>청색 안료</td><td>프탈로 블루, 인딘스렌 블루</td></tr>
<tr><td>자색 안료</td><td>디옥사딘 바이올렛</td></tr>
<tr><td>형광 안료</td><td>유화아연, 주광형광, 아연화무수규산</td></tr>
</table>

2.2.5 무기 안료

(1) 착색 안료

가) 백색 안료

① 티탄백(TiO_2)

주원료는 일미나이트(주성분은 산화티탄으로써 티탄백을 약 50% 함유하고 있다. 또 슬랙로 한 것으로써 티탄백을 약 65% 함유하고 있음)가 주로 사용되며 이것을 농화산으로 처리하여 황산티탄으로 하고 이것을 가수분해하여 침전시켜 배소하여 제조된다. 이 안료는 물리적 성질 특히 굴절률이 높고 착색력, 은폐력이 크고 내열성에도 우수하며 화학적으로도 불활성으로써 안전하다. 때문에 내약품성도 강하므로 백색 안료 중 가장 많이 사용된다.

② 아연화(ZnO)

아연 광석에서 직접 제조하는 직접법(미식)과 금속 아연을 도가니 속에서 약 1,000℃로 가열시킬 때 생기는 아연증기를 공기로 산화시켜 제조하는 간접법(불란서식)이 있다.

아연화는 산·알칼리에는 녹으므로 독성이 없다. 전색제에 대한 반응성이 있기 때문에 산가가 높은 기름 및 바니쉬 등에 사용하면 점도가 증가되며, 고화하는 우려가 있다. 유성페인트에서는 건조를 촉진시키며 도막의 경도를 증가시키며 내후성을 보다 좋게 하는 성질이 있으나 균열을 일으키는 경향이 있으므로 연백과 혼용하여 쓰인다. 티탄백과 혼합하면 도막의 경화와 건조성이 좋을뿐더러 분필화가 적고 보색성도 개량된다.

③ 리토폰(Lithopone)

황화아연(ZnZ)과 황산바륨($BaSO_4$)의 혼합물로서 황화아연의 함유량은 표준품에서 30%이고 15~50% 정도가 제조되고 있다. 무기산에서 황화수소를 발생하나 알카리 황화수소에는 안전하다. 리토폰은 중성으로서 산가가 높은 기름 바니쉬와는 반응치 않고 안전하다. 아연화처럼 건조성을 촉진시키는 작용은 거의 없다. 황화물이기 때문에 황연 연백 등을 함유하고 있는 도료와의 혼합에는 조심해야 한다. 일반적으로 하도용 페인트 내부용 페인트에 사용된다.

④ 연백($2PbCO_3$, $Pb(OH)_2$)

"연백" 또는 "당토"라고도 하며 안료 중 가장 오랜 역사를 갖는 것으로서 조성은 염기성 탄산염이다. 연에 초산과 탄산가스를 작용 시 제조되며 오란다법, 독일법, 연분법등이 있다. 연백은 산 알칼리에 녹으며 황화수소에 의하여 검정색으로 변한다. 또 염기성이기 때문에 산성의 기름과 반응하여 납비누를 만든다. 연백을 사용한 도료는 부착성이 좋고 강인한 도막을 만들며, 연백단독의 흰 도료에서도 분필화가 안되며 내구력이 우수한 도막을 만든다. 다른 안료와 겸용하여 목재의 하도용 또는 외부용 상도 도료에 사용된다. 연백은 도료의 건조를 촉진시키므로 퍼티의 건조제로도 사용된다. 연백을 사용한 도료는 어두운 곳에서는 황변하기 쉽고, 또 황화수소와 접하면 흑변한다. 백색 아연 도료의 균열은 연백 도료를 혼합함으로서 방지시킬 수 있다.

[그림 2-3] 백색 안료

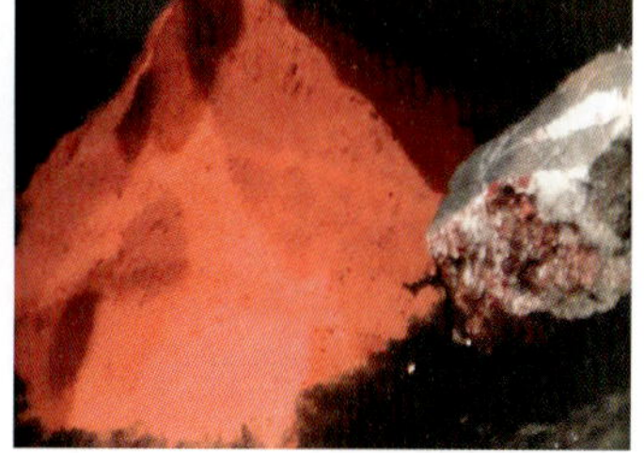

[그림 2-4] 적색 안료

나) 적색 안료

① 벵갈라(산화철)

산화 제2철(Fe_2O_3)을 주성분으로 하는 빨간색 안료로서 인도의 벵갈라지방에서 산출되는 산화 제2철을 안료로 쓰는 까닭에 "벵갈라"라고도 불린다. 황산 제2철의 열분해로 생성되는 것

또는 황색산화철, 흑색 산화철을 작열시켜 제조되기도 한다. 가열온도에 따라 색상이 달라지며 입자의 크기에 따라 달라진다고 한다.

【표 2-5】 산화철 안료의 입자별 색깔

입 자 도	적 색 산 화 철	황 색 산 화 철
소	노란기 있는 빨강	초록기 있는 노랑
중	빨 강	밝 은 노 랑
대	보 라	귤 색

원료 제조법의 차이에 따라 산화철의 함유량이 변화하고 등급이 분류된다.
화학적으로 안전하고 착색력, 은폐력도 크다. 내후성에서 우수함으로 각종 도료의 착색에 사용된다.

② 크롬바밀론

모리브텐산연($PbMoO_4$) 크롬산연($PbCrO_4$) 적은 양의 황산연을 함유하고 있는 안료로서 착색력, 은폐력이 크고 빨간 래크와 혼합하여 사용되는 경우가 많다. 내알칼리성에 약하고 내후성에도 약간 약하며 흑변하는 경우가 있다. 색상의 선명도 은폐력이 큰 장점이기 때문에 다른 안료와 겸용하여 각종 도료에 사용된다.

③ 카드뮴레드(Cds, nCbSe)

주성분은 황세렌화 카드뮴으로서 조성 비율의 변화에 따라 레드오렌지의 색상을 가지며 세렌이 많으면 많을수록 색상은 짙다. 내후성, 내약품성에서는 우수하나 독성이 있고 가격도 비싸다. 특수용도(내약품, 내열용 등)에 사용된다.

다) 황색 안료

① 황연($PbCrO_4$)

크롬산연을 주성분으로 하는 안료로서 제조조건 성분에 따라 엷은 노랑색, 노랑, 귤색까지의 색상이 나온다. 색상에 따라 성질이 다르나 일반적으로 착색력, 은폐력이 좋아 각종 도료에 사용된다. 노랑색 안료로서 대표적인 것이나 내약품성에 약하며 황화물에 흑변한다. 감청과 같이 침전시켜 제조된 것은 크롬그린이라 하여 초록색 안료의 주요 역할을 하고 있다.

② 카드뮴 옐로우

황화카드뮴을 주성분으로 하는 안료로서 조성의 변화에 따라 엷은 노랑, 노랑, 주황색에 이르는 색상이 나온다. 성질은 카드뮴레드와 같다.

③ 티탄 옐로우(TiO_2, NiO, Sb_2, CO_3)

티탄 니켈 안몬의 3성분을 가지고 있는 산화물로서 비교적 새로운 노랑 안료이다. 내후성, 내약품성, 내열성에 우수하고 무독하다. 완구용 도료, 합성 수지 도료에 쓰인다.

④ 황색 산화철(FeO, OH)

벵갈라제조의 습식법으로 중간 공정에서 나오는 것으로서 안전한 노랑색 안료이다. 합성 수지 에멀션 페인트에 흔히 사용된다. 선명도는 적다.

[그림 2-5] 황색 안료

[그림 2-6] 녹색 안료

라) 녹색 안료

▸ 산화크롬

산화크롬을 주성분으로 하는 짙은 초록색 안료로서 착색력은 뒤떨어지나 내열성, 내약품성 및 내후성에는 우수하며, 특수 도료에 많이 사용된다.

마) 청색 안료

① 감청($Fe_4(Fe(CN)_6)_3nH_2O$)

훼로 시안화 제1철을 주성분으로 하는 파란색 안료로서 명칭이 많아 밀로우 블루, 브론 블루, 파리스 블루, 베루린 블루, 브르샨 블루, 차이너 블루, 불란서워크 블루 등으로 부르며 금속광택이 있는 것은 브론즈, 없는 것은 논브론즈라고 한다. 일반적으로 브론즈는 붉은 기가 많고 브론즈 광택도 담채색으로 하였을 때에는 매우 약하다. 착색력은 크나 내열성, 내알칼리성에 약하며 변색한다. 저장 중에 건성유, 아연화, 탄산칼슘 등과 작용하여 퇴색하는 수가 있다. 햇빛에 쬐면 복원된다. 또 조색용으로 사용하나 노란색과는 색상이 분리되기 쉽다. 도료에 널리 사용되고 있으나 내열, 내알칼리가 요구되는 곳에는 사용하지 못한다.

② 군청($2(Al_2Na_2Si_3O_{10})\ Na_2S_4$)

"울트라마린 블루"라고도 하며 가오링 규소토, 유황, 소오다회 등을 분쇄하여 소성시켜 제조된 복잡한 조성을 갖고 있다. 색상은 밝고 붉은색을 띤 선명한 파랑색으로서 내알칼리성, 내광성, 내열성에 강하나 산에는 약하며 착색력, 은폐력도 뒤떨어지며 노랑연백계 안료와 혼합하면 검정색으로 변한다.

[그림 2-7] 청색 안료

[그림 2-8] 흑색 안료

바) 흑색 안료

① 카본블랙(Carbon Black)

"가스블랙"이라고도 하며 제조 방법에 따라 비중이 1.8~2.1로 변하며 제조법에 따라 회색을 나타내는 것은 그레이 블랙(gray black)라고 한다.

② 본블랙(Bone Black)

"에니멀 블랙"이나 "아이보이 블랙"으로 부르며 동물의 뼈를 태운 것과 유사한 것에 상아를 쪄서 태운 것을 "아이보리 블랙"이라 한다. 탄소 성분이 적고 인산칼슘을 함유한다.

(2) 체질 안료(body pigment Extender, Extender Pigments)

도료의 성분으로서 도막을 구성시키고 자신은 착색의 역할은 하지 않으나 도막의 경도를 증가시키고 충진제로서 두텁게 해줌과 동시에 강인성을 주는가 하면 흡유량이 큰 것은 광택을 없애는 역할까지 한다. 때문에 광택을 없애는 재료가 된다. 굴절률은 전색제와 별 차이가 없기 때문에 반죽하면 투명에 가깝다.

① 탄산칼슘($CaCO_3$)

탄석, 경·중탄이라 하며 호분(굴, 가리비, 조개 등의 껍질을 분쇄하여 만든 것) 한수그레이, 중질 탄산칼슘, 경질 탄산칼슘 등이 있다. 유성페인트, 프라이머 퍼티 등의 증량제로 사용된다.

② 황산바륨($BaSO_4$)

천연산의 중정석을 분쇄시켜 물로 정제시킨 것을 베라이트 화학적으로 침전시킨 것을 침강성 황산바륨이라고 하며 이들은 안전한 체질 안료로서 주로 내약품 도료에 쓰인다.

③ 크레이(Clay)

암석은 열, 물 풍화작용으로 생긴 것으로서 규소 알루미늄을 주성분으로 한 천연 규산염의 체질 안료이다. 생산지와 정제의 정도에 따라 품질에 큰 차이가 있으나 일반적으로 활석분(talc) 등이 도료에 사용되며, 화학적으로는 안전하다.

④ 황토분(Fe_2O_3+Al_2 · $2SiO_2$ · $2H_2O$)

산화철이 섞인 점토를 물 또는 청각채의 액으로 반죽하여 덩어리로 건조시킨 것으로서 산지에 따라 색깔은 짙고 엷은 것이 있다. 바탕, 메꿈, 퍼티 등의 바탕 도료나 착색 메꿈제로 사용된다.

(3) 금속분 안료

① 알루미늄 안료(Al)

은분이라고도 불리어지며 금속 알루미늄의 엷은 판을 바늘조각처럼 분쇄한 것으로서 건식법으로 만들어진 것은 은분이고, 습식법으로 만들어진 것이 알루미늄 페이스트가 되며 근래에는 페이스트형이 많이 사용되고 있다.

바니쉬와 혼합하면 전색제 표면에 떠올라 평행 배열하여 금속광택을 얻을 수 있다. 이러한 상태를 리핑 도료위에 뜨는 것이라고 한다. 이것은 비늘조가 표면의 스테아린산 피막 때문이며 이 현상 때문에 공기 중의 유해가스 일광 습기 등이 도막 속에 침투하는 것을 방지한다. 넌리핑(도료 위에 뜨지 않는 것)형은 지방산 피막 때문에 도료 중에 분산되어 떠오르지 않는다. 때문에 메타릭 해어톤 마무리에 사용된다. 리펑형은 일반적으로 은색 도료뿐만 아니라 내열도료에도 사용한다. 산가가 높은 전색제와 혼합하여 방치하여 두면 리핑성이 저하하고 금속광택도 적어지므로 사용 시 혼합할 것이며 필요한 량만 혼합할 것이다.

② 브론즈(Bronze)

금분이라고도 불린다. 동과 아연 합금을 알루미늄(Al)분처럼 분말로 한 것으로서 합금의 성분에 따라 노랑 빨강기의 금색이 된다. 리핑성은 알루미늄 분보다 적은 편이며 바니쉬의 산가에 따라 변색하는 수가 있다.

합금의 성분에 따라 색상은 다음과 같다.

【표 2-6】 브론즈의 색상

구 분	구리(Cu)%	아연(Zn)%	철(Fe)%
동 황 색	98.93	0.73	0.2
황 색	90	9.6	0.07
암 황 색	84.5	15.30	0.16
담 황 색	82.32	16.69	0
청 황 색	70	30	

(4) 방청 안료

① 광명단(Pb_3, O_4)

광명단 또는 적연이라고도 하며 사산화연(Pb_3O_4)을 주성분으로 하는 적색 안료로서 약간의 리사지(일산화연)가 함유되어 있기 때문에 화학적으로는 활성이며, 방청 안료로서 매우 좋은 성질을 가지고 있다. 금속연을 가열 산화시켜 제조한다. 건유성과 반응하여 납비누를 만들고 유연성, 곡절항간의 알칼리성으로 활동하기 때문에 철강의 녹막이 도료 또는 하도용으로서 예전부터 사용되어 왔다. 과거에는 사용 시 연단과 끓인 아마인유를 현장에서 혼합하여 사용되었으나, 현재는 순도가 좋은 연단을 사용하여 안전한 조합 도료가 시판되고 있다. 연단페인트를 폭로시키면 퇴색되어 희게 되나 그것은 공기 중의 수분 및 탄산가스로 인하여 연백으로 되기 때문이다. 또 황화수소와 화합하면 검정으로 변하기 때문에 환경이 나쁜 장소에서는 건조 후 즉시 상도를 하지 않으면 안된다.

② 아산화 연($PbCn_2$)

연단보다는 활성이 강한 회색 안료로서 건성유와 반응하여 고화한다. 사용 시 조합하여 도장하도록 되어있다. 화학적, 전기화학적 작용으로 방청효과가 큰 안료로서 아산화연, 녹막이 페인트에 사용된다.

③ 염기성 크롬산 연

일산화연(PbO)을 액으로 하여 그 주위를 염기성 크롬산연으로 둘러싼 구조를 갖는 연한 귤색 녹막이 안료이다. 알칼리성의 반응을 나타내며 건성유와 반응하여 금속비누를 만들고 철면의 녹을 방지한다. 도료는 저장 중에 굳는 일이 없어 저장도 가능하다.

④ 시아나이드 연($PbCN_2$)

독일에서 연구 발표된 새로운 안료로서 엷은 노랑색 안료이다. 대기중 또는 산성 조건하에서는 조금씩 분해하여 암모니아를 방출시켜 철면에 대하여 알칼리성에 황동하여 부식을 방지함과 동시에 전색제와 반응하여 납비누를 만들어 도막을 강인하게 하여 내수성, 내후성을 증대시킨다. 도료로서는 고화하지 않고 장기 보관이 가능하다.

⑤ 징크 크로메이트($3ZnCrO_4$, Cr_2, On)

염기성 크롬산 칼륨아연($K_2O \cdot 4ZnO \cdot 4CrO_3 \cdot 3H_2O$)을 주성분으로 하는 황색 녹막이 안료로서 수용분 6~8%를 가지고 있으며 물에 용출되어 금속면에 크롬산이온을 공급하여 녹막이 피막이 된다. 주로 합성 수지 바니쉬와 혼합하여 속건성 프라이머로 사용된다. 특히 경금속의 하도에 적합하다. 징크 크로메이트 프라이머이며, 에칭 프라이머(Etching Primer)로 시판되고 있다.

⑥ 아연말(Zn)

금속아연의 미분말로서 철체에 대하여 전기 화학적 녹막이 효과가 우수하며 무독하다. 아연말 녹막이 페인트 또는 징크리치 페인트에 사용된다. 아연말 단독으로 합성 수지와 혼합하여 만든 것이 징크리치 페인트이며 아연화와 아연말과의 혼합이 1 : 4로 하여 알카드 및 보일유에 혼합하여 만든 도료가 징크더스트 프라이머이다.

(5) 특수 안료

가) 독성 안료

① 아산화동(Cu_2O)

적색 안료로서 독성이 있어 선저 도료의 원료로 사용된다. 바닥의 굴, 멍게, 조개, 해초 같은 것이 부착하지 못하도록 방지한다.

② 황색산화수은

아산화동과 혼합하여 선저 도료에 사용된다. 독성은 강하나 단독으로서는 방오성(防汚性)에 선택성이 있다.

나) 방화 안료

▶ 산화안티몬(Sb_2O_3)

백색 안료로서 연화 파라핀과 병용하여 방화 도료용 안료로 주로 사용된다.

2.2.6 유기 안료

(1) 적색 안료

① 퍼머넌트 레드(Permanent Red)

브리딩성(Bleeding)이 없으며, 색상은 황적색으로서 착색력이 크고, 내광성이 우수하며, 도료에서는 표준적 빨강 안료이다.

② 싱카샤(Cingquasia Red)

원명은 Quinacridone Pigments로 Cingquasia Red는 상품명이다. 새로운 안료로서 프타로시아닌 안료와 비슷한 강고성을 갖는 빨강 자색의 안료이다. 내후성에 매우 강하며, 내열성, 내용제성도 있고 번지지도 않으며, 연한색에 희석시켜도 퇴색이 쉽게 되지 않는다. 가격이 비싸기 때문에 합성 수지 도료의 특수품 또는 연한색의 채색 도료에 사용된다.

(2) 황색 안료

① 한자 옐로우(Hanza Yellow)

퍼어스트 옐로우라고도 불리는 연한 황색, 주황색 등 각종이 있으며 내광성, 내열성, 내약품성이 우수하나 착색력 내용제성이 떨어지는 결점이 있다.

② 벤지딘 옐로우(Benzidine Yellow)

한자 옐로우에 비하면 착색력 용제성에는 우수하나 내광성에 뒤떨어지는 결점이 있다.

(3) 청색 안료

▸ 프탈로 시아닌 블루(Phthalo cyanine Blue)

시아닌 블루라고도 불리며, 파랑 연두색까지가 있으며 초록계를 시아닌 그린이라고 부르며 선명한 색상을 가지고 있으며 내약품성 내용제성 내광성이 우수하며 착색력도 크다. 결정계의 차에 따라 방향족 유기용제 중에서 색상이 변하는 것도 있다. 특히 합성 수지 도료에 사용할 경우 저장 중에 착색력이 감소하는 경우가 있다. 결정형이 성장하여 응집하기 때문이라고 한다.

(4) 형광 안료

① 유화아연(Zinc Sulphide : ZnS)

유화아연의 기체로서 축광 안료가 된다. 이것에 트리튬, 프로메튬 147 등의 방사성 물질을 첨가한 것의 발광성을 이용하며, 발광제로는 동(녹색)과 망간(등색)을 사용한다.

② 주광형광

형광 안료로 불리며 형광성 염료의 합성 수지 고용체 타입과 안료색소 타입이 있다. 형광의 토대에서 광희성 색을 나타낸다.

③ 아연화 무수규산(Zinc Silicate : Zn_2, SIo_4)

아연화와 무수규산과의 혼합물에 망간을 발광제로 사용하며 청록과 황록을 발한다.

【표 2-7】 안료의 성능

표 시	범 례	해당성
◎	양	총합적으로 사용할 때(양호)
○	가	총합적으로 사용할 때(가)
△	약하다	-
×	불량	불가
●	-	조건부 사용가

안료의 종류 \ 일반적 성능		성능							적용		
		내후성	내광성	내수성	내열성	내산성	내칼리성	내약품성	내약품용	외부용 (일반조건)	내부용 (일반조건)
녹색 계통	산화크롬	◎	◎	◎	◎	◎	◎	◎	◎	◎	○
	프탈로시아닌 그린*	○	◎	○	△	◎	◎	◎	◎	○	○
	징크 그린	○	◎	○	△	△	×	△	×	○	○
	크롬 그린	◎	◎	△	×	×	×	×	×	◎	◎
	황연 + 감청 한자 옐로우	○	△	○	○	△	△	△	×	●	○
	프탈로시아닌 블루*	○	○	○	○	◎	○	○	●	○	◎
백색 계통	아 연 화	○	○	○	○	×	◎	△	●	○	◎
	이산화티탄(아나타제형)	△	△	○	◎	◎	◎	◎	◎	●	○
	이산화티탄(루틸형)	◎	◎	○	○	◎	◎	◎	◎	◎	◎
흑색 계통	카본블랙	◎	◎	◎	◎	◎	◎	◎	◎	◎	◎
	철 흑	◎	◎	◎	◎	×	◎	△	●	◎	◎
황색 계통	황 연(노란기)	○	△	○	△	×	×	×	×	●	○
	황 연(빨간기)	○	○	○	△	×	×	×	×	●	○
	카드뮴 옐로우	△	△	△	◎	×	◎	○	●	●	○
	크롬 바밀론	○	○	△	◎	×	×	×	×	○	○
	한자 옐로우*	○	○	○	◎	◎	○	○	○	○	○
	그린 골드	◎	◎	○	×	×	×	×	×	◎	◎
적색 계통	벵 갈 라	◎	◎	◎	×	◎	◎	◎	◎	◎	◎
	퍼머넌트 레드*	◎	◎	◎	◎	◎	◎	◎	◎	◎	◎
	파라 레드*	△	△	△	◎	×	×	×	×	●	○
	토루이딘 레드	○	○	○	×	◎	○	○	○	○	◎
	리솔 레드*	△	△	△	◎	△	×	△	×	●	○
	카드뮴 레드(담색)	○	○	◎	◎	△	◎	◎	●	◎	○
	본 마 룬*	◎	◎	○	◎	△	△	△	×	◎	◎
	인다고 레드	◎	◎	◎	○	◎	◎	◎	◎	◎	◎
	카드뮴 레드(원색)	◎	◎	◎	◎	△	◎	○	◎	◎	◎
	산 화 철	◎	◎	◎	◎	◎	◎	◎	◎	◎	◎
청색 계통	프탈로시아닌 블루*	◎	◎	◎	◎	◎	◎	◎	◎	◎	○
	코발트 블루	◎	◎	◎	◎	◎	◎	◎	◎	◎	◎
	감 청	△	△	○	×	◎	×	○	●	●	○
	군 청	◎	◎	○	◎	×	◎	○	●	◎	◎
	인딘스렌 블루*	◎	◎	◎	◎	◎	◎	◎	◎	◎	◎
회색 계통	산회티탄(로틸형)+카본블랙	◎	◎	○	○	○	○	○	●	◎	◎
	아연화 + 카본블랙	○	○	○	○	△	○	△	●	○	◎
메탈릭 계통	브 론 분(동·아연)	○	○	○	◎	△	△	△	×	○	◎
	알루미늄분	◎	◎	○	○	◎	×	○	●	◎	◎
체질 계통	탄산 칼륨	○	○	○	◎	×	◎	△	●	○	◎
	황산 칼륨	◎	○	○	◎	◎	◎	◎	◎	◎	◎

* 표는 유기 안료임

2.3.1 첨가제의 기능

첨가제란 도료의 제조에서부터 도료가 건조되어 내구력을 지속시킬 때까지 각각의 단계에서 도료에 필요한 기능을 충분히 발휘할 수 있도록 가하여지는 보조적인 역할을 하는 약품이다.

도료의 작업성, 마감상태의 우열은 첨가제에 의해 결정지어 지지만 첨가제의 중요한 역할을 정확하게 이해하고 있는 사람이 그렇게 많지는 않다.

도료의 기본적인 구성 요소로는 수지, 안료, 용제가 있다. 그러나 이것만으로는 도료에 요구되는 많은 성능을 충분히 만족시키기는 매우 곤란하며 수지나 안료만으로는 해결이 불가능한 경우도 있다. 이런 경우 첨가제를 이용함으로 도료 물성의 개량이 가능하게 된다. 이런 의미에서 첨가제의 배합량은 적지만 아주 중요한 성분이 된다.

첨가제의 성질은 용도와 종류에 따라 당연히 다르지만 소량 사용하여 안정한 효과를 얻기 위해서는 도료의 비히클과 상용성이 있거나 미립자로 분산되는 성질이 있어야만 한다.

특히, 표면과 표면에 배향하여 효과를 내는 첨가제는 비히클과 반드시 상용성이 있을 필요는 없으며 비히클과 안료와의 상호작용도 복잡하게 되어 첨가제의 선택에서 충분한 검토를 하지 않으면 다른 물성에 악영향을 미친다거나 많이 사용한 경우 역효과가 발생하는 경우도 있다.

따라서, 첨가제의 성질과 효과의 작용 기구를 이해한 뒤 사용을 검토하고 최소필요량만 사용하는 것이 이상적이다. 첨가제의 종류는 목적하는 기능과 용도에 따라 나누어지며 또한 도료의 종류에 따라서도 다른 경우가 있으므로 도료에 적합한 첨가제를 선택할 필요가 있다.

【표 2-8】 용도별 첨가제의 종류

용 도	첨가제의 종류
도료 제조시의 기능	습윤제, 분산제, 증점제
도료 저장시의 기능	침강방지제, 피막방지제, 중합금지제
도장 작업시의 기능	소포제, 정전 도장성 개량제
도막 형성시의 기능	흐름방지제, 색분리 방지제, 평활제, 소포제
도막 형성후의 기능	가소제, 점착방지제, 자외선 흡수제, 무광제, 대전방지제, 곰팡이 방지제, 방청제

[그림 2-9] 여러 가지 첨가제

2.3.2 첨가제의 종류

(1) 침전방지제(Anti-Settling Agent)

도료를 저장하는 과정에서 안료가 용기 밑에 침전되는 것을 방지하기 위하여 첨가하는 것을 말한다. 도료에 사용되는 안료는 수지보다 비중이 크기 때문에 저장중 침전이 생기는 것이 보통인데 이것을 방지해 주지 않으면 사용에 매우 불편을 준다. 따라서 도료 제조 시 적절한 침전방지제를 적정량 사용하여 침전이 안 생기거나 생기더라도 아주 쉽게 풀릴 수 있도록 하여 준다. 그 대표적인 침전 방지제로는 "벤톤"이라는 유기 벤토나이트가 있다.

(2) 흐름방지제(Anti-Sagging Agent)

수직이나 경사진 면에 도료를 약간만 두껍게 칠하여도 흘러내리기 쉽다. 이러한 현상을 방지해 주는 보조제가 흐름 방지제인데 이것은 과량 쓰면 면의 평활도가 나빠지므로 과량사용은 좋지 않다. 따라서 도막의 두께도 너무 두껍게 칠하게 되면 좋지 않다.

(3) 표면평활제(Liveling Agrnt)

공업 도장 등 고급 도장에서는 면의 평활도는 매우 중요한 품질 요소의 하나이다. 도료의 흐름성을 적절히 조절하여 도막면을 평활하게 하여 주는 보조제가 평활제인데 도막의 평활도는 사용 신너로 어느 정도 조절이 된다.

(4) 기포방지제(Deformer)

도료 교반중 기포가 안 생기게 하는 것과 생긴 것이 잘 꺼지게 하는 두 가지 종류가 있다.

(5) 증점제(Thickner)

증점제는 침전방지 역할을 겸하는 것이 보통이다. 유연의 경우에는 유기 벤톤계, 수성도료의 경우에는 섬유소 유도체 등을 쓰는 것이 일반적이나 최근 우레탄계 합성 수성 증점제가 새로 탄생하여 섬유소계와 적절한 비례로 혼성하면 유동성, 평활성 등이 좋고 작업 시 튀지 않는 장점 등이 있다.

(6) 습윤제(Wetting Agent)

습윤제는 안료에 침투되어 안료 분산을 쉽게 해주는 첨가제의 일종이다.

(7) 분산제(Dispersing Agent)

분산제는 안료가 잘 분산되게 한 다음 다시 응집되는 것을 막아 준다.

(8) 크레터링 방지제(Anti-Craering Agent)

도막이 군데군데 패어지는 곰보 모양 현상을 방지해 주는 보조제의 일종이다.

(9) 색분리 방지제(Anti-Flooding Agent)

도료의 저장 중에 안료가 응집되거나 하여 색이 변화하지 않도록 가하는 것과 도장할 때 색분리를 방지하여 목적하는 색채가 얻어질 수 있도록 가하는 첨가제이다.

(10) 가소제(Plasticizer)

가소제는 마르지 않거나 아주 천천히 증발되는 액체-반고체의 물질로서 그 자체는 바인더의 역할을 하기에는 미흡하지만 도료에서 깨지기 쉬운 고체 바인더에 혼합되어 유연성, 광택, 부착성 등 성능을 향상시켜 주는 역할을 한다.

(11) 방부제(PRESERVATIVE)

수성 도료의 증점제인 섬유소 유도체는 썩기가 쉽다. 이것을 방지해 주는 적당한 방부제를 제조시 소량 첨가해 준다.

2.4 용제(Solvent)

도료는 도장할 때 유동 상태에서 사용된다. 수지가 액상이고 도료 자체가 충분한 유동성이 있으면 그대로 사용할 수 있으나 실온에서 유동성이 없거나 또는 그대로는 점도가 높아 도장하기 어려울 경우에는 도장하기 알맞게 용제로 희석하여 점도를 낮춘다. 이런 목적으로 도료에 따라서는 물을 사용하는 경우도 있으나 물은 일반적으로 용제에 포함시키지 않고 유기용제만을 용제 또는 신너라고 한다.

도료 중에는 용제가 없는 분체 도료 기타 무용제 도료도 있기는 하지만, 도료의 90% 이상은 용제(물은 용제에 포함시키기도 하고 때론 그렇지 않은 경우도 있다.)를 도료의 한 성분으로 하고 있고, 또 이 용제의 역할은 여러 가지 중요한 것이 많다.

용제는 도장 작업과 도장효과는 용제의 용해력, 증발속도 등에 따라 크게 좌우되며 용해력 및 증발속도는 또한 도장 환경의 기온과 기류의 이동 등에 매우 크게 좌우된다. 따라서, 좋은 도장 결과를 얻으려면 언제나 도장시의 온도, 기류의 흐름, 습도 등을 일정하게 유지해야 하며 이것이 안 될 경우에는 온도에 맞는 용제 조절을 하여 도료의 도장 특성을 유지시켜 주어야 한다.

2.4.1 용제의 기능 및 효과

(1) 기능

수지를 용해시켜 액체를 만들어 도료 제조에 적합하게 만들고 도료의 도장 작업성과 도막 상태를 조절한다.

(2) 효과

용제는 그 여러 가지 특성을 살려 조화가 이루어지게 잘 사용함으로써 경제적으로 우수한 도장 효과를 얻을 수가 있는 것이다. 도료에 있어 용제의 역할은 매우 중요하나 일반적으로 소홀히 생각하는 경향이 있다.

2.4.2 용제의 분류

(1) 용해력에 따른 분류

① 진용제 : 단독으로 수지류를 용해하는 성질이 있으며 용해력이 크다.

② 조용제 : 단독으로 수지류를 용해하지는 못하고 다른 알코올계 용제 등과 소량을 병용하여 용해력을 나타내는 것을 말하며 진용제의 용해력을 향상시키는 용제를 말한다.

③ 희석제 : 수지에 대한 용해력은 없으나 용액에 가하여도 어느 정도의 양까지는 수지의 분리, 침전, 석출이 일어나지 않고 점도만을 떨어뜨리는 작용을 하며 작업성(증발속도의 조정)이나 경제성을 가미시킨 증량제적 역할을 하는 용제를 말한다.

진용제, 조용제, 희석제는 처음부터 정해져 있는 것이 아니라 녹이고자 하는 대상이 무엇이냐에 따라 달라진다. 예를 들면, 래커에 쓰는 NC에 대하여 알코올은 조용제이고 Xylol, Toluol은 희석제이다.

(2) 비점(Boiling Point)에 따른 분류

용제의 증발속도는 도료의 작업성, 물성 등에 여러 가지 영향을 끼치며 증발 속도는 대체적으로 비등점에 비례하므로 용제의 비등점은 도료의 설계나 상용상 여러 가지 점에서 유익한 자료가 되며 용제들은 비등점의 높고 낮음에 따라 엄격한 정의는 없지만 보통 다음과 같이 세 가지로 분류한다.

① 저비점 용제 : 비점이 100℃ 이하의 것으로 아세톤, MEK, 메틸알코올, 에틸알코올, 에틸아세 테이트 등이 여기에 속한다.

② 중비점 용제 : 비점의 범위가 100~150℃의 것으로 톨루엔, 아밀아세테이트, 부틸아세테이트 등이 여기에 속한다.

③ 고비점 용제 : 비점이 150℃의 것으로 부틸셀로솔브, 디이소부틸케톤, 이소포론 등이 여기에 속한다.

2.4.3 도료에 많이 사용되는 용제의 종류와 용도

【표 2-9】 도료에 많이 사용되는 용제의 종류와 용도

분 류	품 명	비 점(℃)	인화점(℃)	용 도
지방족 탄화수소계	백등유	170~250	52	유성도료, 보일류 유변성 합성 수지 도료
	미네랄스피릿	40~220	26~38	
방향족 탄화수소계	톨루엔	110~112	7~13	래커계 도료 합성 수지 도료
	크실렌	137~142	23	
	솔벤트나프타	110~160	15 이하	
에스테르계	에틸아세테이트(초산에틸)	77~77		래커계 도료 염화비닐 수지 도료 아크릴 수지 도료 아미노알키드 수지 도료
	부틸아세테이트(초산부틸)	124~126		
	아밀아세테이트(초산아밀)	138~142		
에테르계	셀로솔브	128~157	40	래커계 도료 아미노 알키드 수지 도료 아크릴 수지 도료
	셀로솔브 아세테이트	140~160	47	
	부틸셀로솔브	163~174	60	
케톤계	아세톤	55~50	-20	염화비닐 수지 도료 아미노 알키드 수지 도료 아크릴 수지 도료 래커계 도료
	메틸에틸케톤(MEK)	77~80	0℃ 이하	
	메틸이소부틸케톤(MIBK)	115~118	23	
알코올	메틸알코올(메탄올)	64~65	6	아미노 알키드 수지 도료 래커계 도료 주정 도료 에칭 프라이머
	에틸알코올(에탄올)	78~79	18	
	이소프로필알코올	79~82	18~20	
	부틸알코올(부탄올)	114~118	35	
	이소부틸알코올	104~107	22	

(1) 지방족 탄화수소계

① 백등유(Kerosine)

원유를 분류하여 얻어진 등유분을 재분류하여 정제한 것으로 비점이 170~250℃이다. 주로 보일유나 유성 도료 등에 쓰인다.

② 미네랄 스피릿(Mineral Spirits)

비점이 140~220℃의 각종 탄화수소 혼합물로 방향족을 함유한 것을 용해력이 크고 이소파라핀이 주성분인 것은 무취 미네랄 스피릿이라고 한다.

(2) 방향족 탄화수소계

① 톨루엔(Tolune)

방향족 탄화수소의 기본 물질인 벤젠은 독성 때문에 도료에는 사용되지 않는 대신에 톨루엔은 널리 사용되는 용제로 무색투명하고 독성이 비교적 적다. 벤젠보다 약한 방향(냄새)을 가지고 있으며 휘발성은 부틸 아세테이트의 2배 부틸알코올보다 4배 빠르다. 용해성은 벤젠과

비슷하며 알코올, 에스테르, 케톤, 탄화수소 등의 많은 유기용제와 혼합 또는 단독으로도 사용한다. 순수한 톨루엔의 비점은 110.6℃이나 공업용은 100~120℃이다. 합성 수지 도료, 래커등의 용제로 많이 사용되고 있다.

② 크실렌(Xuleme)

무색투명의 액체로 톨루엔에 비해 비점(137~142℃) 인화점이 높고 증발속도는 늦다. 물에 불용이며 톨루엔과 같이 많은 유기용제와 혼합하여 사용하기도 하고 또한 단독으로 사용한다. 유지, 에스테르검, 알키드 수지, 페놀 수지, 염화고무 등을 용해한다. 용도로는 유성바니쉬, 합성 수지 도료, 방청 페인트의 용제, 비닐 수지, 래커 우레탄 도료의 희석제로 톨루엔과 함께 대량 사용된다.

(3) 에스테르

① 에틸 아세테이트(Ethyl Acetate)

무색투명한 액체로 숙성한 과일 향기를 갖고 있으며 유기용제와 잘 섞인다. 섬유소, 고무, 로진을 잘 녹이고 특히 비점이 74~77℃로 낮고 질화면의 진용제이므로 래커의 저비점 용제로 많이 사용된다. 또한 폴리우레탄이나 비닐 수지 도료에도 사용된다.

② 부틸 아세테이트(Butyl Acetate)

비점이 126℃로 과일과 같은 향기를 가진 용제이다. 질화면의 진용제이고 증발 속도도 적당하기 때문에 래커 시너로 많이 사용되고 비닐 수지, 아크릴 수지, 에폭시 수지 도료 등의 용제로도 사용되고 래커 도료에서 내백화성이 있는 중비점 용제이다.

③ 아밀 아세테이트

아밀알코올로 생성시킨 에스테르계 용제로서 비중은 138~142℃이다. 과일향의 방향이 있는 용제로서 증발속도는 비교적 낮다.

(4) 에테르계

① 에틸 셀로솔브(Ethyl Cellosolve)

비점이 136℃의 온화한 향기가 있는 무색투명한 액체로 물에 녹으며 페놀 수지, 알키드, 에폭시 수지 도료의 용제, 리무버용으로 사용된다.

② 셀로솔브 아세테이트(Cellosolve Acetate)

비점이 135~160℃ 범위의 무색투명한 액체로 물에는 약 23% 용해된다. 많은 유기용제와 혼용되며 수지에 대한 용해력은 셀로솔브보다 크고 섬유소, 셸락, 로진 등을 용해하고 래커시너, 리타더시너 등에 주로 사용된다.

③ 부틸 셀로솔드(Butyl Cellosolve)

비점이 171℃인 무색투명한 액체로 온화한 향기가 있으며 물에 잘 녹는다. 거의 모든 용제와 혼합하며 초화면, 페놀 수지, 에폭시 수지 등을 잘 용해하고 래커의 백화 방지나 도막의 평활화에 효과가 있다. 주용도는 리무버 및 리타더 시너로 많이 사용된다.

(5) 케톤계

① 아세톤(Acetone)

비점이 55~60℃이고 증발 속도가 매우 빠른 저비점 용제이다. 박하와 같은 향기가 있으며 물이나 다른 용제 모두와 잘 섞인다. 각종 수지나 섬유소 유도체에 대한 용해력이 크지만 휘발성이 높아 많이 사용하면 백화 현상이 생긴다.

② 메틸 에틸 케톤(Metyl Ethyl Ketone : MEK)

냄새와 성상이 아세톤과 거의 같다. 비점이 77~80℃로 아세톤보다 높고 에틸 아세테이트와 거의 같으며 초화면, 염화비닐 수지, 에폭시 수지, 아크릴 수지에 대한 용해력이 좋아서 위 수지의 접착제나 인쇄용으로 많이 사용된다.

③ 메틸 이소부틸 케톤(Methyl Isobutyl Ketone : MIBK)

비점이 115~188℃로 아세톤이나 MEK보다 순한 케톤 냄새가 있으며 부틸 아세테이트와 함께 중비점 용제로 널리 사용된다. 부틸 아세테이트에 비해 증발 속도가 빠르고 용해성이 좋다. 비닐 수지 도료나 폴리우레탄 수지 도료에 주로 사용된다.

(6) 알코올계

① 메틸알코올(Methyl Alcohol, metanol)

비점이 64~66℃로 휘발성이 아주 높고 독성이 있으며 용해력은 에탄올보다 작다. 래커의 조용제나 속건니스, 포르말린의 세정제로 사용된다.

② 이소프로필알코올(Ispropyl Alcohol, IPA)

특유한 향기가 있고 비점이 81~83℃로 부티랄 수지, 셸락, 로진을 잘 녹여 셸락니스, 위시프라이머의 용제나 또는 래커의 조용제로 사용된다.

③ 부틸알코올(Butyl Alcohol, N-butanol)

비점이 114~118℃로 자극적인 냄새가 나며 물에는 상온에서 약간 녹는다. 래커, 멜라민 수지, 요소 수지 도료, 에칭 프라이머의 용제로 사용된다. 또한 래커의 조용제로도 사용된다.

④ 이소부틸알코올(Iso Butyl Alcohol, Isobutanol)

비점이 104~107℃의 무색투명한 액체로 상온에서는 물에 10% 정도 녹는다. 용해력과 용도는 부틸알코올과 비슷하다.

3. 도료의 건조

3.1 정의

도료를 피도물 표면에 도장하여 일정한 시간동안 자연방치 또는 가열 등으로 액체도료가 경화되어 도막을 형성하는 과정을 건조라 한다.

건조조건이 적절할 때 비로소 소재에 대한 충분한 부착성, 표면구조 및 내부구조의 균형 또는 화학적 및 물리적 성질이 우수한 도막이 얻어진다.

특히, 가열 건조형 도료에서는 가열온도나 시간에 따라 화학반응의 조건이 달라지기 때문에 도막형성에 차이가 있으므로 부적당한 조건하에서 가열하게 되면 예상한 반응이 일어나지 않고 오히려 구조 조성이 다른 도막이 형성되어 소기의 성능을 발휘할 수 있는 도막이 얻어지지 않는다.

3.2 도료의 건조 형태

① 안료 : 분말(powder)로 변하지 않은 채 도막(수지)속에 잔류된다.
② 수지 : 건조 후 고체화된다.
③ 용제 : 공기 중으로 증발되어 도막에 잔류하지 않는다.

【표 2-10】 도료의 건조 형태

건조형태		도 료 명	특 징
용제 증발형		래 커	- 용제의 증발에 의해 도막형성 - 건조 후 수지의 상태가 변화되지 않음 - 건조 후에도 용제를 가하면 도막이 녹음
		변성 아크릴 래커	
		순수 아크릴 래커	
반응형	산화 중합형	아크릴 에나멜	- 공기 중의 산소와 반응해 도막형성 - 도막성능 약함
	열 중합형	소부 멜라민 알키드	- 고온(120~180℃)에 수지가 반응을 일으켜 도막형성 - 건조 후 조직이 치밀하기 때문에 신너에 녹지 않음
		소부 아크릴	
	2액 중합형	아크릴 우레탄	- 주제와 경화제의 화학적인 방응에 의해 도막형성 - 건조 후 도막구조가 열 중합형과 비슷하므로 도막 성능이 우수함
		속건 우레탄	

3.3 도료의 건조 시간 및 상태

도료가 유동성을 잃고 경도가 증가하여 도막이 될 때까지 필요한 시간을 의미한다. 건조상태는 지촉, 점착, 고착, 고화, 경화, 완전건조로 나누어진다.

(1) 지촉 건조(tack free time - set to touch)

손가락 끝을 도막에 가볍게 대었을 때 점착성은 있으나 도료가 손가락에 묻어나지 않는 상태로 도장 작업 후 표면에 이 물질이 박히지 않는 표면건조 시간을 말한다.

(2) 점착 건조(dust free)

① 손가락에 의한 방법
손가락 끝에 힘을 주지 않고 도막면을 좌우로 스칠 때 손끝자국이 심하게 나타나지 않는 상태를 말한다.

② 솜에 의한 방법
탈지면을 약 3cm 높이에서 도막면에 떨어뜨린 다음 입으로 불었을 때 탈지면이 완전히 제거되는 상태를 말한다.

(3) 고착 건조(dry free)

도막면에 손끝이 닿는 부분이 약 1.5cm가 되도록 가볍게 눌렀을 때 도막면에 지문 자국이 남아있지 않는 상태를 말한다.

(4) 고화 건조(tack free)

엄지와 인지 사이에 시편의 도막면을 엄지쪽으로 향하게 하여 힘껏 눌렀다가(비틀지 말 것) 떼어내어 부드러운 헝겊으로 가볍게 문질렀을 때 도막에 지문 자국이 없는 상태를 말한다.

(5) 경화 건조(dry through)

도막면을 힘껏 엄지손가락으로 눌러 90° 각도로 비틀었을 때 도막이 늘어나 주름이 생기지 않고 다른 이상도 발생되지 않은 상태를 말한다.

(6) 완전 건조(full hardness)

도막을 손톱이나 칼끝으로 긁었을 때 흠이 잘 나지 않고 힘이 든다고 느끼는 상태를 말한다.

제 3 절 자동차용 도료

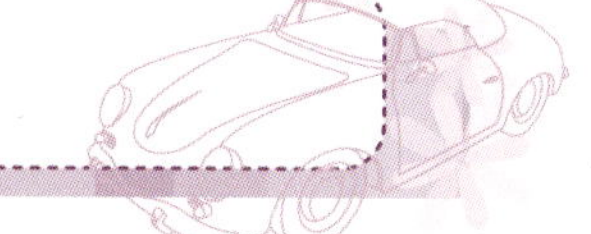

1. 자동차용 도료의 요구 조건

(1) 방청(rust prevention) 기능

노출된 철판에 직접 도장되어 녹 발생을 억제하는 가장 중요기능이다.

(2) 충진(filling) 기능

손상된 부위에 언더코트하여 표면의 홈, 샌딩자국, 기공, 핀홀 등을 메우는 기능을 말한다.

(3) 부착(adhesion) 기능

차량을 유지 관리중 도막이 벗겨지지 않도록 부착력을 부여해야 한다.

(4) 차단(sealing) 기능

퍼티와 다른 언더코트 재료들은 무수한 작은 기공을 만들 수 있다. 이런 기공이 있는 표면위에 상도를 직접 도장할 때 기공들이 젖은 도료를 흡수하여 상도도막은 광택을 잃게 된다. 또한 보수도막의 용제가 구도막에 침투되어 색상이 보수도막의 색상과 혼합되는 브리딩(bleeding) 현상을 방지하고, 부분적으로 철판이 드러난 부위가 있는 언더코트에 상도 도장할 때 노출된 부위에서 흐름 현상이 발생할 수도 있다.

(5) 외관향상(cosmetic quality)

공정에 맞게 도장 작업이 이루어지면 도료는 표면의 색상, 광택, 부드러움을 제공하며 이런 효과가 오랜 시간 지속될 수 있어야 한다.

(6) 작업성(workability)

도장기술자가 도료의 혼합, 도장, 건조, 연마 작업등의 작업이 용이해야 한다.

2. 자동차 도료의 분류

2.1 하도용 도료

2.1.1 프라이머(Primer)

강판에 직접 얇게 도장되어 방청 및 후속 도장의 밀착력 향상을 위한 도료로 금속바탕에 직접 도포하여 도장계 전체의 부착성을 증가시키고 금속의 녹방지 효과도 얻는 것으로서 상도 도료와의 부착성이 좋다. 프라이머(primer)란, 하도의 뜻으로 녹방지 안료로서 징크 크로메이트, 아연화, 연단 등이 사용된다. 전색제에 따라 오일 프라이머, 래커 프라이머 기타 합성 수지 프라이머가 있는데 특성에 따라 선택하여 사용된다. 프라이머란 금속에 대한 충분한 부착성과 방청성을 주어야 하며 그 위에 도포되는 중도 즉 서페이서나 상도 도료가 도포되어도 그것들과의 부착성도 손색없이 전 도장 공정과의 밸런스가 취해지는 상태가 되어야 한다.

(1) 오일 프라이머(Oil Primer)

유성 바니시를 전색제로 산화철, 아연화 등의 안료를 첨가한 프라이머로 건조성이 늦으나 내후성, 부착성이 우수하나 너무 두껍게 도장되면 주름현상이 발생된다. 건조 시간은 12~20시간 정도이다.

(2) 래커 프라이머(Lacquer Primer)

전색제에 래커를 사용하고 산화철, 산화티탄을 안료로 첨가한 프라이머로 내후성, 부착성은 떨어지나 건조가 빠르고 작업성이 우수하나 살올림이 불량하여 2회 정도 겹침 도장이 필요하고 건조시간은 1~2시간 정도이다.

(3) 워시 프라이머(Wash primer)

폴리비닐부치랄 수지와 방식 안료인 징크크로메이트가 함유된 2액형 프라이머이다.

적용 소재는 맨철판, 아연도금강판, 알루미늄, OEM구도막, 열처리된 보수도막, 폴리에스테르 퍼티 도막면, 인산아연처리면 등으로 다양하다.

주요 특징으로는 후속 도장에 대하여 부착력과 적합성이 우수하며 후막형이므로 1회 도장으로 최적의 도막을 얻을 수 있다. 철판에 에칭으로 우수한 방청력과 부풀음을 방지하고 메꿈성이 우수하여 리프팅(lifting), 연마 자국(sandscratch), 스웨링(swelling)방지에 우수한 효과를 나타낸다.

경화제 및 신너는 워시 프라이머 전용 제품을 사용해야 한다. 추천건조 도막 두께(8~10㎛ 기준)를 준수한다. 너무 두껍게 도장되면 부착력이 저하된다. 습도에 민감하므로 습도가 높은 날에는 도장을 금지한다. 스프레이 건은 경화제에 함유된 '인산'의 영향으로 스프레이 건의 노즐이

부식될 우려가 있어 건은 사용 후 바로 청소를 해야 한다.

[그림 2-10] 워시 프라이머

(4) 우레탄 프라이머(Urethane primer)

주로 알키드 수지로 구성된 2액형 타입으로 이소시아네이트가 포함된 경화제를 혼합할 때 경화되며, 우레탄 프라이머는 부착력과 녹방지에 탁월한 능력을 제공하지만 상온에서 반응이 매우 늦게 진행되므로 60℃×20분 정도 강제 건조시켜야 한다.

(5) 에폭시 프라이머(Epoxy primer)

주로 에폭시 수지로 구성된 2액형 타입으로 아민계열의 경화제를 혼합할 때 경화된다. 에폭시 프라이머는 부착력과 녹방지에 탁월한 능력을 제공하지만 상온에서 반응이 매우 늦게 진행되므로 60℃×20분 정도 강제 건조시켜야 한다. 신차(OEM)공정에서는 수용성 에폭시를 전기적으로 맨철판에 도장하는 전착(ED) 도장에 종종 사용되며 150℃×30분 정도의 고온에서 열처리된다.

2.1.2 퍼티(Putty, Filler)

바탕조정을 목적으로 한 것으로서 판금자국 접속부의 용접자국, 흠 등 요철을 메우는 평활한 마무리가 되게끔 조정하는 것으로서 두껍게 올릴 수 있어야 하며, 주걱작업이 용이하고 건조 후 연마 작업이 쉬워야 할 것이다. 따라서 일반적으로 안료분의 함유가 많고 도막은 무르다.

(1) 판금퍼티(Metal putty)

차체수리 공구나 해머 등으로 수정한 패널은 요철부분이 약간은 생기게 된다. 이와 같이 약간의 요철부분을 없애기 위해서 마냥 두드리기만 해서는 시간만 낭비할 뿐이므로 필요에 따라서 판금퍼티를 사용하는 것이 바람직하다. 판금퍼티는 다른 퍼티와 달리 두껍게(20mm 이하) 도포할 수 있고 철판과의 부착성을 좋게 하는 특징을 갖고 있다. 판금퍼티는 큰 굴곡이나 넓은 부위를 제거하는데 사용하고 두껍게 올릴 수 있고 철판과의 부착력이 우수한 것은 장점이지만 퍼티를 도포하면 왁스 분이 표면으로 떠서 직접 연마지로 연마하기 어렵기 때문에 거친 연마지를 사용하여 샌딩해야 한다. 두껍게 도포 되지만 반면에 연마성이 떨어지고 건조가 느린 단점도 있다.

(2) 폴리에스테르 퍼티(Polyester putty)

불포화 폴리에스테르와 스틸렌, 모노머(monomer : 중합체를 구성하는 기본 분자로 스틸렌, 초산비닐 등)를 전색제로 사용하고 티탄화이트나 미분말 무수 규산 등 안료를 넣어 반죽한 도료이다.

폴리에스테르 퍼티는 불포화 폴리에스테르와 용제의 역할을 하는 스틸렌, 모노머와 경화제의 촉매 작용으로 화학반응을 일으켜서 경화되는 도료이다.

용제의 휘발이 거의 없고 100%가 도막으로 형성되므로 퍼티면이 수축되지 않고, 도막 두께도 두껍게 올릴 수 있어 작업 공정을 단축할 수 있다.

계절에 따라 차이가 있으나 온도 20℃, 습도 75%의 표준기후에서 15~20분에 경화되므로 경화제와 혼합시 가사시간이 짧아 적정량을 혼합하여 도료가 낭비되는 일이 없어야 한다.

또한 용제성이 나쁘기 때문에 래커계 도막 위에 폴리에스테르 퍼티를 도포하면 구도막이 침식되어 퍼티 도포 부분에 균열이나 주름이 나타나는 경우도 생긴다.

폴리에스테르 퍼티는 판금퍼티에 비해 깊지 않은 굴곡을 제거하는데 주로 사용한다. 폴리퍼티는 판금퍼티 도포 후 작은 굴곡제거, 연마 자국이나 작은 기공 등을 완벽하게 제거할 목적으로 사용되고 있다. 퍼티는 일반적으로 주제와 경화제를 100 : 1중 일부 제품에는 퍼티 도장을 주걱이 아닌 스프레이 건으로 퍼티를 도장하는 스프레이 퍼티도 개발되어 사용되고 있다. 스프레이 퍼티는 굴곡이 심한 부분이나 퍼티 작업을 상당히 넓게 도포하여야 할 부분에 대해서 1차 판금퍼티로 작업을 한 후 스프레이 퍼티로 작업을 하면 살오름성이 좋아 굴곡을 효과적으로 제거할 수 있을 뿐만 아니라 입자가 고우므로 기공도 없는 외관을 얻을 수 있어 효과적이다.

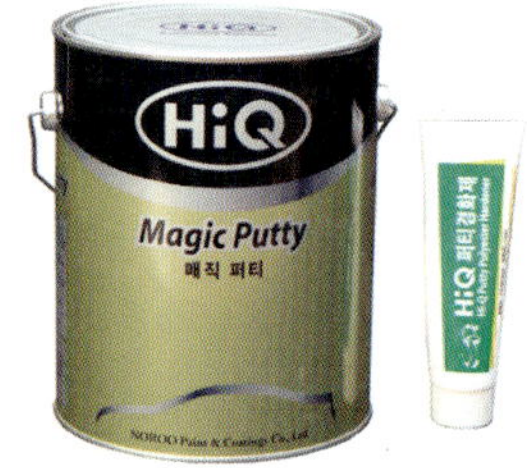

(a) 2액형 폴리에스테르 퍼티

(b) 2액형 EGI 퍼티

[그림 2-11] 폴리에스테르 퍼티

① 중간퍼티(5mm 이하의 요철)

체질 안료의 일부로 둥근 유리구슬(비드)을 사용한 것으로 두껍게 도포가 가능하고 연마성이 좋은 것 일수록 거칠고 폴리에틸렌 접착제 등에 의해 마무리를 요한다.

② 마무리(일반)퍼티(2mm 이하의 요철)

중간퍼티 연마 후에 거친 연마 흔적의 보정에 사용되며 매우 미세한 것일수록 구멍이 생기기 어렵지만 연마성이 떨어진다. 일반적으로 방청 강판과의 밀착이 좋지 않기 때문에 강판에 직

접 도포하는 것은 바람직하지 않다.

(3) 래커퍼티(Lacquer putty)

래커를 전색제로하여 아연화, 카오린, 변성 마레인산, 수지 등을 넣어 반죽한 도료이다. 내후성, 부착성이 떨어지고 살올림이 나쁘나 건조가 빠르고 도장면도 평활되게 마무리되며, 건조 후 용제에 용해된다.

프라이머-서페이서 도장 전에 남은 구멍이나 작은 흠집(0.1mm 정도)의 수정에 사용되며 1액형에 휘발분을 많이 포함하고 있기 때문에 두껍게 칠하면 건조에 시간이 걸린다. 유연성이 적고, 수축이 있으며 도막 성능이 떨어지기 때문에 가능한 사용하지 않도록 한다. 판금퍼티와 폴리퍼티는 2액형이지만 래커퍼티는 1액형으로 도막이 용제에 상당히 약한 반면 입자가 고와서 작은 기공이나 스크래치 제거 용도로 적합하며 건조가 빠르다. 래커 퍼티가 건조가 빠르고 1액형이므로 작업이 편리하다는 이유로 작은 굴곡을 수정하는 용도로 사용을 금한다. 이는 래커 퍼티가 용제에 의해 팽윤되었다가 상도 투명까지 마무리한 후 열처리를 하면 래커 퍼티 자국을 남기게 되므로 작은 기공이나 스크래치, 깊은 연마 자국 등을 제거용도 이외에는 사용을 피해야 한다.

(4) 알루미늄퍼티(Aluminium putty)

패널에 발생한 녹은 구멍의 보강이나 구멍 메우기(20mm 이하)에 사용되며 특히 알미늄 안료가 들어 있는 타입은 방청 경화가 있고 경화 후의 강도가 높기 때문에 탭으로 나사산을 만들 수 있다. 또 두 가지를 모두 혼합한 타입의 퍼티도 있다.

2.2 중도용 도료

2.2.1 서페이서(Surfacer)

하지의 마무리 도료라고도 하며 퍼티 프라이머의 도막을 보호하고 상도가 도포되었을 경우 용제의 침투로 인한 리프팅(Lifting)도막이 침식되어 쭈글쭈글한 주름이 생기는 현상을 방지하고 도장계의 내수성, 내구성을 증가시켜 상도 도료의 흡수로 인한 광택 불균일성을 방지한다. 따라서 살갖임이나 연마성이 좋아야 한다. 오일 서페이서, 래커 서페이서와 합성 수지계 서페이서가 있으며, 특성도 프라이머와 비슷하다.

2.2.2 프라이머-서페이서(Primer-surfacer)

근래에 이르러 바탕의 가공 마무리가 매우 좋게 되었고 또 작은 피도물에는 퍼티 작업을 하지 않고 하도, 상도로 마무리되는 도장이 많아졌으므로 이런 곳에 프라이머의 부착성 방청성 내구성과 서페이서로서의 상도와의 적합성이 되는 부착성, 흡수성 연마성등 프라이머와 서페이서가 갖는 양자의 특징을 다 갖는 겸용형의 하지 도료이다. 프라이머 성능을 강조한 논 샌딩형과 서페이서 성능을 강조한 샌딩형이 있다. 방부성, 내구성, 부착성 등 고성능이 요구되므로 프탈산 수지, 페놀 수지, 멜라민 수지, 에폭시 수지 등의 합성 수지가가 전색제로 사용되며 안료로는 도막의 강인성을 증가시키기 위한 안료 등이 사용되며, 도료로서는 비교적 입자가 미세하게 반죽된 것이다.

(a) 아크릴

(b) 2액형 우레탄

[그림 2-12] 프라이머-서페이서

(1) 프라이머-서페이서의 기능

① 부착력 향상

하도(또는 맨 철판, 구도막)와 상도의 부착력을 향상시킨다. 상도도막이 외부의 충격이나 힘에 의해 쉽게 떨어지지 않도록 부착력을 향상시켜 준다.

② 부식방지

모든 도료는 피도물의 부식이나 녹을 방지시키는 역할을 하지만 프라이머-서페이서의 내부에는 방청 안료가 들어 있어 부식방지에 매우 효과가 좋다.

③ 충격에 의한 완충작용

고속주행 중에 앞의 차량에서 작은 돌이 튀어와 후드에 부딪치면 도막이 작게 떨어져 나가는데 이를 칩핑(Chipping)현상이라 하고, 이 현상을 방지하거나 최소화하기 위해서는 상도 도장 전에 프라이머-서페이서를 선행 도장해야 한다.

④ 메꿈기능

퍼티와 구도막의 경계부위, 거친 연마 자국과 스크래치 등을 메꿔 표면을 평활하게 한다.

(2) 프라이머-서페이서를 도장해야 하는 부위

① 맨철판 위

구도막이나 손상부위를 연마하던 중 맨철판이 드러나면 반드시 프라이머-서페이서를 도장해야 한다.

② 퍼티 위

퍼티는 손상 부위를 복원하는 기능을 할 뿐, 곱게 연마를 해도 표면에는 많은 기공이 있다. 이러한 기공은 상도 도장 전 광택이 떨어지게 하는 원인이 된다.

③ 래커도막 위

래커 구도막의 위에 우레탄 등의 도료를 도장하면 표면이 녹는 주름(Wrinkle, 지지미)현상이 발생된다. 이를 방지하기 위해 래커 구도막 위에는 반드시 프라이머-서페이서를 도장한다.

④ 교환부품 위

교환된 부품은 전착(ED)도막이 도장되어 출고되고 있으며, 이는 하도(Primer)에 해당된다. 전착도막은 내구성 등은 매우 훌륭한 편이나 도막이 매우 딱딱해 직접 상도도막이 올라가면 칩핑에 의해 매우 취약하게 된다.

(3) 프라이머-서페이서의 선택 조건

① 부착력

맨 철판, 구도막과 상도의 좋은 부착력을 갖도록 해야 한다.

② 녹, 부식방지

녹 발생 등으로 부착력 감소, 심지어는 철판이 붕괴되는 것을 방지할 수 있는 내구성을 갖추어야 한다.

③ 메꿈성

작업부위의 연마 자국이나 깊은 스크래치를 쉽게 메꿀 수 있는 성질을 갖추어야 한다.

④ 연마성

프라이머-서페이서는 쉽고 빠르게 연마되어 평활하고 부드러워야 한다.

⑤ 차단성

상도가 용제가 하도에 침투되어 광택이 떨어지는 것을 방지할 수 있는 차단성이 있어야 한다.

⑥ 건조성

작업자가 작업을 빠르게 진행할 수 있도록 건조가 빨라야 한다(좋은 프라이머-서페이서는 도장 전 20~30분 안에 연마할 수 있어야 한다).

(4) 프라이머-서페이서의 종류

① 래커 프라이머-서페이서(Lacquer primer-surfacer)

빠른 건조성과 연마성 때문에 많은 도장기술자가 선호하고 있지만, 다른 타입에 비해 부착력, 부식방지에 매우 취약할 뿐 아니라 견고하고 유연한 성질이 없으므로 알루미늄, 범퍼 등에 사용하기 힘들다. 부분 도장(Spot spray)에만 제한적으로만 사용되어야 한다.

② 우레탄 프라이머-서페이서(Urethanc primer-surfacer)

주제와 경화제로 이루어져 2액형 도료라 하고 거의 모든 보수도장에 사용되고 있다. 래커에 비해 부착력, 차단성, 충격성 등이 매우 뛰어나 최근에는 많이 사용된다.

2.2.3 밸류셰이드 시스템(Value shade system)

신차 라인에서는 상도의 색상과 연관하여 중도를 다양하게 적용하고 있다. 그러나, 보수도장에서는 단일색상(주로 회색계통)을 중도에 적용하고 있다. 이러한 이유가 보수도장에서 색상이 색(Color Difference)의 원인이 되고 있다. 차량을 원상복원 해야 하는 보수도장에서는 신차 도장의 중도(Surfacer)에 "어떤 타입의 도료가, 어떤 색상이 적용되었는가?"는 매우 중요하다. 따라서 신차에 적용되는 중도방식을 살펴보면 다음과 같다.

(1) 신차(OEM)의 중도 적용

① 단일 중도(Single Surfacer)

하나의 생산라인에서 모든 상도 색상에 대해 한 가지 색상의 중도를 적용하는 방식을 말하며 보수도장의 중도 작업도 넓은 의미에서는 단일중도로 적용하고 있다고 볼 수 있다.

② 그룹 중도(Group Surfacer)

상도의 색상그룹 별, 즉 적색계통, 파랑계통, 밝은 계통, 어두운 계통 등의 상도 색상에 따라 3~4가지 중도를 적용하는 것을 말한다.

③ 칼라 중도(Color Surfacer)

상도의 베이스 코트는 은폐를 시키는 것을 원칙으로 되어 왔다. 은폐시키기 위해서는 색상에 흑색 안료, 실버 등이 많이 첨가되어야 하므로 색상이 탁해 지는 경우가 많았다. 칼라 중도의 적용으로 맑고 산뜻한 색상의 베이스 코트를 은폐시키지 않고 적용할 수 있게 되었다. 즉, 베이스 코트가 은폐가 되지 않더라도 이와 유사한 색상의 중도가 도장되어 은폐되도록 했다.

【표 2-11】 칼라 중도 가이드

적색계열	황색계열	청색계열	녹색계열	백색-흑색

(2) 보수도장의 중도 적용

최근의 자동차 색상은 고객의 요구에 의해 매우 밝아지고 산뜻한 감을 나타내는 색상이 증가하고 있다. 고객의 입장에서는 매우 다양한 색상을 선택할 수 있어서 좋겠지만 보수도장을 하는 작업자의 입장에서는 다음과 같은 이유에서 색상에 접근하는 조색 작업이 매우 어려워지고

있다.

① 현재까지 보수도장에서 적용할 수 있는 서페이서는 밝은 회색(Light grey)등의 단순한 색상, 즉 도료업체의 색상 결정에 따라 매우 제한적으로 적용할 수밖에 없었다.

② 상도의 색상은 다양한 명암으로 적용되고 있으나, 프라이머-서페이서 도료 제조업체의 결정에 의한 단순한 색상, 명암으로 제공되고 있다.

③ 은폐력이 떨어지는 밝은 색상이 도장되면 도료의 구성상 은폐가 잘되지 않고, 은폐 정도에 따라 정면, 측면의 색상차이가 다르게 나타난다.

④ 프라이머-서페이서와 상도색상과의 명암차이가 많으면 작은 돌에 의한 칩핑 현상때 도막 벗겨짐이 쉽게 눈에 띈다.

⑤ 서로 다른 명암의 프라이머-서페이서를 은폐시키기 위해 많은 도장 횟수가 필요하며 도막 두께에 따라 색상이 다르게 보인다.

따라서 은폐력이 약한 색상의 효과적인 대처방법으로는 고형분이 높은 상도 도장시스템을 적용하거나 은폐정도를 확인해주는 은폐지를 활용하지만 신차에서 적용된 칼라중도 시스템(color surfacer system)이나 밸류셰이드 시스템(value shade system)을 보수도장에서 적용한다.

(3) 밸류셰이드(Value shade system) 적용

밸류셰이드 시스템은 프라이머-서페이서의 명암을 다양화하여 적용하는 일종의 그룹중도 방식으로 은폐가 떨어지는 색상에 쉽게 조색을 할 수 있고 조색 작업에서 정면, 측면의 변화가 적다. 또한 은폐를 쉽게 시킬 수 있어 도장횟수를 줄여 비용절감을 할 수 있으며 칩핑 등의 작은 돌에 도막이 벗겨져도 쉽게 눈에 띠지 않는다.

최근 전 세계적으로 보수도장의 현장에서 듀폰 사양의 밸류셰이드나, 이와 유사한 방법으로 프라이머-서페이서의 색상 또는 명암을 다양화하여 적용하고 있다.

① 프라이머-서페이서 타입의 밸류셰이드

현장에서 쉽게 혼합하여 7가지의 명암을 갖는 우레탄(또는 에폭시)계 프라이머-서페이서를 적용할 수 있는 시스템으로 구성되어 있다.

【표 2-12】 밸류셰이드 가이드

화이트	오프 화이트	라이트 그레이	그레이	미디움 그레이	소프트 그레이	블랙

② 프리코트타입의 밸류셰이드

일반적인 색상의 프라이머-서페이서를 적용한 후, 상도 도료를 이용하여 밸류셰이드를 적용할 수 있다. 프라이머-서페이서 작업 후에 프리코트를 적용하고, 또 상도를 적용하면 프리코트의 공정이 추가되므로 바람직하지 못하다. 따라서, 프리코트 타입의 밸류셰이드로 공급하는 서페이서를 보유하고 있지 않을 때 백색과 흑색의 칼라베이스 조색제를 적정 비율로 혼합하여 적용하는 방법이다

일반적인 베이스 코트 도장방법보다는 약간 점도를 낮추어 희석하고 도장할 때도 약간 눌러서 촉촉하게 도장한다. 레벨링이 잡혀 도장 전 표면이 약간 반짝이도록 도장해야 후속 도장의 외관이 좋아진다.

2.3 상도 도료(Top－coat)

색상, 광택, 부드러움과 외관 향상을 위해 최종적으로 도장되는 도료이다.

상도는 다른 하도 및 중도 도료와 달리 도료 내에서 실리콘계 첨가제가 혼합되어 상도 도료 내의 안료분산을 좋게 하고, 수지분은 많게, 안료분은 적게 배합해서 도장 전 도막의 광택 및 표면을 좋게 하고 도장의 외관을 아름답게 마무리 되도록 설계된 도료이다.

2.3.1 신차(OEM) 소부형 도료

(1) 아미노 알키드 수지 도료

일반적으로 멜라민 수지 도료라고 불리며, 건조온도 130～140℃에서 약 30분 정도로 경화 건조하는 도료로 특히, 신차의 솔리드 색상에 사용되고 광택, 경도, 내후성, 내용제성 등이 뛰어난 장점이 있다.

(2) 열경화성 아크릴 수지 도료

열경화형 아크릴 수지 도료는 신차의 메탈릭 색상 도료에 적용되며 열경화성 아미노 알키드 수지와 같이 건조온도 130～140℃에서 약 30분 정도로 경화건조하는 도료로 색상이 선명하고 내후성, 광택복원성이 우수하다.

(3) 열경화형 불소 수지 도료

열경화형 불소 수지 도료의 특징은 2액형(자기반응형) 도료와 같으며 열경화성 아미노 알키드 수지와 같이 건조온도 140～150℃에서 약 30분 정도로 경화건조하는 도료로 색상이 선명하고 내후성, 내자외선, 내산성 및 알카리 등에 대하여 우수하다.

2.3.2 보수용 2액반응형 도료

(1) 폴리우레탄 수지 도료(Poly urethane paint)

폴리에스테르 수지를 주제로 한 베이스와 이소시아네이트를 주제로 한 경화제로 되어 있고 사용 전 일정 비율로 혼합하여 사용한다. 이 도료는 1848년 독일의 Wurt가 발명하고 1937년 독일의 Bayer에 의해 개발되었으며 폴리우레탄 수지 도료(Poly urethane paint)의 특징은 다음과 같다.

① 밀착성이 우수하다.
② 주제와 경화제가 다양해서 경도와 가소성이 풍부하다.
③ 치밀한 망상 구조를 가진 경화 도막으로 용제에 용해되지 않고 경화제를 표준 보다 많이 사용하면 내용제성을 높일 수 있다.
④ 화학적인 제반 물성(내산성, 내알카리성)이 뛰어나다.
⑤ 내열성이 우수하다.
⑥ 내한성, 내수성이 우수하다.

(2) 2액형 우레탄 수지 도료(two-component)

이소시아네트기(-NCO)를 다수 가진 가교 성분과 알코올기(-OH)를 다수 가진 폴리올 성분과 도장 직전에 혼합하여 우레탄 결합을 만들어 도막을 형성하며 경화제의 첨가량에 따라 지건성, 속건성으로 나눈다.

(a) 유색 도료(2K형)

(b) 크리어 도료

[그림 2-13] 2액형 우레탄

(3) 표준 아크릴 우레탄(Standard acrylic urethane)

일반적으로 "우레탄" 또는 "아크릴 우레탄"이라 언급되는 것은 주로 아크릴 수지로 이루어진 2액형 상도 도료를 말하며 이것은 이소시아네이트 경화제를 혼합했을 때 건조된다. 외관상 아름답지만 건조가 늦어(20℃ × 12시간 이상) 래커계 도료보다 작업성이 좋지 못하다.

이러한 타입의 도막은 신차도막 만큼 우수하고 건조한 후 광택을 내기 위해 폴리싱 작업을 하지 않아도 된다. 이런 이유로 아크릴 우레탄은 상대적으로 넓은 부위의 도장에 적용되고 있고 사용량도 점차 증가하여 보수도장에서 대부분 사용하고 있다.

(4) 아크릴 우레탄 래커(Acrylic urethane lacquer)

이 도료는 열처리 작업 없는 용제 증발형 아크릴 래커의 도막 성질을 향상시키기 위해 개발되었다. 이것은 주로 나이트로셀루로즈와 아크릴 수지로 구성되어 있고 이소시아네이트의 경화제를 혼합할 때 건조가 되기 시작한다.

용제가 증발하면서 나이트로셀루로즈가 초기건조를 촉진시키기 때문에 아크릴 래커처럼 건조가 빠른 것 같이 보인다. 아크릴 수지가 이소시아네이트와 화학 반응을 하기 때문에 그물 망상 구조를 이룬다.

아크릴 래커 보다 도막 형성이 우수하나 어떠한 조치가 없다면 용제의 영향을 받아 녹을 수 있으므로 선택에 매우 주의가 필요하다. 이는 재도장할 때나 투톤 색상을 도장 할 때 결함이 발생되는 경향이 있다. 이 도료는 최신 도장 설비(부스/건조기)를 갖추지 않은 작업장에서 사용된다.

(5) 속건성 아크릴 우레탄(Quick-drying acrylic urethane)

표준 아크릴 우레탄과 달리 매우 빠른 건조성을 갖도록 설계되었고 주제는 아크릴 수지와 경화제는 이소시아네이트로 구성되어 있다. 이 도료는 건조가 빠르고 도막 형성도 우수한 편이나 표준 아크릴 우레탄만큼은 되지 않는다.

아크릴 우레탄 래커 도료의 대치용으로 많이 사용되고 있으며 도장 설비가 부족한 작업장에서 주로 사용된다.

(6) 불소 우레탄 수지 도료(Fluolic urethane paint)

① 종래의 아크릴 수지를 불소 수지 크리어로 변경한 것으로 도막의 구성은 종래와 같다.

② 불소 수지의 특징으로는 내후성이 뛰어나 자외선 등에 의한 열화가 적고, 신차 때의 발수성(수분이 튀기는 성분) 및 광택을 장기간 유지하는 특성이 있다.

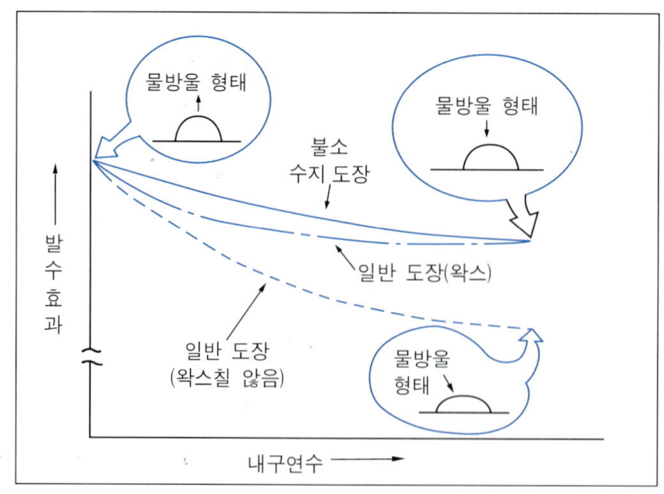

[그림 2-14] 불소 수지 클리어

③ 메탈릭, 마이카-펄계의 일반 크리어를 불소 크리어로 바꾸고, 솔리드계에는 불소 수지 크리어를 추가 코팅한 것이다.

2.4 기타 보수용 도료

2.4.1 내칩핑 도료(anti-chipping coat)

① 주행중 작은 돌이나 모래알 등에 의해 차량을 보호하기 위한 작업이다.
② 외부 내칩 도료 : 로커 패널에 도장한다.
③ 샌드위치 내칩핑 도료 : 도어 아래쪽에 도장한다.
④ 외부 내칩핑 도료는 보통 검은색이고, 샌드위치 내칩핑 도료는 전착과 중도 사이에 도장되므로 외부 패널의 색상인 상도와 같은 색상이다.
⑤ 외관은 오돌오돌한 균일한 오렌지필의 상태를 유지한다.

【표 2-13】 내칩핑 도장 조건

외 관 / 스프레이 조 건	물결 무늬의 넓이		물결 무늬의 높이	
	좁은 물결	넓은 물결	높은 물결	낮은 물결
에어 압력	높다	낮다	-	-
건의 거리	-	-	멀다	가깝다

2.4.2 언더코트(under coat) 도료

① 휠 하우스나 언더 플로어등 주행중 튀어 올라 돌이나 모래알 등이 부딪치는 장소에는 점도가 높은 도료를 도포한다.
② 방청력을 가짐과 동시에 건조 시켜도 그다지 표면이 굳어지지 않고 쿠션과 같은 효과를 발휘하여 금속 표면에 상처가 발생되는 것을 방지한다.

2.4.3 바디 실러(body sealer) 도료

① 패널 내부에 수분 침투 방지 및 부식 방지를 목적으로 작업한다.
② 신차는 출고 시 엔진 후드, 도어 헤밍 부위, 패널의 연결 부위 등에 실러가 도포되어 출고된다.
③ 교환 부품인 새로운 패널에는 바디 실러가 도포되지 않은 상태로 공급된다.
④ 보수도장 전 헤밍 부위나 패널 연결 부위에 실러를 도포해야 한다.

3. 자동차용 도료의 건조

3.1 용제 증발형

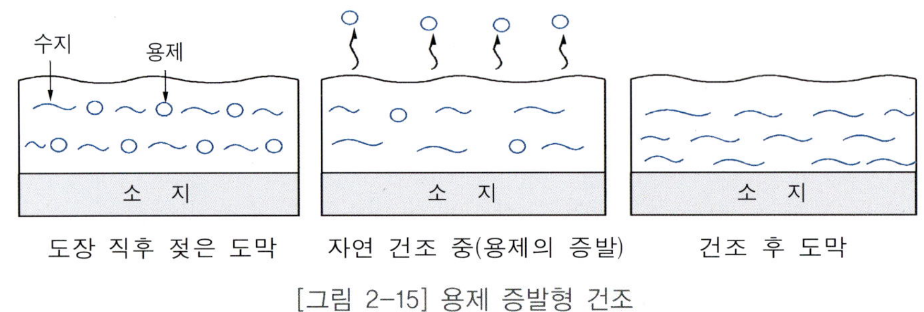

[그림 2-15] 용제 증발형 건조

① 용제 증발 후 도막을 형성한다.
② 수지는 물리적 변화(액체→고체)만 있고 화학적으로 반응하지 않는다.
③ 건조된 도막은 신너에 용해된다.
④ 자동차용 도료 종류
㉠ NC 래커 및 NC 아크릴 래커
㉡ CAB 아크릴 래커

3.2 반응 건조형

① 용제 증발 후 수지 경화시 화학적 반응에 의해 도막이 건조된다.
② 완전히 건조된 도막은 신너에 쉽게 녹지 않는 강한 도막을 형성한다.
③ 화학적 반응 요소(경화제)는 열, 빛, 물, 화학물질이다.
☞ 자동차 도장용 경화제-열 또는 화학 물질

3.2.1 고온 소부형건조(고온열처리 도료)

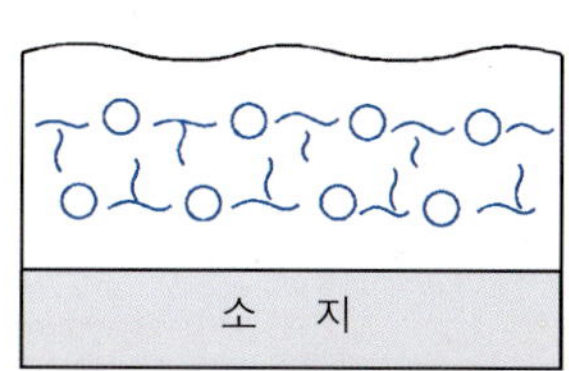

도장 직·후 젖은 도막

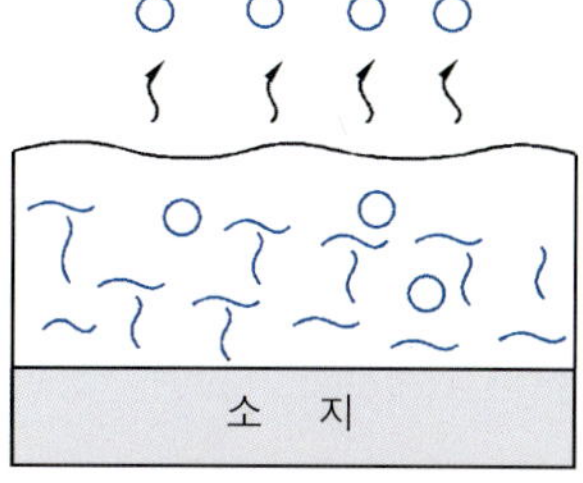

자연 건조 중(용제의 증발)

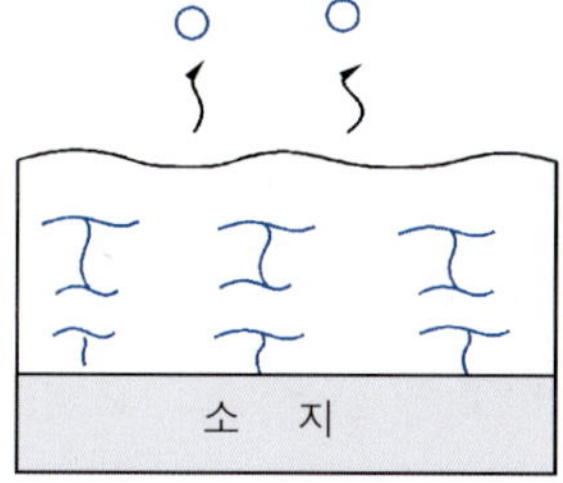

가열 건조 중(수지 반응/용제의 증발)

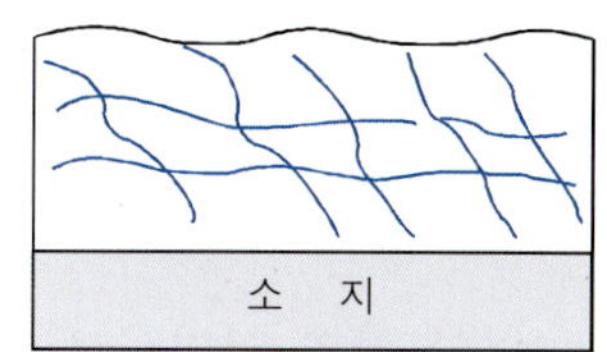

건조 후 도막

[그림 2-16] 고온 소부형형 건조

① 도장 전 일정 온도(열) 가열 시(120~160℃ × 20~30분) 화학반응으로 망상형 도막을 형성한다.

② 신차 도장에 사용되는 도료

㉠ 소부형 아미노알키드(멜라민계) : 신차의 서페이서 및 솔리드 상도 도장

㉡ 소부형 아크릴(아크릴계) : 신차의 메탈릭 상도 도장

㉢ 폴리우레탄 : 신차의 범퍼 도장

㉣ 에폭시 : 신차의 언더코트

3.2.2 2액형 건조(자기반응 도료)

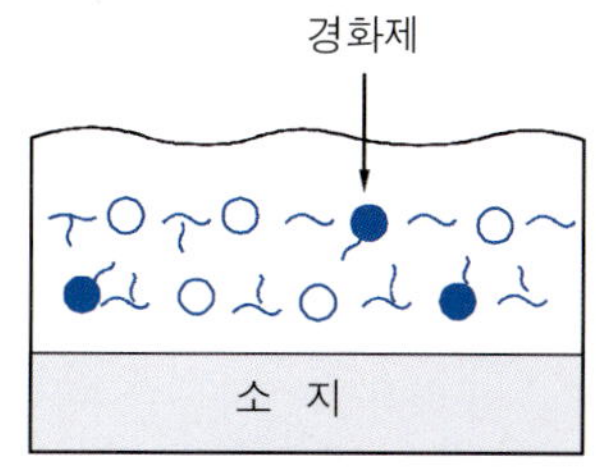

도장 직후 젖은 도막

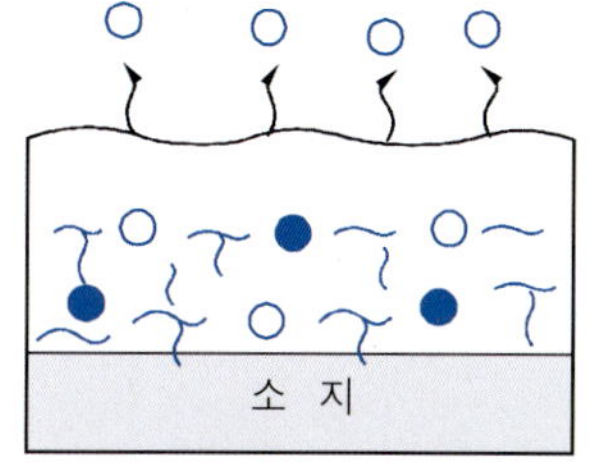

자연 건조 중(용제의 증발)

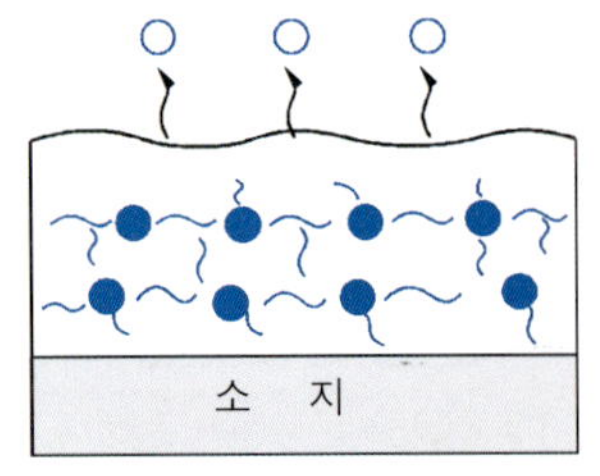

강제 건조 중(수지와 반응/용제의 증발)

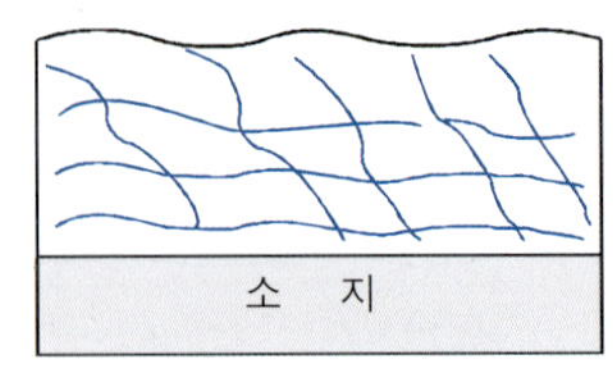

건조 후 도막

[그림 2-17] 2액형 건조

① 도장시 경화제라는 첨가제(화학물질)를 투입하여 화학반응으로 망상형 도막을 형성한다.
② 상온에서도 건조가 진행되나 빠른 건조를 위해 가열 건조(60~80℃×20~30분)한다.
③ 보수도장에 사용되는 도료
㉠ 아크릴 우레탄 래커 : 보수도장의 언더코트와 상도 도장
㉡ 아크릴 우레탄(표준형) : 보수도장의 언더코트와 상도 도장
㉢ 속건형 아크릴 우레탄(속건형) : 보수도장의 언더코트와 상도 도장
㉣ 에폭시 : 보수도장의 언더 코트
㉤ 불소 우레탄 수지 : 보수도장의 크리어 도장

3.3 도막의 건조

3.3.1 건조의 분류

도료가 유동성을 잃고 경도가 증가하여 도막이 될 때까지 필요한 시간을 의미한다. 건조 상태는 지촉, 점착, 고착, 고화, 경화, 완전건조로 나누어진다.

(1) 지촉 건조(tack free time - set to touch)

손가락 끝을 도막에 가볍게 대었을 때 점착성은 있으나 도료가 손가락에 묻어나지 않는 상태로 도장 작업 후 표면에 이 물질이 박히지 않는 표면 건조 시간을 말한다.

(2) 점착건조(dust free)

① 손가락에 의한 방법
손가락 끝에 힘을 주지 않고 도막면을 좌우로 스칠 때 손끝자국이 심하게 나타나지 않는 상태를 말한다.

② 솜에 의한 방법
탈지면을 약 3cm 높이에서 도막면에 떨어뜨린 다음 입으로 불었을 때 탈지면이 완전히 제거되는 상태를 말한다.

(3) 고착건조(dry free)

도막면에 손끝이 닿는 부분이 약 1.5cm가 되도록 가볍게 눌렀을 때 도막면에 지문 자국이 남아있지 않는 상태를 말한다.

(4) 고화건조(tack free)

엄지와 인지 사이에 시편의 도막면을 엄지쪽으로 향하게 하여 힘껏 눌렀다가(비틀지 말 것) 떼어내어 부드러운 헝겊으로 가볍게 문질렀을 때 도막에 지문자국이 없는 상태를 말한다.

(5) 경화건조(dry through)

도막면을 힘껏 엄지손가락으로 눌러 90° 각도로 비틀었을 때 도막이 늘어나거나 주름이 생기지 않고 다른 이상도 발생되지 않은 상태를 말한다.

(6) 완전건조(full hardness)

도막을 손톱이나 칼끝으로 긁었을 때 흠이 잘 나지 않고 힘이 든다고 느끼는 상태를 말한다.

3.3.2 건조의 형태

(1) 후레쉬 타임(Flash Time)

후속도장이나 중복도장시 전에 도장된 피도물로부터 용제가 증발하도록 필요한 도장 간 대기시간을 말하며 도료 제조사별 사양서를 참조한다.

【표 2-14】 사용 도료에 따른 후레쉬 타임

솔리드 타입 도료(2액형)	투명 도료(2액형)	메탈릭 베이스(1액형)
5~10분	5~10분	5~10분

(2) 도료별 지촉 건조 시간

도장 작업 후 표면에 이물질이 박히지 않는 표면 건조 시간을 말한다.

【표 2-15】 사용 도료에 따른 지촉건조시간

솔리드 타입 도료(2액형)	투명 도료(2액형)	메탈릭 베이스(1액형)
20분	15분	10분

(3) 세팅 타임(setting time)

도장 직후 용제는 매우 활동적으로 증발한다. 이때 급격하게 열을 가하면 더욱 빠르게 증발되며 이때 핀홀 등의 도장 결함을 유발한다. 따라서 자연적으로 용제가 증발되도록 강제 건조 전에 10~20분간 방치하는 시간을 말한다.

▸ 세팅타임 설정 조건

① 도막 두께 : 용제 증발 속도는 도막 두께의 제곱에 비례한다.

도막 두께 = 1 : 2	➡	세팅타임 = 1 : 4

② 건조 시간이 느린 도료

③ 주변의 온도

(4) 강제 건조(forced drying)

① 건조는 열에 의해 가속된다.

② 열은 도막 내의 용제의 증발을 가속시키며 2액형 도료에서 주제와 경화제의 반응을 증진시킨다.

③ 건조 시간을 단축하기 위해 도막에 열을 가하는 것을 강제 건조라 한다.

④ 건조시 하절기와 동절기, 도료 용제의 양, 도막의 두께 등에 따라 세팅타임과 온도 증가의 속도 등을 조절하여야 한다.

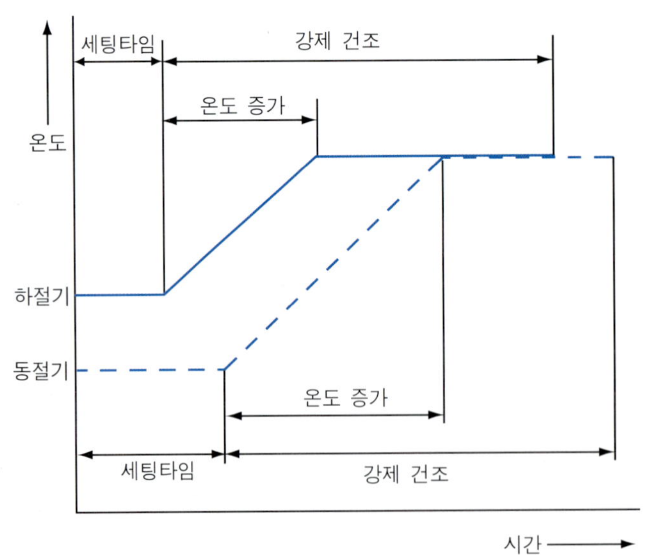

[그림 2-18] 강제 건조의 조건

4. 도막의 시험

4.1 도료의 시험법

도료에 대한 시험 항목으로는 다음 [표 2-16]과 같은 것이 있으나, 이 항목들을 모두 시험할 필요는 없고 도료의 종류, 피도물, 도장 방법, 도료 환경 들을 고려하여 시험 항목을 선정하여 시험한다.

【표 2-16】 1도료의 주요 시험 항목

물 성	실 용 성	성 분
1. 투명성 2. 색수 3. 점도 4. 비중 5. 입도	1. 용기중에서의 상태 2. 희석성 3. 작업성 4. 건조시간 5. 저장안정성	1. 가열잔분 및 가열잔분 2. 도막형성요소에 관한 것 3. 안료에 관한 것 4. 용제에 관한 것

4.1.1 도료의 물리적 성질에 관한 시험

(1) 점도 시험

도료의 점도는 도료 자체의 품질 관리를 비롯하여 도장 작업성이나 도막 두께, 기타 도장 품질 등 실용성에 직접적으로 관계가 있기 때문에 중요한 시험 항목이다. 점도계에는 많은 종류가 있으나 도료 시험에서 일반적으로 사용되는 점도계는 다음과 같다.

가. 모세관 점도계

Ostwald 점도계에 의해 동점도를 구한다. 이 점도계는 정밀도가 매우 좋으나 에나멜과 같은 착색 도료에는 적용할 수 없기 때문에 실용적으로는 거의 사용되지 않는다.

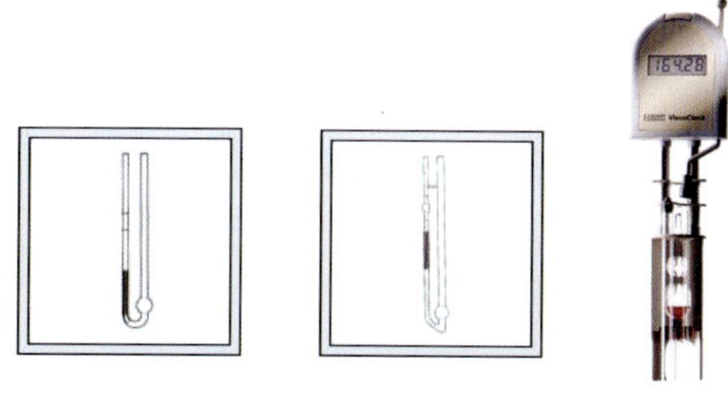

[그림 2-19] 모세관 점도계

나. 기포 점도계

기포 점도계는 규정된 모양과 크기의 경질 유리관에 시료를 넣고 점도관(粘度管)을 뒤집어 수직으로 하여 기포가 상승하여 정지하는 시간을 0.1초까지 측정하고 초 단위의 시간을 스토크(stokes) 단위의 점도로 환산하거나 표준 점도관과 기포의 상승 속도를 비교하는 점도계이다. 가드너(Gardner) 기포 점도계가 일반적으로 사용되고 있다.

기포 점도계는 에나멜과 같은 착색 도료에서는 기포가 보이지 않으므로 적용할 수 없고 투명 도료나 수지 용액의 점도 측정에서만 사용되지만 조작이 간단하여 널리 이용되고 있다. 시료를 넣은 점도관은 그대로 투명성, 색수의 측정에 이용할 수 있고, 또 그대로 일정 온도에서 보존하여 점도의 경시 변화를 추적할 수 있다.

▸ KSM 5000-2121 : 투명 액체의 점도 시험 방법(가드너 관법)

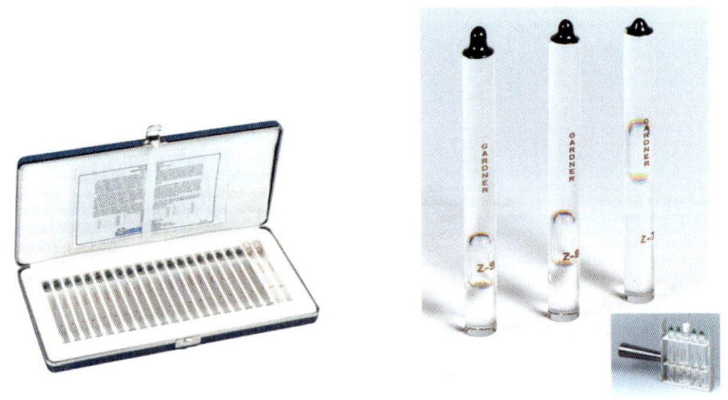

[그림 2-20] 기포 점도계

다. 점도 컵

컵에 가득 넣은 시료를 일정 온도에서 규정된 형상의 구멍을 통해 유출에 소요된 시간을 측정한다. 보통 유출 초수(秒數)로 표시한다. [그림 2-21]과 같은 점도 컵은 소형으로 구조가 간단하고 세척이 용이하여 신속하게 측정할 수 있다. 더욱이 투명 도료 뿐 아니라 유색 도료도 측정할 수 있기 때문에 널리 사용된다.

Ford 컵, Din 컵, Zahn 컵, Iwata 컵 등 여러 종류의 점도 컵이 있으나 일반적으로 Ford 컵 No.4 [그림 2-21 (a)]가 가장 많이 사용된다.

(a) Ford컵 No.4　(b) Din컵 No.4 & ISO 3mm　(c) Zahn 컵

[그림 2-21] 점도컵

라. 회전 점도계

이 점도계는 시료를 넣은 용기중에서 패들, 원통 등을 회전시켜 회전 속도의 변화, 회전체의 저항 등으로 점도를 측정하는 기기이다.

① 스토머 점도계(Krebs-stomer viscometer)

용기에 넣은 시료를 25±0.5℃로 유지시켜 [그림 2-22 (a)]와 같은 점도계의 받침대 위에 시료가 담긴 용기를 올려놓고 회전축에 새겨진 눈금과 액면이 일치하도록 하고 회전축이 100회 회전하는데 소요되는 시간이 27~33초가 되도록 추를 조정한다. 100회 회전할 때까지의 소요 시간을 측정하여 환산표에 시료의 저도를 구한다. 결과는 KU(krebs unit)로 나타낸다.

▸ KSM 500-2122 : 도료의 주도 시험 방법(크레브스-스토머 점도계)

② B형 점도계(Brookfield viscometer)

[그림 2-22 (b)]와 같은 점도계는 시료 중에서 원통 또는 원판 모양의 스핀들을 회전시켜 시료의 점성저항 토크(torque)를 측정하도록 되어 있다. 비교적 넓은 범위의 점도를 측정할 수 있으며, 비뉴톤 유체의 유동성 측정이나 요변도(搖變度, thixotropic index)를 측정하는 것도 가능하다.

(a) 스토머 점도계

(b) B형 점도계

[그림 2-22] 회전 점도계

4.2 도막 시험법

도료를 도장한 후 건조·경화된 도막에 관한 주요 시험 항목은 다음 [표 2-17]과 같다. 이들 항목은 실제로 전부 시험할 필요는 없고 도장하고자 하는 목적에 따라 항목을 선정하고 그 외의 다른 시험 항목을 추가하여 실시하는 것이 바람직하다.

【표 2-17】 도막의 주요 시험 항목

물리적 성질		화학적 저항성		장기 성능
도막의 상태 은폐력 색의 안정성 광택 경도	부착성 내굴곡성 내충격성 내마모성	내수성 내습성 내염수성 내약품성 내유성	내용제성 내염수분무성 내열성 내오염성	내후성 내장기 침지성

4.2.1 도막의 물리적 성질에 관한 시험

(1) 도막의 상태

도막의 상태는 도료의 성질, 도장 방법과 도장 환경 등에 크게 영향을 받는다.

또 이것은 도막의 외관 및 내구성과 밀접한 관계가 있다. 정상적인 외관을 가진 도막이 될 수 있는 것도 때로는 결함이 생기는 수가 있다. 그 발생 원인으로는

- 도료에 기인하는 것
- 도장 방법에 기인하는 것
- 도장 화경에 기인하는 것

등으로 분류할 수 있으나 실제로는 이것들이 서로 연관되어 결함이 생기는 경우도 많다.

이들 결함중 대표적인 것을 열거하면 다음과 같다.

가. 도막이 형성되는 과정에서 발생하는 결함

분화구 현상(cratering), 오렌지 필(orange feel), 주름, 핀홀(pin hole), 곰보자국, 기포, 티, 색 얼룩, 광택 얼룩, 백화(blushing) 등

나. 도막이 되고나서 발생하는 결함

균열, 부풀음, 벗겨짐, 퇴색, 번짐(bleeding), 백악화(chalking) 등

(2) 은폐력

은폐율 시험지(표면이 고른 아트지에 흑면과 백면으로 나뉘어져 있는 것)에 규정량의 도료를

도로하여 건조시킨 후 시험지의 흑면과 백면 위에서 도막의 45°, 0° 확산 반사율을 측정하여 은폐율을 계산한다.

- KSM 5000 - 3111 : 도료의 은폐력 및 은폐력 시험 방법
- KSM 5000 - 3121 : 도료의 45°, 0° 확산 반사율 시험 방법

[그림 2-23] 은폐력 시험

(3) 색의 안정도

도료를 도장한 후 건조시킨 시험편을 수은 램프의 빛으로 조사(照射)하여 색이 변하는 정도를 조사한다. 이 방법은 육안으로 색의 차이를 직접 판정하는 방법도 있으나 분광 광도계나 색차계로 색의 차이를 판정하는 방법도 많이 사용되고 있다.

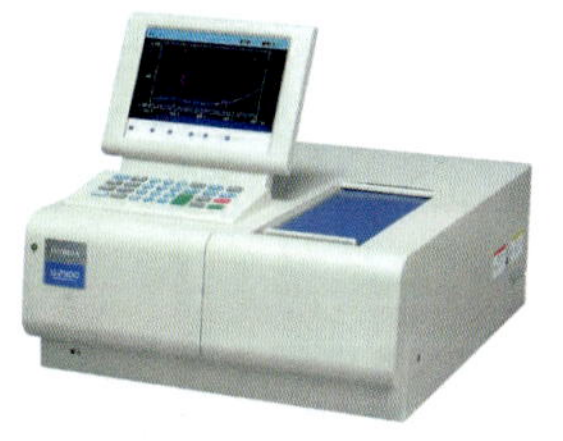

(a) 분광광도계

(b) 색차계

[그림 2-24] 색의 안전도

(4) 광 택

[그림 2-25]의 개용도와 같은 경면 광택도 측정 장치에 의해 광원의 입사 각도 θ=60°로 하고 반사 각도 60°에서의 시험편 반사율을 측정하여 완전 경면의 광택도를 100으로 하였을 때의 백분유로 나타낸다.

광택이 낮은 도막에서는 85° 경면 광택쪽이 그 차이가 크고 광택이 높은 도막에서의 20° 경면 광택도 쪽이 그 차이가 크다. 따라서 광택면의 종류에 따라 입사각을 바꿔 측정하는 것이 좋다.

- KSM 5000 - 3311 : 도료의 85° 경면 광택도 시험 방법
- KSM 5000 - 3312 : 도료의 60° 경면 광택도 시험방법
- KSM 5000 - 3313 : 도료의 20° 광택도 시험 방법

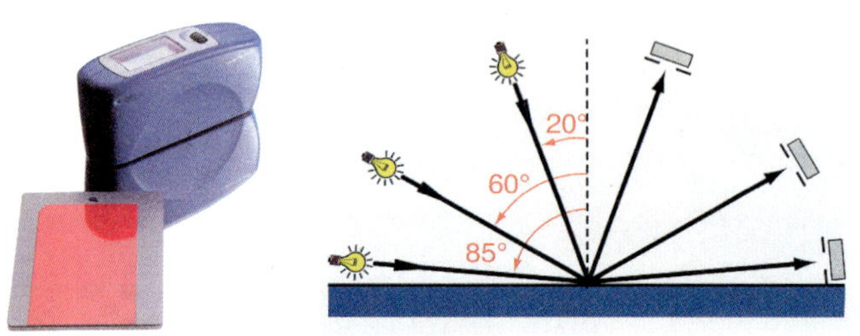

[그림 2-25] 광도 측정

(5) 경 도

일반적으로 연필의 경도로 표시하는 연필 경도 시험법이 널리 사용되고 있다. 연필은 H, HB, B, F를 포함해서 6B에서 9H까지의 17개가 1조로 되어 있으며 경도가 다른 연필을 차례로 바꿔가면서 해당되는 연필의 경도 기호를 도막의 연필경도로 한다. 연필경도 시험에는 시험기에 의한 방법과 손으로 하는 방법이 있는데, 손으로 시험할 경우 연필과 도면의 각도(45°), 연필을 누르는 속도(3mm/sec), 연필을 누르는 압력(연필심이 부러지지 않는 정도까지 강하게)을 일정하게 유지하여 조작해야 한다.

이 밖에 많이 사용되는 경도 시험기로는 스워드 로커 경도 시험기(Sward rocker hardness tester)가 있다.

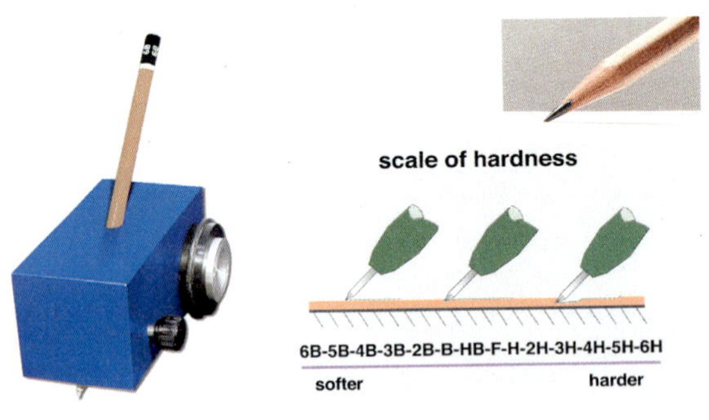

(a) 연필경도 측정기 및 측정법

(b) 스워드 로커 경도 측정기

[그림 2-26] 경도 측정기

(6) 부착성

가. 묘화(描畵) 시험

[그림 2-27]과 같은 묘화 시험기(scratch & adhesion tester 또는 drawing teter)를 사용한다. 핸들의 회전에 의해 바늘이 일정한 반경을 갖는 원을 그리고 동시에 시험판을 수평으로 이동하면서 흠을 남긴다. 이때 도막의 박리 상태를 조사한다.

[그림 2-27] 묘화 시험기

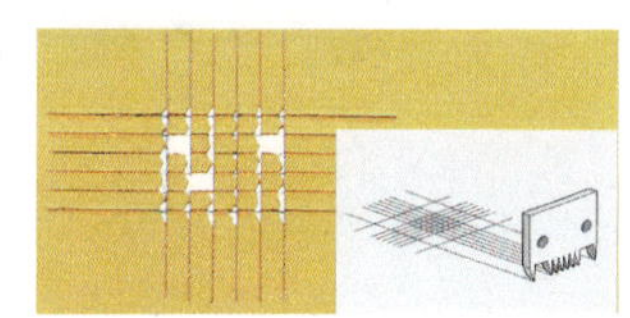

[그림 2-28] 크로스 커팅 시험기

나. 바둑판 시험(cross cut test)

도막을 예리한 칼로 수평, 수직으로 11개씩의 선을 그어(1mm 간격) 총 100개의 바둑판을 만들고 도막이 벗겨진 정도를 조사한다. 또 작성된 바둑판에 접착 테이프를 붙이고 순간적으로 잡아당겨 부착성을 판정하기도 한다.

【표 2-18】 크로스 컷 및 바둑판 눈 평가점

박리상태	60°			평가점 1이상의 박리
평가점(RN)	3	2	1	0

박리상태				박리 50% 이상
평가점(RN)	3	2	1	0

다. 에리센(Erichsen) 시험

에리센 시험기[그림 2-29]는 도막의 부착력 및 파괴 신장력 등을 종합 평가하는 것으로 반경 10mm의 강구(鋼球)로 시험편을 도막면의 반대쪽에서 서서히 압출시켜 도막의 박리나 균열을 조사하고 압출 거리(mm)로 부착성을 평가한다.

[그림 2-29] 에리센 시험기

(7) 내굴곡성

[그림 2-30]과 같은 굴곡 시험기로 주석판에 도장된 시험면을 환봉(丸捧)을 중심으로 하여 꺾는다. 직경이 각기 다른 환봉으로 구부려 꺾인 부분의 도막 박리 및 균열을 조사한다.

▸ KSM 5000-3331 : 도료의 굴곡성 시험방법

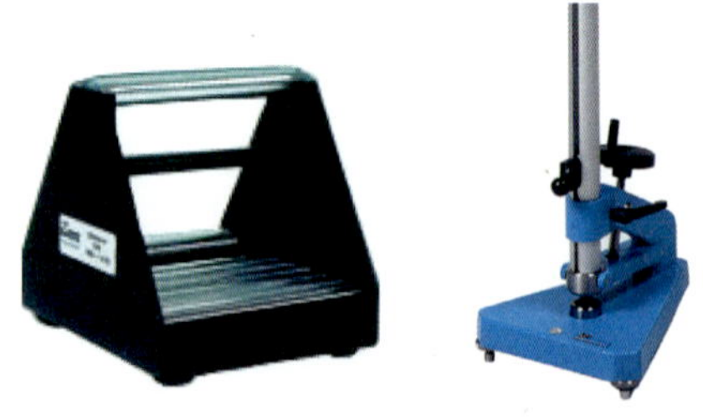

[그림 2-30] 굴곡 시험기

(8) 내충격성

굴곡 시험은 도막의 변형에 필요한 비교적 긴 경우의 파괴 신장을 평가하는 방법인 것에 반해 내충격성은 순간적으로 도막에 힘이 가해지는 경우의 파괴 신장을 평가하는 방법이다.

가. 충격 시험

낙구식 충격 시험기[그림 2-31 (a)]를 사용하며, 시험편의 도면을 위로 하여 고정시키고 그 위에 강철구를 떨어뜨려 충격을 받은 부분에 발생하는 도막의 균열, 박리를 조사한다.

나. 충격 변형 시험

듀폰(Du pont)식 충격 시험기[그림 2-31 (b)]가 가장 많이 사용되고 있다. 일정한 높이(10~50cm)에서 규정 무게의 추를 떨어뜨려 충격으로 변형된 도막의 균열, 박리를 조사한다.

(9) 내마모성

[그림 2-32]와 같은 낙사 마모 시험기를 사용한다. 수평면에 대해 45° 각도로 고정한 시험편에 모래를 관을 통해 낙하시켜 시험편 도막의 마모 상태를 조사한다. 사용한 모래의 양에 따른 결과를 판정한다.

▸ KSM 5000-3321 : 마모성 시험 방법(낙사 시험)

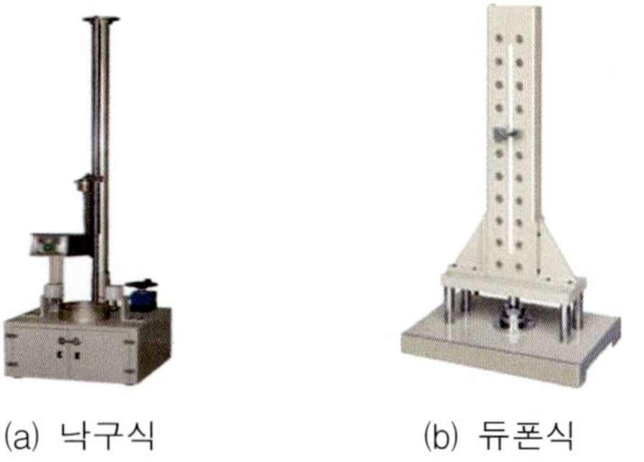

(a) 낙구식　　(b) 듀폰식

[그림 2-31] 내충격 시험기

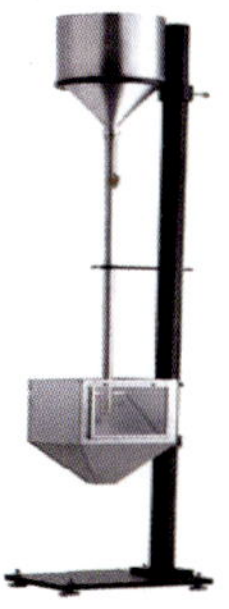

[그림 2-32] 내마모 시험기

III. 자동차 도장의 설비 및 기기

제1절 도장 설비 및 장비

1. 스프레이 및 샌딩 부스

도장 작업 시 작업자의 안전을 위한 환기 시설과 대기오염 방지를 위하여 도료의 냄새 및 먼지제거와 불순물이 피도면에 부착되는 것을 막아주며 도장 작업에 적합한 온도조절은 물론 2액형 도료의 경우 강제 열풍건조 장비가 복합적으로 갖춘 설비이다.

(1) 부스의 기능

① 안전한 온도상승, 조절 및 공급 기능이 확실하고 경제성을 제공해야 한다.
② 불순물과 먼지의 제거를 위해 통풍장치와 여과장치가 완전해야 한다.
③ 도장 작업자의 보호를 위해 여과된 공기의 공급이 이루어져야 한다.
④ 연소장치(전기히터식, 기름분무식버너, 가스버너 등), 조명장치, 공기공급장치, 출입장치가 구비되어야 한다.
⑤ 도장 작업 시 바닥에 페인트 먼지와 유해한 페인트를 제거할 수 있는 장치가 필수적이며 배기 휠터는 주기적으로 교환 해주어야 한다.

(2) 부스의 주요 성능

① 내부공기의 흐름속도는 유체역학적인 설계로 최상의 풍속은 0.2~0.3㎧으로 설계되어야 한다.
② 콘트롤박스는 원터치방식이 간단하며 버너의 자동통제, 공기량 자동조절방식이 사용하기 편리하다.
③ 소음과 진동을 최소화해야 하며 실내 조명등이 설치되는 부스는 내부에 유기용제의 증기가 산재되어 있으므로 조명등 작동 시 전기적 스파크에 의한 폭발이 발생되지 않는 안전한 방폭형 구조로 설계되어야 한다.
④ 내부 가열온도는 60~80℃ 이상 상승 및 유지가 가능하고 부스내부 상하 온도차가 크지 않아야 하며 자동온도조절 타이머가 부착되어야 한다.
⑤ 흡입, 상부 및 하부 등 3단계 이상의 필터장치가 설계되어야 한다.

(3) 스프레이 부스의 구조

[그림 3-1] 스프레이 부스의 구조

(4) 스프레이 부스의 공기 흐름

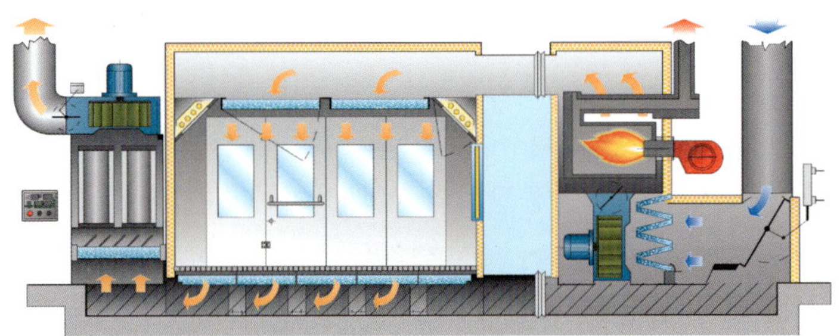

[그림 3-2] 스프레이 부스의 공기 흐름

(5) 샌딩 부스(sanding booth)

연마 작업중 발생된 도료의 연마 분진을 필터를 이용, 공기를 여과하여 대기 중으로 배출하는 설비이다.

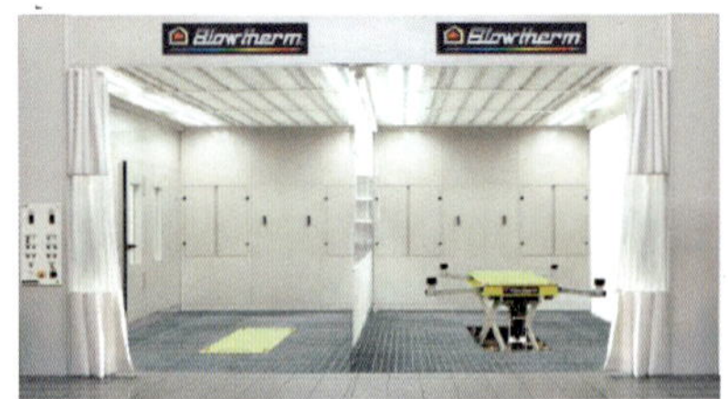

[그림 3-3] 샌딩 부스의 구조

2. 공압 설비 및 장비

2.1 에어 배관(air piping)

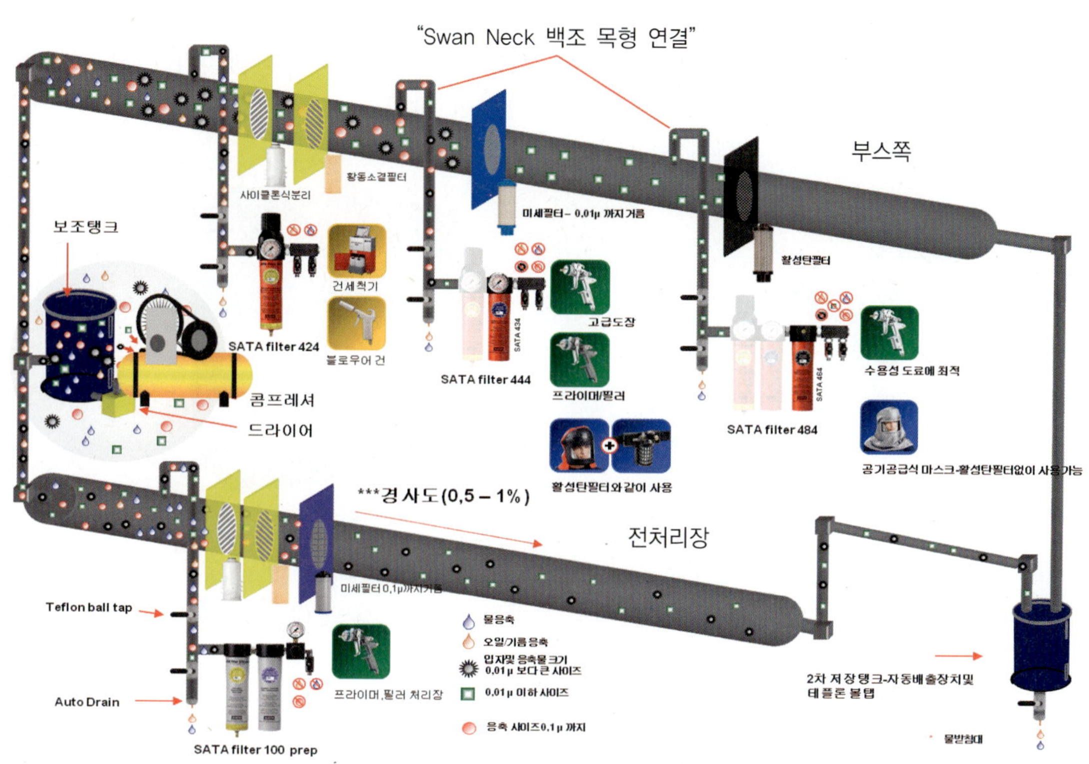

[그림 3-4] 에어 배관도

① 작업장의 배치와 작업환경을 고려하여 설비한다.

② 배관 내의 오염물과 수분의 제거를 위해 1/150의 기울기로 배관을 설비한다.

③ 메인 배관은 충분한(1인치) 파이프로 설비하고 분기배관은(1/2인치) 파이프를 위를 향하여 관을 연결한 다음 다시 수직으로 내려 설비하고 선단은 오염물 배출이 용이한 드레인 밸브(오토 드레인)를 설비한다.

④ 콤프레셔와 파이프의 접속은 플렉시블 호스로 연결하여 진동에 의한 손상을 예방한다.

⑤ 콤프레셔와 에어 드라이어는 4.5~6m의 거리를 두고 설비한다.

⑥ 오일 휠터, 에어 드라이어 및 에프터 쿨러 등을 설치하여 완벽한 건조 공기가 공급되도록 하며 장비의 고장에 대비하여 바이패스 배관을 설비해야 한다.

⑦ 정기적인 점검(드레인, 주유, 청소, 공기누설 등)을 통한 안정된 설비를 운용한다.

2.2 에어 콤프레셔(air compressor)

외부 공기를 흡입하여 압축공기를 만드는 장비이며 콤프레셔의 종류는 피스톤 형과 스크류형으로 분류되며 피스톤형의 경우 모터, V벨트, 흡기구, 급기 조절기, 언로우더 장치 및 에어 밸브 등으로 구성된다. 공기의 압축은 모터의 회전으로 피스톤이 왕복 운동하여 공기를 압축시키고, 공기 역류 방지 조절기를 통하여 에어탱크로 보내어진다. 에어 콤프레셔에서 중요한 것은 안전장치이다. 일정한 압력 이상으로 올라가면 자동적으로 에어가 빠지는 안전 조절기와 에어 탱크의 압력이 규정 이상으로 상승되면 콤프레셔를 공회전시키는 언로우더 장치가 있다. 스크류형의 경우 소음이 적고 압축공기의 질이 우수하나 가격이 비싸다.

[그림 3-5] 피스톤형 콤프레셔

[그림 3-6] 스크류형 콤프레셔

언로우더 장치는 수동식과 자동식이 있으며, 일반적으로는 3.5~6.0kg/cm^{2}의 범위에서 조절되어 모터나 콤프레셔의 과부하를 방지하고 연속운전을 가능하게 한다.

또, 에어 압력이 높아지면 모터의 스위치가 떨어지고, 압력이 낮아지면 스위치가 자동적으로 들어가는 자동 압력 스위치가 사용되는 것도 있다. 이것은 안전장치와 절전의 효과를 달성한다.

(1) 콤프레셔 운용 시 고려 사항

① 작업중 사용되는 공구의 적정 압력(3.5~5kg/cm^2)이 유지되어야 하므로, 에어공구의 공기 소비량을 조사하여 콤프레셔의 용량을 결정하여야 한다.

【표 3-1】 주요 공구의 공기 소모량

주요 공구	소요압력 (kg/cm^2)	공기사용량 (l/분)	주요 공구	소요압력 (kg/cm^2)	공기사용량 (l/분)
스프레이 건	3.5	330	디스크 샌더	6	700
더블액션 샌더	6	400	에어 폴리셔	6	760
오비탈 샌더	6	280	언더코트 건	5	500

② 콤프레셔의 압축공기가 수분, 유분, 먼지 등을 함유하고 있으면 분무 도장 시에 여러 가지

결함이 생길 우려가 있으므로 건조된 깨끗한 공기를 흡입할 수 있는 장소에 설치하여야 한다.

③ 콤프레셔의 작동 시 발생되는 발열과 진동, 소음 등에 의한 작업장 환경의 공해원으로 되는 경우가 있어 배려가 필요하다.

(2) 콤프레셔 취급 방법

① 피스톤 타입의 경우 V벨트의 상태는 공기 압축기와 전동기의 중간을 눌러 15~25mm 정도 여유간극이 좋다.

② 오일 교환은 지정된 오일을 사용하여야 하며, 사용 시초 1개월에는 전량 교환하고, 다음은 반년에 한번 정도 전량 교환한다.

③ 흡기구의 필터는 2주간마다 청소하고, 불결해지면 교환한다.

④ 실린더 헤드의 방열부는 자주 청소하여 먼지 등을 제거시킨다.

⑤ 에어 탱크는 매일 1회 이상 배출구를 열어 수분, 유분을 배출시킨다.

⑥ 에어 탱크속의 압력이 일정 압력 이상의 상태에서 전원 스위치를 넣으면 모터에 무리가 가든가 휴즈가 끊어지므로 V벨트를 손으로 돌려질 때까지 압력을 낮추고 나서 전원스위치를 넣는다.

(3) 콤프레셔(피스톤 타입)의 고장과 대책

【표 3-2】 에어 콤프레셔의 고장과 대책(피스톤 형)

현 상	고 장 원 인	고 장 배 제
압력 상승 불량	① 공기 누출 ② 흡, 배기 밸브의 고장 ③ 압력계의 파손 ④ 언로우더의 작동 불량 ⑤ 언로우더 피스톤의 고착	① 누출 부위 차단 ② 밸브의 손질 또는 교환 ③ 압력계의 교환 ④ 언로우더 핸들을 풀어준다. 리프트를 부하상태로 한다. ⑤ 언로우더 내부의 손질/교환
압축기 작동 불량	① 전동기가 자동불량 ② 전동기의 용량 초과 ③ 피스톤, 메탈 고착 ④ 벨트 이완 ⑤ 압력 개폐기의 고장	① 조정 수리, 배선 점검 ② 전압 강하 제거 ③ 부품을 교환 ④ 벨트를 팽팽하게 조정 ⑤ 레버와 릴리스 밸브 샤프트의 조정
압력 상승 시간 과다	① 공기 누출 ② 전동기의 회전력 저하 ③ 흡, 배기 밸브의 고장 ④ 압력 개폐기의 고장 (레버가 내려가도 밸브 샤프트가 작동하지 않기 때문에 공기가 릴리스 밸브로 누출)	① 누출부위 차단 ② 조정수리 및 전압강하 제거 ③ 밸브의 손질 또는 교환 ④ 밸브 샤프트에 먼지 제거 (밸브 샤프트를 2~3회 자동시켜 먼지를 제거, 그래도 안 될 때에는 릴리스 밸브 분해/청소하여 밸브 시이트 점검/조정)
정지중 릴리스 밸브 공기 누출	역류방지 밸브 파손 (탱크로부터 공기 역류)	역류 방지 밸브 교환

2.3 에어 쿨러-드라이(air cooler-dry)

(1) 원리 및 작용

콤프레셔로부터 발생된 공기는 고온이므로 일반적으로 공냉식 냉각기를 장착한다.

공기 중에 함유된 수분의 양은 온도와 밀접한 관계가 있으므로 압축 공기의 열 교환 작용으로 수분과 불순물을 제거하는 장비로 -20℃까지 급냉하여 다시 상온으로 바꾸면 수분이 제거된 건조한 공기를 공급할 수 있다.

[그림 3-7] 에어 드라이

(2) 배관 설계

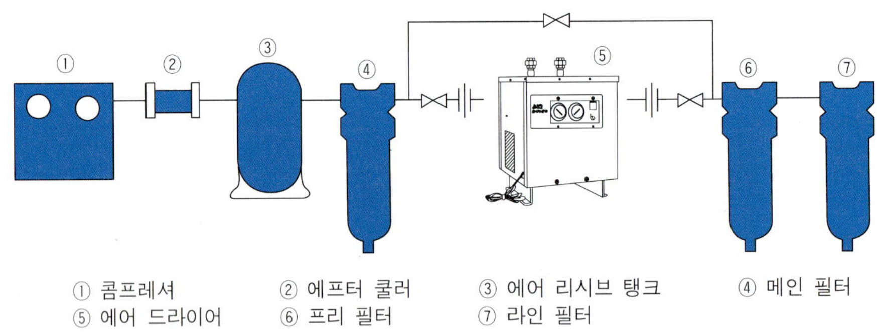

[그림 3-8] 에어 드라이 배관 설계

2.4 에어 크리너(Air Cleaner)

배관 공기 속에 수분이 많이 생길 경우나, 다량으로 깨끗한 공기가 필요할 때에 트랜스포머만으로는 불충분하기 때문에 사용된다. 에어 크리너는 도장 작업에서만 사용되는 것이 아니라 대량으로 압축공기를 필요로 하는 작업장에서 필요한 기구이다. 또 전혀 습기를 싫어하는 작업에서는 습기를 완전히 제거시키기 위하여 실리카겔과 히터를 병용한 완전 탈습장치도 있다.

크리너의 상용압은 7kg/cm^2, 유량은 0.8~3.0cm^2/min 정도까지 있다.

(1) 기능과 구조

에어 크리너에는 탱크 몸체, 에어 흡입 밸브, 배기 밸브, 안전 밸브, 압력계, 배출 코크로 구성되어 탱크 속에는 여과재로 충진되어 있다.

콤프레셔에서 에어를 스톱 밸브에 접속시키고 밸브를 열면 에어는 탱크 속에 유입된다. 탱크 속 에어의 압력은 게이지로 나타난다. 각 여과재를 통과한 맑은 공기는 스톱 밸브의 에어 트랜스포머로 보내진다. 물, 기름, 먼지는 탱크의 바닥면에 붙어있는 배출 코크로 배출시킨다.

[그림 3-9] 에어 크리너

(2) 고장과 대책

【표 3-3】 고장 원인 및 배제

고 장 원 인	고 장 배 제
- 여과된 공기 중에서 물, 기름의 혼입	- 탱크 바닥면의 배출 코크로 수분을 제거
- 여과된 공기 중에서 물, 기름의 혼입과 토출량 저하	- 필터를 분리하여 건조 후 사용
	- 신품으로 교환
- 압력 게이지의 오차	- 에어 코크의 스프링에 그리스 주입 후 2~3회 작동
- 에어 코크 핸들이 빡빡할 때	
- 콘 레크션 부분 에어 누출	- 볼트를 다시 조인다.

2.5 에어 트랜스포머(air transformer)

에어 콤프레셔로부터 보내는 압축된 공기에는 기름이나, 오일이 탄 카본, 녹, 수분 등의 불순물이 혼입 되어 있다. 이것을 스프레이에 사용하게 되면, 도막에 결함을 일으키게 된다. 또 에어 트랜스포머는 공기의 압력을 일정하게 조정으로 하는 역할을 한다.

(a) 유용성 (b) 수용성

[그림 3-10] 에어 트랜스포머

(1) 에어 트랜스포머의 취급법

① 배출 밸브는 적어도 하루 1~2회 방출시킨다.
② 필터는 때때로 교환하든가 세척한다.
③ 압력 조정 핸들은 사용하지 않을 때에는 풀어준다.
④ 에어 트랜스포머와 스프레이 건의 간격은 짧을수록 좋다.

(2) 압축 공기 중의 수분을 제거시키는 방법

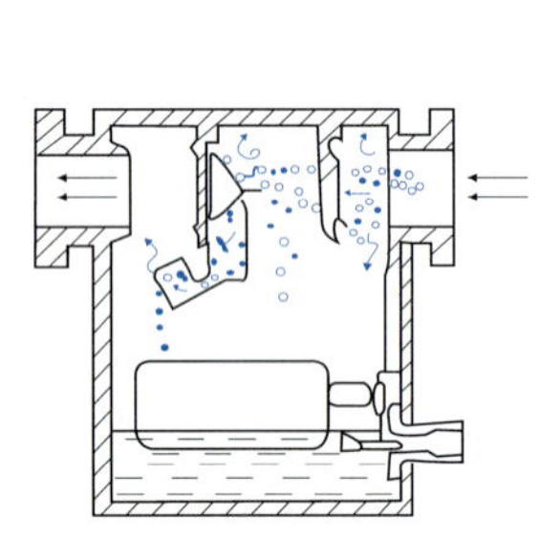

① 충돌판을 이용한 방법

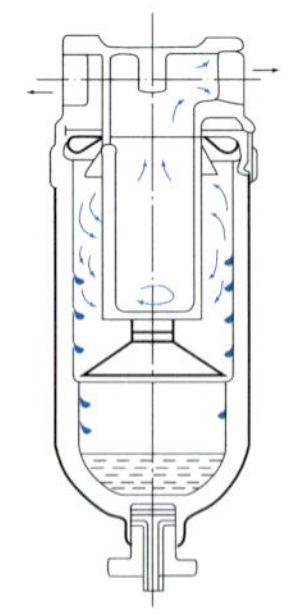

② 원심력을 이용한 방법

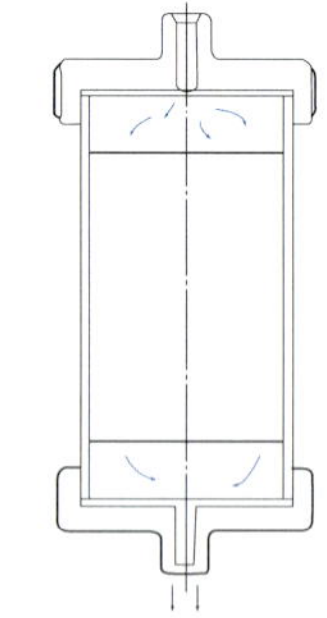

③ 필터 또는 약제를 사용한 방법

[그림 3-11] 에어 트랜스포머의 원리

(3) 에어 트랜스포머 설치방법

공기를 압축시키면 온도는 상승하므로 에어 탱크 속에서 온도는 높다. 때문에 압축기에서 멀면 멀수록 압축 공기의 온도는 내려가므로 수분의 양은 많아져 분리되기 쉽게 된다. 따라서 에어 탱크로부터는 먼 곳에 스프레이 건하고는 가까운 곳에 설치하여 공기를 냉각시킨다. 에어 트랜스포머는 에어 콤프레셔와 에어 탱크로부터 아연도 강관으로 배관되며, 강관의 배관에 연결시킬 때에는 끝쪽에 설치하는 것이 좋다. 한번 여과기를 통과 시켜 완전히 수분을 제거시켰다 하더라도 그 후에 온도가 낮아지면 다시 수분이 발생하므로 스프레이용 트랜스포머는 가급적 여과기에서 가까운 곳이 좋다.

(4) 에어 트랜스포머의 고장과 대책

【표 3-4】 에어 트랜스포머의 고장과 대책

현 상	고 장 원 인	고 장 배 제
공기조절나사 상승압력 조정 시 다이어프램 캡 에서 공기 누출	① 다이어프램 캡이 이완 ② 다이어프램 손상	① 다이어프램을 조인다. ② 다이어프램을 교환한다.
공기조절나사 압력하강 조정 시 공기 압력 자동 상승	① 밸브 가이드 접촉면에 먼지 ② 고무 밸브 파손 ③ 다이어프램이 뒤집어져서 밸브를 압박	① 가이드면의 먼지 제거 ② 밸브 고무를 교환 ③ 다이어프램을 교환

제 2 절 도장용 공구

1. 퍼티 작업

(1) 주걱

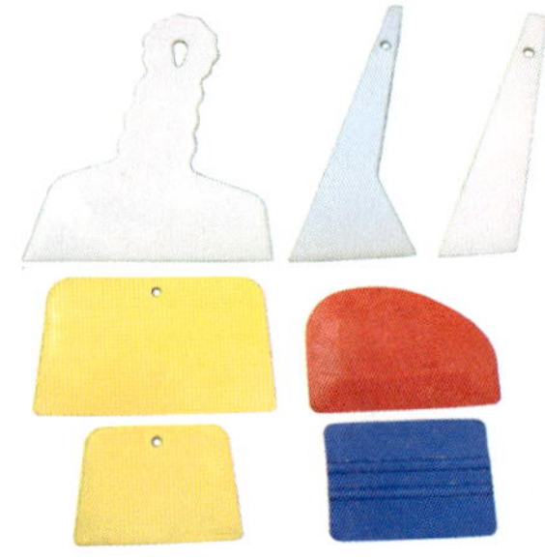

퍼티의 혼합 및 도포용

(2) 퍼티 혼합

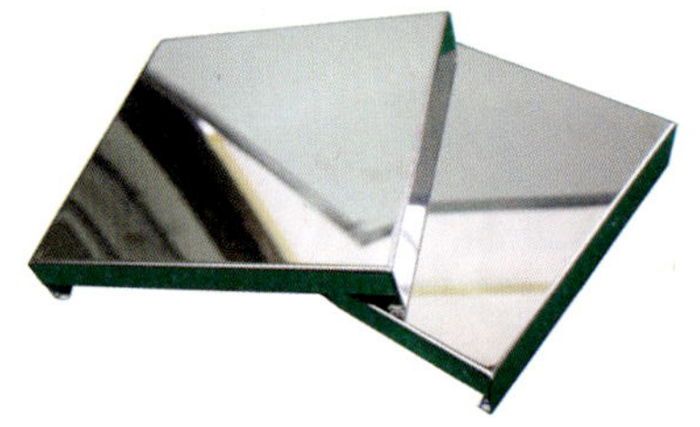

공구 퍼티와 경화제 혼합판

(3) 퍼티 믹스용 나이프

도료(퍼티)의 혼합 및 추출

(4) 스크레이퍼

퍼티 혼합판 및 주걱의 잔여분 정리

[그림 3-12] 퍼티 작업용 공구

2. 건조 작업

2.1 가열 건조

우레탄계 도료를 사용하는 경우 가열하는 강제 건조를 원칙으로 한다. 래커계 도료도 동절기나 습기가 있는 날에는 강제 건조가 필요하다.

피도면에 열을 가하면 용제의 증발과 2액형 도료의 경우 경화제와의 반응을 촉진시켜주어 건조 시간을 단축시켜주고 동절기나 장마철에는 공기 중의 수분이 도막에 침투되는 현상도 감소한다.

2.2 적외선(Infrared Radiation)이란?

적외선은 에너지 전달형태의 일종으로 파장 범위가 가시광선(Wisible Wave)보다 파장이 길고 마이크로광선(Micro Wave)보다 짧은 보통 0.8~1000㎛ 파장 대역의 전자파의 일종이다.

에너지를 전달시킬 때 중간에 전달을 위한 물체를 필요로 하지 않기 때문에 에너지를 전달하는 과정에서는 열 손실이 없다. 이와 같이 가시광선보다 강한 열 작용을 하며 열의 이동이 직접적이고 손실이 없기 때문에 순간적인 열전달로 빠르게 가열, 에너지 절약효과가 크며 건조가열 장치에 널리 이용되고 있다. 피사체를 가열시키는데 여러 가지 이점이 있으며 적외선 가열은 넓은 표면적의 얇은 물체를 가열하는 것이 적당하다.

【표 3-5】 적외선의 구분 [IBC기준(IEC 용어집 Sect 841)]

구 분	파 장 구 분
근 적외선(Short Wave Infrared radiation)	약 0.8㎛~2㎛
중간 적외선(Medium Wave Infrared radiation)	약 2㎛~4㎛
원 적외선(Long Wave Infrared radiation)	약 4㎛~1000㎛

(1) 근 적외선(Short Wave Infrared radiation)

적외선 중 가시광선에 가장 근접한 파장 범위를 적외선이라 하며 가시광선에 근접하기 때문에 광전 수전기(빛 검출기)로 검지할 수 있는 범위의 적외선 방사를 말한다.

파장 범위는 0.8㎛~2㎛이며 인체의 피부에 대하여 가장 깊게 투과하기 때문에 인체에 온열효과를 느끼게 하는 파장 영역이다.

(2) 중간 적외선(Medium Wave Infrared radiation)

적외선 Wave중 중간 범위의 영역으로 파장 대역은 2㎛~4㎛의 범위의 영역으로 방사체는 공기 중에서 직접 가열하는 방식의 적외선 방사에너지는 이 파장 대역을 주로 방사하는 것이 많다.

(3) 원 적외선(Long Wave Infrared radiation)

적외선 파장중 Microwave와 가장 근접한 파장이며 파장 대역은 4㎛~1000㎛이며 주로 고분자 재료의 가열이나 유기 용체의 건조에 이용되는 파장이다.

Long wave 한계에 있는 파장 1000㎛는 Mirco파의 발생 장치나 Microwave 검출장치의 단파장 한계가 대부분 비슷하다.

2.3 적외선 건조기(infrared dryer)

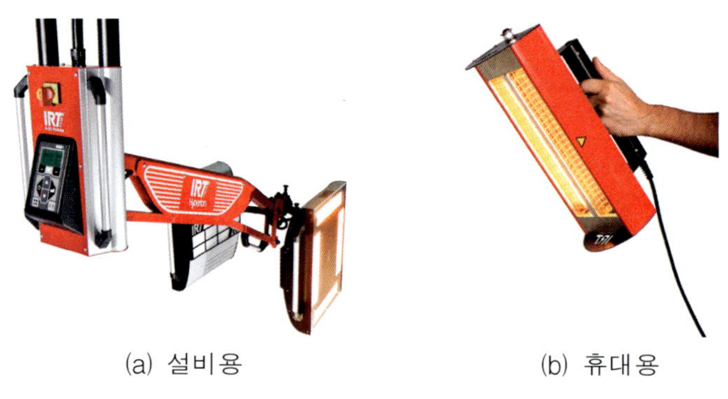

(a) 설비용 (b) 휴대용

[그림 3-13] 적외선 건조기

2.4 전기식-연료사용식 건조기

【표 3-6】 전기식-연료사용식 건조기 비교

구분	전기식	연료식(가스, 유류)
특징	적외선을 발생하는 전구를 이용하여 건조하는 장치 도막 내부에서 가열되기 때문에 이상적인 도장 건조형태를 이룬다. 적용 : 스프레이 부스 가열장치 이동형 건조기	연료를 사용하는 버너의 작동으로 뜨거운 공기를 팬으로 피도면에 송출하는 방식으로 직접 가열식과 간접 가열식으로 분류되며 넓은 범위의 확산으로 주위 온도를 상승시 적합하다. 적용 : 스프레이 부스 가열장치 이동형 건조기
장점	- 연기와 불꽃에 의한 공기오염이 적다. - 인화성이 적어 작업이 안전하다. - 소형 건조시 이동작업이 용이하다. - 가열 범위가 우수하다.	- 연료사용 유지비가 저렴하다. - 가열 범위가 넓다. - 작업장의 난방효과를 얻는다.
단점	- 전기 요금이 고가이다. - 동력 전원 설비가 요구된다. - 도막의 색상에 따라 건조 속도가 다르다.	- 연소공기에 의한 작업중 환기가 필요하다. - 연기, 그을음 등에 의한 피도물에 결함 발생의 우려가 있다(직접 가열식). - 화재발생에 주의한다.

2.5 전기 오븐(electric oven)

- 조색 시편 또는 패널의 건조시 사용

(a) 패널 건조용 (b) 시편 건조용

[그림 3-14] 전기 오븐

2.6 건조 장비에 따른 온도 상승의 차이점

【표 3-7】 건조 장비에 따른 온도 상승의 비교

구 분	공기 건조기	적외선 건조기	원적외선 건조기
온도 형태	매우 천천히 상승	매우 빠르게 상승	다소 느리게 상승
차이점	차체 부품에 따라 온도 상승도가 상이하다.	차체 색상에 따라 상이하다.	도막 내부로부터 열상승 : 핀홀 방지

3. 연마 작업

3.1 연마기의 선택

각 연마기 마다 기능과 특성이 다르므로 1대의 연마기로는 모든 작업을 수행할 수 없다. 예를 들면 싱글액션 샌더는 연마력과 작업속도는 빠르나 접지성과 연마 밸런스가 맞지 않으므로 구 도막 벗기기, 철판 면의 녹제거 등에는 적합하나 퍼티 연마 작업에는 부적합하다. 결국 각 공정 별로 적합한 연마기를 선택하여 사용하는 것이 작업시간을 단축하고 하자발생을 줄일 수 있다.

① 연마 작업의 경우 회전력에 의한 연마이므로 수작업 보다 연마력이 우수하다.

② 면적이 작거나 둥근 형태의 경우에는 더블액션 샌더 또는 기어액션 샌더가 적합하다.
③ 기어액션 샌더는 더블액션 샌더보다 작업 능률이 좋아서 작업 시간이 단축된다.
④ 오비탈 샌더는 사각 패드를 사용하며 패드가 넓기 때문에 연마 면적이 넓은 경우와 굴곡을 제거하는데 편리하다.
⑤ 연마지는 P60~P600번 사이에서 선택하며 거친 연마지에서 차츰 고운 연마지로 전환하여 연마 자국과 층이 없도록 작업한다.
⑥ 연마 작업 시 한 곳에 너무 오랫동안 머물러서 작업하거나, 힘을 무리하게 줄 경우에는 굴곡을 발생시킬 우려가 있기 때문에 주의해야 한다.

【표 3-8】 각종 연마기의 기능비교

구 분		싱글액션 샌더	더블액션 샌더	오비탈 샌더	기아액션 샌더
기능도	연마력	◎	○	△	◎
	연마면의 접지성	×	△	◎	○
	연마밸런스	×	△	◎	○
	작업속도	◎	○	△	◎
작업성	구도막제거	◎	△	×	
	굴곡제거	×	○	◎	○
	단낮추기	×	◎	×	△
회전운동방식		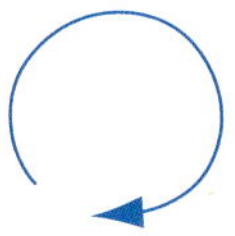 단순 원운동	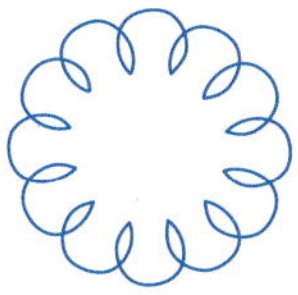 편심 원운동	 편심 타원운동	 기어 원운동

◎ : 매우우수 ○ : 우수 △ : 보통 × : 불량

3.2 에어 샌더(Air Sander)

기존의 퍼티 연마 방식은 손작업에 의한 습식(water)연마였다. 그러나 근래에 들어 작업시간 단축과 생산성 향상이 더욱 중요시됨에 따라 연마기의 중요도가 더욱 부각되었다. 연마기의 종류는 그 운동방식에 따라 싱글액션 샌더, 더블액션 샌더, 오비탈 샌더, 기어액션 샌더 등으로 분류된다.

또한 연마기의 선택은 적정한 rpm의 준수가 중요하며 일반적으로 5inch용 연마기는 6000~7000rpm, 6inch용 연마기는 4500~500rpm이 추천된다.

[그림 3-15] 싱글액션 샌더

3.2.1 싱글액션 샌더(single action sander)

가장 원초적인 샌더로 단순 원운동만 한다. 저속에서 연마력이 강하므로 도막제거, 녹제거, 금속면의 미세한 수정 등에 사용된다.

표준 회전속도는 매분 8,000~15,000회전이지만 도막제거 전용으로 사용되는 것으로 2,700회전의 저속형도 있다.

3.2.2 더블액션 샌더(dual action sander)

단 낮추기, 전면연마 등 하지 작업에 가장 광범위하게 사용된다. 패드의 회전축은 본체의 중심축으로 어긋나 있어서 패드가 전하면서 본체 중심축의 주위를 공전하는 이중 회전운동을 한다. 기종에 따라 편심축 반경(본체의 중심과 축의 엇갈림의 크기)은 3~7mm사이로 여러 종류가 있다. 편심축 반경이 크면 클수록 연마력은 높으나 연마 자국은 거칠기 때문에 거친 연마지 사용에는 편심축 반경이 큰 연마기를, 고운연마지 사용에는 편심축 반경이 적은 연마기를 선택 사용하는 것이 바람직하다.

(a) 에어식

(b) 전기식

[그림 3-16] 더블액션 샌더

3.2.3 오비탈 샌더(orbital sander)

예외도 있지만 오비탈 샌더는 패드가 사각형인 것이 특징으로 패드의 운동은 타원형의 궤적을 이룬다. 연마력은 약하지만 연마면에 있어서는 패드의 크기가 크고 평면인 까닭에 퍼티 연마 등 기초도막 작업에 적당하다. 종류는 패드의 사이즈에 따라 더욱 세분화된다.

[그림 3-17] 오비탈 샌더

3.2.4 여러 가지 샌더

(1) 스트레이트 샌더(straight sander)

넓은 평면에 더블액션 샌더보다 안정되고 우수한 연마력과 작업시간을 단축할 수 있다.

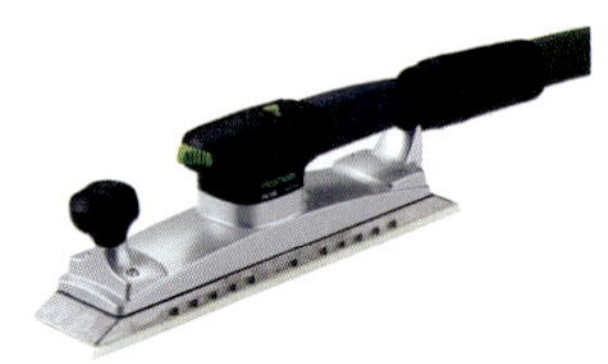

[그림 3-18] 스트레이트 샌더

(2) 벨트 샌더(belt sander)

기존의 샌더나 손이 직접 닿지 않는 부분의 연마에 사용된다.

[그림 3-19] 벨트 샌더

(3) 핸드 파일(hand file)

손 연마 작업 시 사용된다.

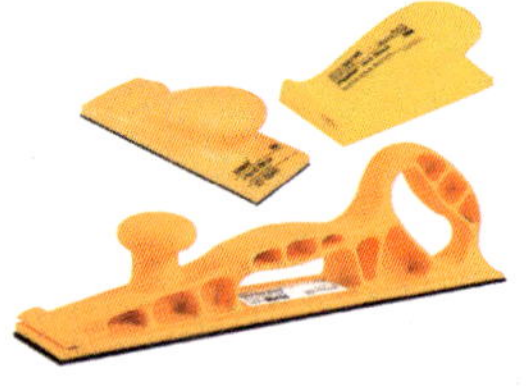

[그림 3-20] 여러 가지 핸드 파일

3.3 집진기(dust collector)

샌더기와 일체로 사용되며 콤프레셔에서 샌더기의 연마용 공기공급과 연마 작업 중 발생된 연마가루(도료 분진)를 진공으로 흡입하여 모으는 장비로 작업자의 안전과 작업의 효과성을 증진한다.

[그림 3-21] 집진기 세트

3.4 연마지

3.4.1 연마지의 기능 및 관리

① 연마지는 어떤 표면에 문질러 사용되어 그 표면의 상태를 더욱 곱게 또는 거칠게 만들어 주는 재료로 연마 입자를 백킹재에 접착한 형태의 연마용 재료이다.

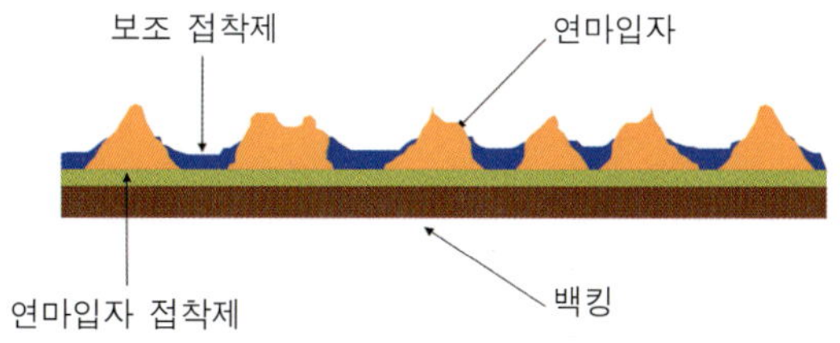

[그림 3-22] 연마지 단면도

② 연마재의 형태 및 종류

㉠ 액체형 : 컴파운드류

㉡ 결합형 : 숫돌류

㉢ 코팅형 : 연마지류

③ 연마재 거칠기 표시

연마재의 거칠기 표시는 방(P & P)으로 표현된다. 이는 사방 1(inch)의 정방형을 12등분하여 한 변이 1/12(inch)인 정사각형의 방을 P12로 정의한다. 또한 ㎛(micro)를 사용하기도 하는데 이것은 고운 연마지의 방수(P)를 표시하는데 사용된다.

(4) 연마지의 관리

① 적절한 보관 온도(15~20℃)와 습도(35~50%)에 주의한다.
② 습도가 높으면 : 백킹이 물을 흡수하여 아래와 같이 변형된다.
③ 습도가 낮으면 : 백킹이 규정치 보다 더욱 건조되어 위의 그림과 반대의 현상이 발생된다.

3.4.2 연마지의 구성 요소

(1) 연마 입자

가. 알루미늄 옥사이드(Al_2O_3)

갈색이며 무딘 쐐기 모양으로 연마제가 단단하며 날카롭고 연마력이 강해서 금속면의 수정, 녹 제거, 구도막 제거용에 주로 적합하다.

나. 실리콘 카바이드(SiC)

빛이 나며 검은색으로 날카로운 쐐기모양으로 플라스틱, 알루미늄, 황동 등의 재료 연마에 사용된다. 연마 작업 중 연마제 입자가 조금씩 떨어져 나가기 때문에 계속적으로 새롭게 연마되며 내구성이 좋아 퍼티 연마 작업에 적합하다.

다. 큐비트론

백색이며 쐐기 모양으로 높은 압력의 금속재료의 그라인딩에 주로 적합하다.

라. 연마재의 코팅

① 중력 이용식 코팅

중력을 이용하여 호퍼에 연마 미네랄을 담아두고 그 밑으로는 점착 물질이 도포된 백킹을 통과시키고 위에서는 호퍼에 연마 입자를 떨어뜨려 준다. 이는 연마 입자의 무거운 부분이 백킹에 붙게 되어 연마 입자의 날카로운 부분을 확보 할 수 있다.

주로 오픈 코팅(open coating)에 주로 사용되며 실리콘 카바이드 계통의 P80 또는 더 거친 연마재에 사용된다.

② 정전기 이용식 코팅

좀더 미세한 알루미늄 옥사이드 계통의 비교적 고운, 또는 실리콘 카바이드 계통이더라도 고운 연마재의 코팅에 사용되며 크로스 코팅(closed coating)에 적합하다.

③ 연마 입자의 접착

a. 오픈 코트(open coat)형은 연마 분진이 입자 사이에 쉽게 접착하며 연마재 도포율 50~70%로 주로 퍼티 연마에 적합하다.

b. 크로즈 코트(close coat)형은 연마재 도포율 100%로 금속면 수정 작업과 신속한 도막 연마에 적합하다.

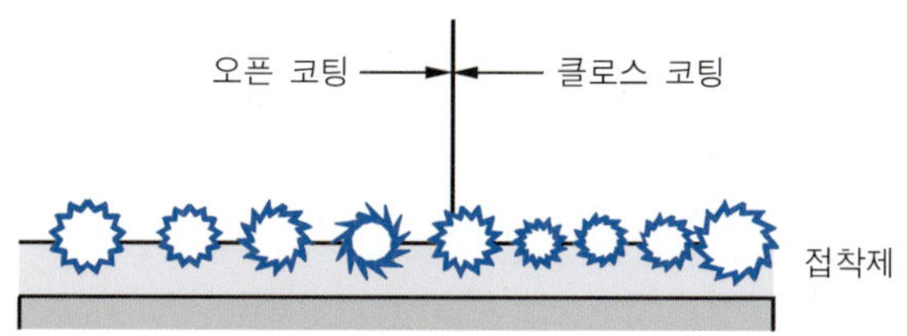

[그림 3-23] 연마 입자의 접착

c. 메이크 코트(make coat) : 1차 코팅으로 백킹에 실시한다.

d. 사이즈 코트(size coat) : 2차 코팅으로 연마 입자를 백킹에 붙여준다.

e. 스테라이트 코트(stearate coat) : 마지막 코팅으로 연마재 위에 도포하여 연마된 칩(chip) 등이 연마재에 끼지 않도록 해주는 정전기 방지 코팅이다.

(2) 백킹(Backing)

① 종이(paper) : A/C/D/E/F의 5종류로 분류

A : medium/fine grade에 흔히 스티키에트 사용하며 수작업이나 디스크샌더에 사용된다.

C/D : 중간 정도의 무게로서 중간 방수의 연마재로 사용된다.

E : 강한 연마재나 내구력이 요구되는 기계작업용 연마재로 사용된다.

F : 매우 무거운 연마 종이로 내구력이 요구되는 하중이 크게 걸리는 기계작업에 쓰인다. 특히 벨트나 디스크 형태의 연마재로 사용된다.

② 직물(cloth)

무게와 휘는 정도에 따라 분류되며 연마 입자를 코팅하기에 앞서 adrasvie film을 입힌다. 이것은 백킹에 유연성을 부여하기 위해서이다. 가장 널리 사용되는 것은 면(cotten)이다. 또한 레이온(rayon)은 견고한 백킹이 되도록 할 때 사용되며 찢김 방지와 에지(edge) 부위의 손상을 막아준다.

③ 필름(film)

고운 방수의 제품에 사용되며 연마 후 표면 조도가 우수하다. 또한 패드에 부착된 시간이나 상태의 온도나 습도에 관계없이 접착제 잔사가 남지 않는다.

(a) 종이(연마기용) 연마지

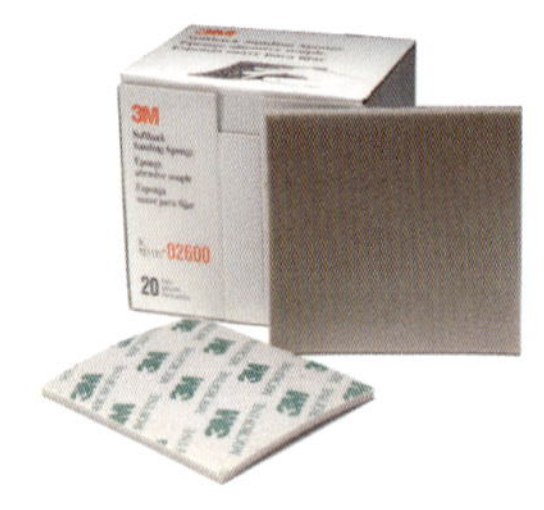
(b) 스펀지 타입 연마지

(c) 부직포 타입 연마지

[그림 3-24] 연마지의 종류

(3) 접착제(Adhesive material)

① 아교(glue-bond)

직접 동물의 뼈에서 얻으며 make coat(연마 입자를 백킹에 붙여주기 전에 백킹에 먼저 코팅하는 것)와 size coat(연마 입자를 직접 백킹에 붙여주는 것)에 모두 사용된다.

② 아교-필러

아교를 필러와 섞어서 다소의 열에 견디게 해준 것이다.

③ 아교-공업용 레진(resin)의 혼합물

make coat에 사용된다.

④ 공업용 레진(resin)의 혼합물

make coat와 size coat에 사용되며 열과 습기에 강하다.

⑤ 방수용 공업용 아교

make coat와 size coat에 사용된다.

3.4.3 연마지의 선택

연마지의 올바른 선택은 작업효율과 작업 목적에 지대한 영향을 준다. 거친 연마 작업(하도)에 P320~P600번의 고운 연마지 사용 시 작업 시간이 과다하게 소요되며, 고운 연마 작업(상도)에 P60~P80번의 거친 연마지 사용 시 매끈한 도장면의 제품 상태 유지가 어렵다. 연마지의 번호는 연마 입자의 크기에 따라서 표시되어지고 번호가 높을수록 연마 입자는 미세하다.

자동차 도장에는 일반적으로 P40~P1500 정도 사이의 연마지가 사용된다. 연마지의 번호는 P40, P41, P42 등의 순으로 연속되어 있지 않고 P40 다음은 P60, P80, P120, P180 등으로 된다. 번호는 규칙성이 없고 제조회사와 연마지 종류에 따라 다르다.

(1) 공정별 연마지 선택

【표 3-9】 공정별 연마지의 선택

작업 공정	작업형태	연마기(sander) 사용
표면조정 작업	구도막 제거	P40~P60
	단 낮추기	P60~P80
하도 작업	퍼티 연마	P180~P320
중도 작업	프라이머-서페이서 연마	P400~P600
광택 작업	상도 크리어 연마	P1500~P3000

주1) 손 연마 작업 작업시는 한 단계 상향하여 선택한다.
주2) 수용성 베이스 도료 작업시는 한 단계 상향하여 선택한다.

(2) 연마 입자의 규격 비교

① 국가별 비교

- U.S CAMI(coated abrasive manufacturers institute)
- European P(federation of european producers of abrasives)

【표 3-10】 연마 입자의 규격 비교

U.S CAMI	European P	U.S CAMI	European P
#600		#150	
	P1200		P150
#500			P120
	P1000	#120	
	P800		P100
#400		#100	
	P600		P80
#360		#80	
	P500		P60
	P400	#60	
#320			P50
	P360	#50	
#280			P40
	P320	#40	
	P280		P36
#240		#36	
	P240		P30
#220	P220	#30	
#180	P180		P24
		#24	
			P20
		#20	
		#16	P16
		#12	P12

② 등급별 입자 크기 비교

【표 3-11】 연마지 규격별 입자의 크기

연마지 규격 (P)	입자의 크기 (㎛)	연마지 규격 (P)	입자의 크기 (㎛)	연마지 규격 (P)	입자의 크기 (㎛)
24	701	120	117	250	61
30	535	130	109	270	53
35	417	140	107	300	46
40	381	150	104	320	42
50	279	160	96	400	35
60	221	170	94	500	28
70	185	180	84	600	23
80	173	200	74	800	18
90	150	220	68	1000	13
100	140	230	65	1340	10
110	130	240	63	2000	6.5

주) 1㎛ = 1/1000mm

4. 조색 작업

(1) 전자저울(measuring equipment)

- 도료의 중량을 0.1g까지 측정

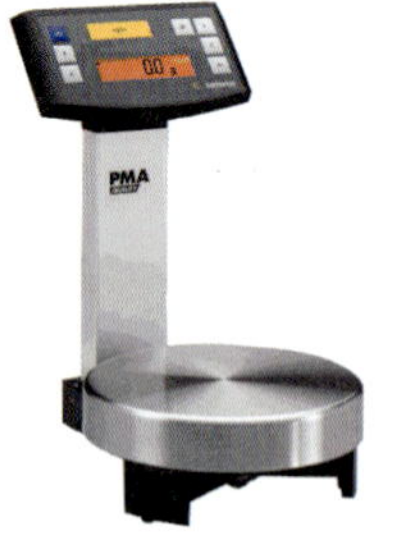

[그림 3-25] 전자저울

(2) 점도계(viscosity)

- 도료의 점도를 측정하는 계측기로 포드컵 NO : 4를 주로 사용한다.

[그림 3-26] 점도계

(3) 도료 교반기(agiyator)

- 도료의 혼합 및 계량 편리

[그림 3-27] 도료 교반기

(4) 인공태양 조명등(daylight)

- 실내 조색 시 인공적 태양광선 제공

[그림 3-28] 데일 라이트

(5) 조색 테스트 시편(color test chip)

- 조색 도료의 테스트 스프레이용 시편(백색과 흑색의 정방형모양은 은폐도 제공)

[그림 3-29] 조색용 시편

(6) 조색용 색차계(color test computer)

- 도막의 칼라 조성비를 컴퓨터로 판독하는 장비이다.

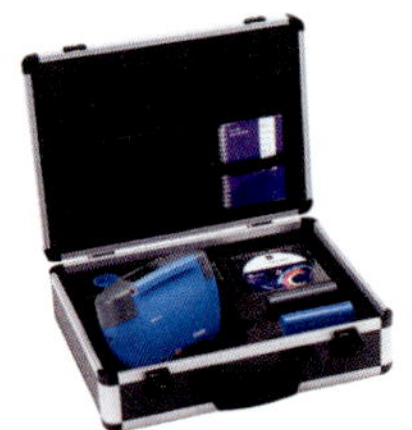
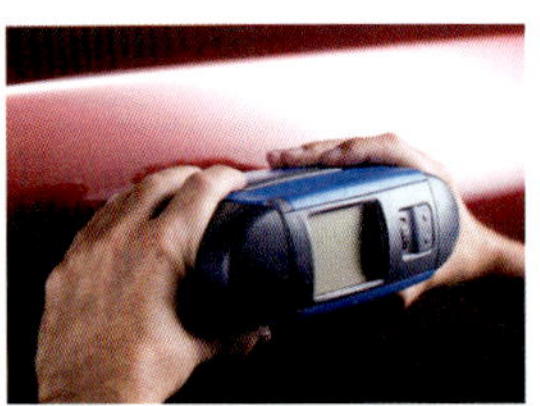

[그림 3-30] 조색용 색차계

[그림 3-31] 칼라 가이드

(7) 조색 배합표 및 색상 칩

- 자동차의 색상별 도료 타입에 따른 조색 배합표 색상 칩

5. 마스킹(masking) 작업

5.1 마스킹의 중요성

마스킹(masking)은 도장이 필요 없는 장소에 도료가 부착되지 않도록 하기 위한 수단이다. 예를 들면 래커계 도료는 조그만 미스트(mist)가 튈 경우 신너로 닦아내면 되지만, 우레탄 도료는 신너로 닦아낼 수 없다.

마스킹은 스프레이 기술의 정도에 따라 범위를 결정하는 것이 좋으며, 도료의 상태, 타입, 손상

부위의 위치에 따라 다양하고 우레탄 도료는 래커계 도료보다 마스킹 범위를 넓게 해야 한다.

일반적으로 중도나 상도 도장의 스프레이 작업에 시행하지만 연마기를 이용하여 도료(구도막, 퍼티, 프라서페)의 연마 작업 시 인접된 면의 손상을 방지하기 위해 작업한다.

5.2 마스킹 테이프(masking tape)

① 마스킹 테이프를 제거할 때 도막면에 접착제가 붙어있지 않아야 한다.
② 같은 접착력의 상태에서는 용지가 얇을수록 좋다.
③ 마스킹 테이프를 통한 용제의 침투가 없어야 한다.
④ 평면에 자연스럽게 부착시켰을 때 접착력이 좋아야 한다.
⑤ 굴곡성(유연성)이 있어야 한다.
⑥ 열처리 작업 시 열에 의해 접착제가 도막면에 붙어있지 않아야 한다.
⑦ 마스킹테이프의 구조

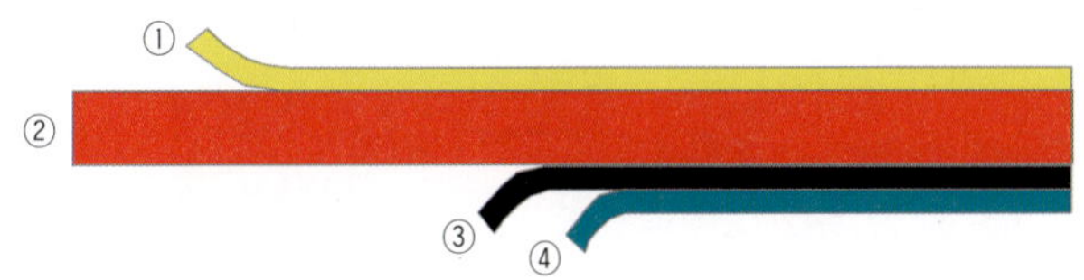

[그림 3-32] 마스킹 테이프의 구조

㉠ 백킹처리제 : 테이프가 서로 달라붙는 것을 방지
㉡ 백킹 : 테이프의 기본 재료(종이, 플라스틱 등)
㉢ 프라이머 : 접착력 강화 및 피도면에 접착제 잔류 방지
㉣ 접착제 : 접착제

⑧ 마스킹 재질에 따른 분류
㉠ 종이 : 일반적인 용도
㉡ 비닐 : 곡면이나 투톤 색상 적용 시 구도막과의 경계면에 사용

⑨ 테이프 성질에 따른 분류
㉠ 일반타입 : 평평한 면의 테이프
㉡ 주름타입 : 곡면 등에 사용하는 주름모양의 신축성이 있는 테이프

① 종이 마스킹 테이프

② 비닐 마스킹 테이프

③ 트림 마스킹 테이프

[그림 3-33] 여러 가지 마스킹 테이프

5.3 마스킹 페이퍼(masking paper)

① 마스킹 페이퍼에서 먼지가 발생되지 않아야 한다.
② 마스킹 페이퍼를 통한 용제의 침투가 없어야 한다.
③ 최근에는 마스킹 전용 용지와 함께 비닐과 랩 등에 의한 마스킹 방법도 작업성과 품질 측면에서 사용이 증가하고 있다.

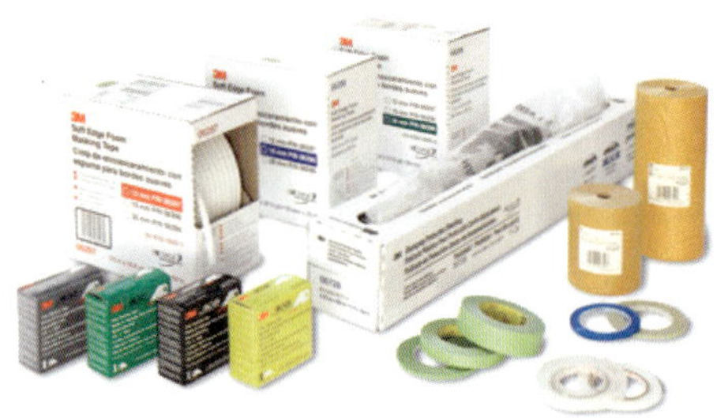

[그림 3-34] 여러 가지 마스킹 페이퍼

5.4 마스킹 디스펜서(masking paper dispenser)

마스킹 페이퍼와 테이프의 편리적 운용

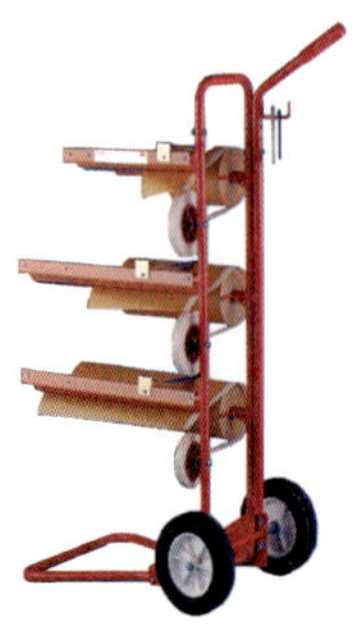

(a) 페이퍼 전용

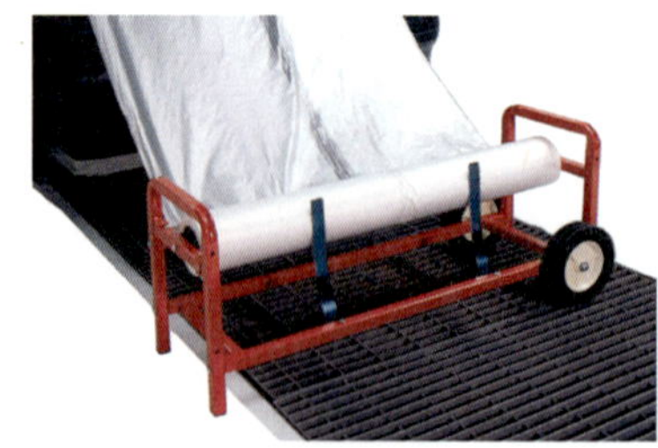

(b) 비닐 전용

[그림 3-35] 마스킹 디스펜서

6. 스프레이 작업

6.1 에어 스프레이 건(Air spray gun)

(1) 구조원리

스프레이 건은 공기 캡의 중심 공기구멍으로부터 압축공기를 보내면 도료 노즐의 선단이 진공이 되어 용기속의 도료를 도료 노즐 구멍으로부터 분출시킨다. 분출된 도료는 공기 캡의 구멍으로부터 분사되어 있는 압축 공기에 뛰어들어 급격한 속도와 확산작용에 의하여 미립화 되면서 도료가 안개로 되어 피도물에 도착하여 도막을 형성 시켜주는 공구이다.

(2) 부품의 구성

① 방아쇠 : 공기조절밸브 및 도료 토출 조절밸브를 작동한다.
② 공기량 조절장치 : 스프레이 건의 고압 공기량 조절한다.
③ 니들 밸브 : 스프레이 건으로부터 분사되는 도료의 토출량을 조절한다.
④ 노즐 : 니들과 연계 작동되며 분사되는 도료상태를 조절한다.
⑤ 토출량 조절장치 : 방아쇠 작동 시 니들과 노즐간의 간격을 조절한다.
⑥ 공기캡 : 스프레이 건에서 분사되는 도료의 미립화에 필요한 압축공기의 흐름을 조절한다.
⑦ 패턴 조절장치 : 에어캡 돌출부의 압축공기의 흐름을 조절하여 스프레이 패턴을 조절한다.

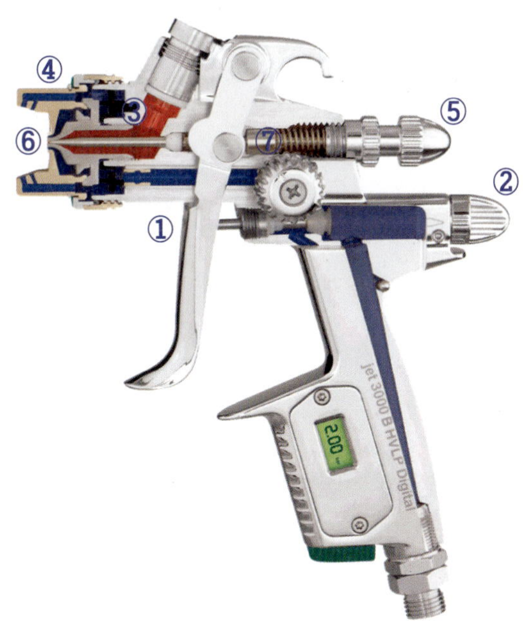

[그림 3-36] 스프레이 건의 구조

(3) 미립화의 원리

스프레이 건의 공기캡에 있는 공기분사구멍에 의하여 다음 3단계로 미립화 및 스프레이 패턴 형성 된다.

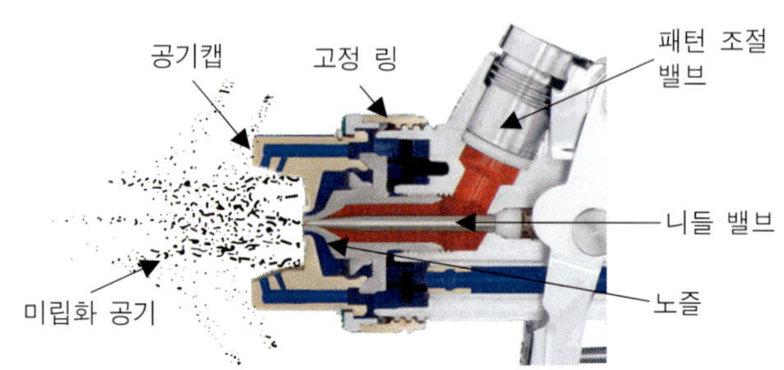

[그림 3-37] 미립화의 원리

① 1단계 : 노즐로 흡입되는 도료는 토출구 주위의 공기구멍에서 분사되는 고압의 공기에 의해 와류되어 분출되어 1차 미립화된다.

② 2단계 : 도료는 에어캡의 보조구멍에서 분사되는 고압공기에 의해 2차적으로 미립화가 이루어진다.

③ 3단계 : 에어캡 양단의 측면보조구멍에서 분사되는 고압공기에 의해 타원형의 분사 모양으로 변화된다.

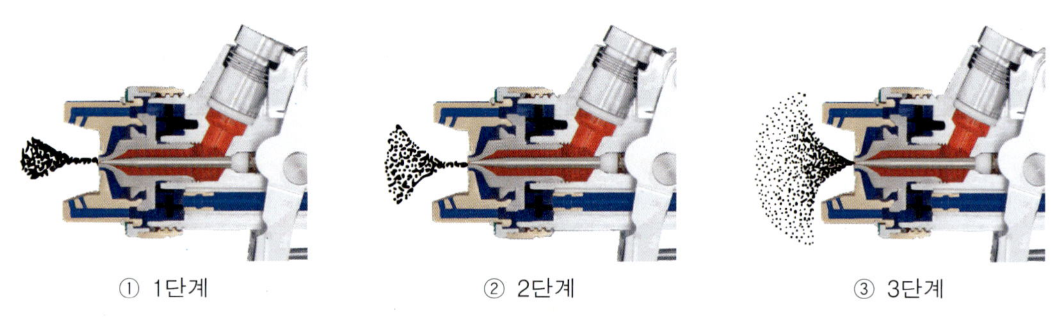

① 1단계 ② 2단계 ③ 3단계

[그림 3-38] 단계별 미립화의 모양

6.1.1 스프레이 건의 종류

스프레이 건의 종류를 분류하는 방법에는 여러 가지가 있으나 공기 무화방식, 도료 공급방식, 피도물의 종류와 크기, 도료 노즐의 지름 등에 따라 분류된다.

【표 3-12】 도료 공급 방식에 따른 스프레이 건의 분류

분류	흡상식	중력식	압송식
특징	도료 용기는 건의 하단 부분에 장착되어 공기압력에 도료가 흡입되어 분사된다.	도료 컵이 건의 상단부에 장착되어 도료는 대기압과 노즐팁의 공기압에 의한 흡입력으로 분사된다.	도료는 압축공기탱크 혹은 펌프에 의해 압축된다.
장점	- 건의 작동이 안정되어 있다. - 도료의 보충과 교체가 용이하다. - 건의 세척과 도료의 교환이 용이하다.	- 도료 점도에 의한 토출량의 변화가 적다. - 수직, 수평작업 모두 용이하다. - 건의 세척과 도료의 교환이 용이하다.	- 점도가 높은 도료의 작업이 용이하다. - 작업중 부족도료 보충이 필요 없다. - 넓은 부위의 작업에 적합하다.
단점	- 수평 및 곡면 부위도장이 곤란하다. - 도료의 점도에 따라 토출량이 변화된다. - 중력식에 비해 무겁다.	- 도료컵이 건의 상단에 장착되어 작업의 불안정성을 유발한다. - 컵의 용량이 작아 넓은 작업에 부적합하다.	- 도료의 보충과 색상 교체가 불편하다. - 세척시간이 과다 소요된다.

6.1.2 스프레이 건의 분해와 조립

(1) 분해

① 공기 캡과 도료 노즐을 풀어 제거한다.

② 니들의 패킹을 2~3바퀴 풀고, 도료 토출량 조절장치와 니들 밸브를 빼고서 니들 패킹을 푼다.

③ 공기량 조절장치를 풀어 제거한다.

※ 니들 패킹은 세척 후에 기름 또는 그리이스를 발라 유연성을 갖게 한다. 유연성이 부족하거나 변형이 심하면 교환한다.

④ 다른 부품은 필요에 따라 분해하나 필요 이상의 부분까지 분해하면 조립이 어렵게 되고, 오히려 더 못쓰게 되기 쉬우니 반드시 설명서에 의한 분해 순서에 따라 필요하지 않은 것은 분해를 하지 않는 것이 좋다.

(2) 조립

① 니들 패킹을 넣고 니들 밸브를 조립하여 패킹을 눌러 조인다. 패킹을 조일 때에는 니들의 운동이 원활할 때까지 충분히 조인다. 니들을 방아쇠로 당겨 스프링의 힘으로 운동되면 된다. 공기 패킹도 동일하다.

② 노즐을 조립하여 공기 캡을 끼운다. 이때 노즐, 몸체, 공기 캡의 개폐 시 먼지나 흠집이 생기지 않도록 조심하여야 한다. 먼지나 흠집이 생기면 압축 공기가 도료 통로로 들어가 쉼 끊김이 생기기도 하고 공기가 누출되기도 한다.

③ 조립 시에는 각 부품에 기름, 그리스 등을 바르며 과도하게 주입 시 오히려 도장 결함을 일으키게 한다. 조립이 끝나면 불완전 패턴의 원인과 대책에 따라 검사한다.

6.1.3 스프레이 건의 고장 원인 및 대책

(1) 불완전 스프레이 패턴의 원인과 대책

【표 3-13】 스프레이 건의 고장 원인 및 대책

현 상	고 장 원 인	고 장 배 제
스프레이 불규칙	① 니들 패킹으로 도료 통로에 공기 혼입 ② 노즐과 보디의 대퍼 시이드 간으로 공기가 혼입 ③ 콘테이너 연결 너트 또는 도료 누유	① 니들의 패킹 누름을 조임(패킹을 교환) ② 노즐을 더 조임 (노즐을 풀고 시이드를 청소하고 조임) ③ 조인트의 조임을 점검, 완전히 체결
패턴의 좌우 불균형	노즐의 구멍에 도료 등의 고형물이 막혀 노즐구멍으로 공기의 흐름이 다르다.	노즐구멍의 이물질 제거 (금속침으로 제거하지 말 것)
패턴의 상하 불균형	① 노즐 구멍의 둘레 및 캡 구멍에 고형물이 부착 ② 노즐을 꼭 조이지 않았다.	① 고형물을 제거시킨다. ② 노즐을 다시 조인다.
패턴의 상하부 치우침	① 분무 공기압력 과다 ② 도료 점도가 낮다.	① 분무 공기 압력을 낮춘다. ② 도료 점도를 조정한다.
패턴의 중앙부 치우침	① 분무 공기압력 과소 ② 도료 점도가 높다.	① 분무 공기 압력을 높인다. ② 도료 점도를 조정한다.

(2) 불완전 패턴의 원인규명

불완전 패턴의 원인이 공기 캡에 의한 것인지 도료 노즐에 의한 것인지를 판별하는 방법으로 종이위에 분사하여 패턴의 형태를 확인하고 공기캡을 180° 회전시켜 다시 한번 분사하여 다음과 같이 원인을 규명한다.

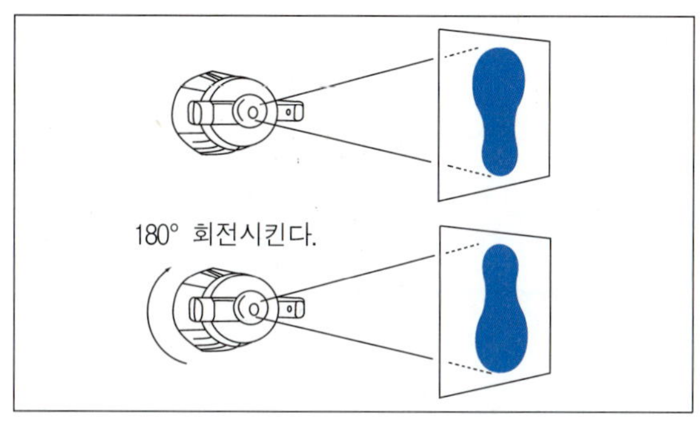

[그림 3-39] 불완전 패턴 원인 규명

【표 3-14】 불완전 패턴의 고장 원인 및 대책

현 상	고 장 원 인	고 장 배 제
패턴의 형태가 동일방향	도료 노즐의 막힘 또는 손상	① 도료 찌거기 또는 이물질 게거 ② 부품교환
패턴의 형태가 역방향	공기캡의 막힘 또는 손상	

(3) 기계적 고장 원인과 대책

【표 3-15】 기계적 고장 원인 및 대책

현 상	고 장 원 인	고 장 배 제
노즐선단 도료누출	① 노즐과 공이 접촉부에 이물질 고착 ② 노즐 또는 공이의 손상 ③ 토출량 조절나사를 과다 조임 (공이 작동 불량)	① 노즐과 공이 세척 ② 노즐과 공이 교환 ③ 토출량 조절나사 재조정
노즐선단 공기누출	① 공기량 조절공이나사 과다 조임 ② 공기량 조절공이 패킹 이물질 고착 ③ 공기량 조절공이 손상	① 공기량조절 나사 재조절 ② 공기량조절 공이 세척 ③ 공기량조절 나사 교환
공기분출 상태불량	- 공기통로에 이물질 고착	① 공기통로를 점검 및 세척 ② 공기캡의 공기구멍 점검 및 세척
공이패킹 도료누출	① 공기패킹부가 이완 ② 공기패킹부가 마모	① 패킹나사를 조임 ② 패킹 교환

6.1.4 스프레이 건의 올바른 사용법

(1) 스프레이 건 운행의 기본원칙

스프레이 건의 공기압력은 보통 3.0~4.0 kg/cm^2 범위에서 조정하며 도료 점도는 도료의 종류에 따라 다소 다르나 포트컵 NO : 4로 실내온도 20℃에서 우레탄계 도료는 18~25초, 멜라민계 도료는 25~30초 정도이다.

① 기본원칙

도장면에 대해 항상 직각이 되고 같은 거리(15~25cm)를 유지하며 타원형의 패턴을 조절하여 일정한 속도로 이동시켜 전체가 같은 두께의 도막이 이루어지게 하는 것이다.

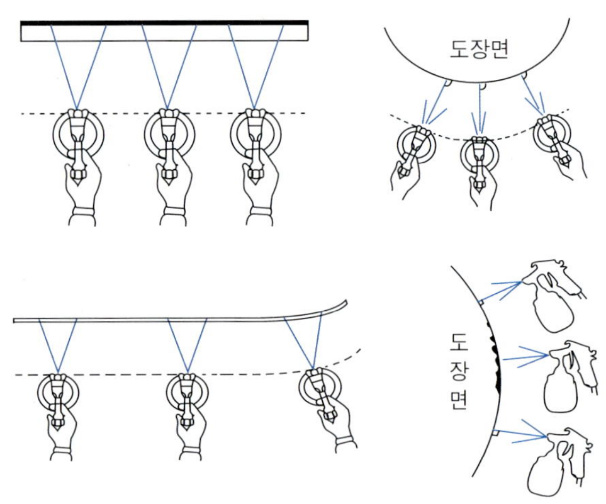

[그림 3-40] 스프레이 건의 기본 운행

② 잘못된 스프레이 건 운행

도장면이 평면이든 곡면이든 스프레이 분사각과 직각이 유지되고 일정한 속도로 움직임이 일정치 않으면 도막의 두께가 고르지 않다.

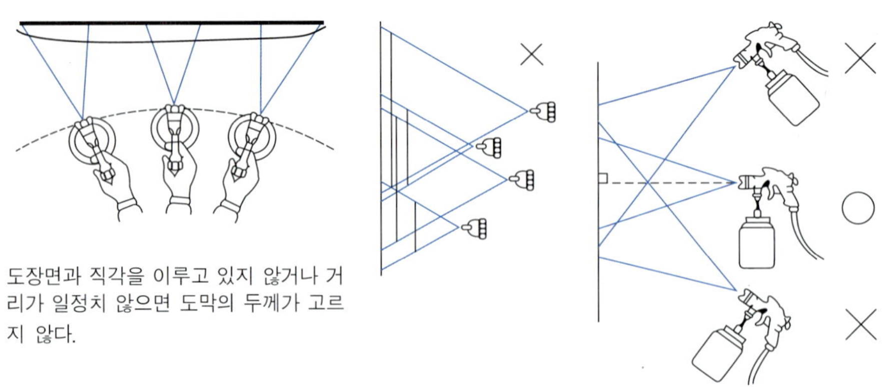

[그림 3-41] 잘못된 스프레이 건의 운행

③ 스프레이 자세 및 호스 잡는 법

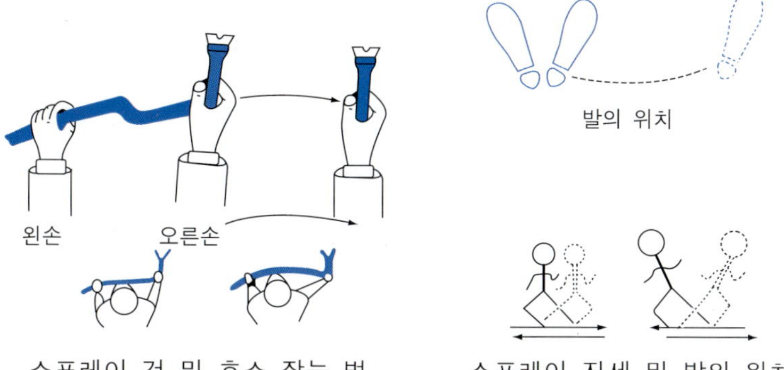

[그림 3-42] 스프레이 건의 운행 자세

(2) 스프레이 건의 패턴조절

① 패턴의 형태

[그림 3-43] 패턴의 형태

② 패턴의 시험

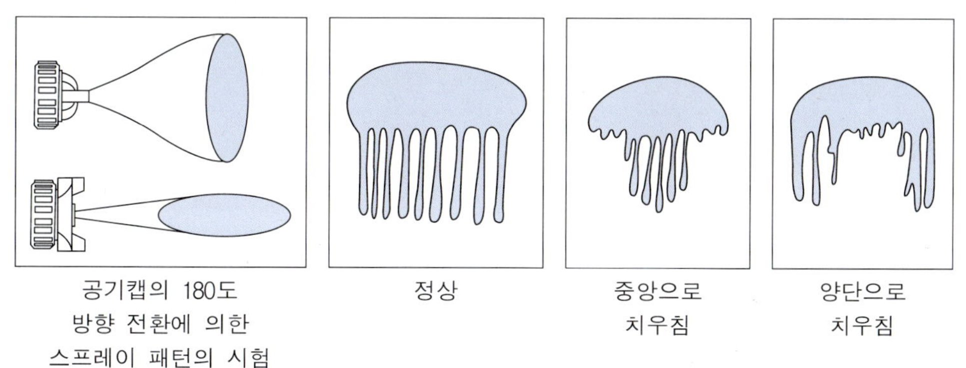

[그림 3-44] 스프레이 패턴의 시험법

③ 패턴의 조절

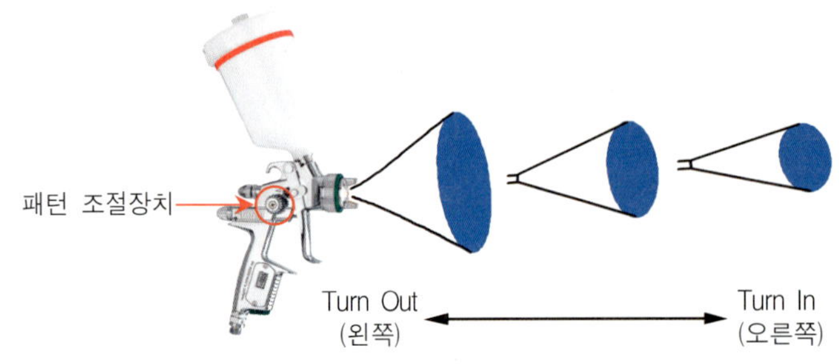

[그림 3-45] 패턴의 조절

④ 토출량 조절

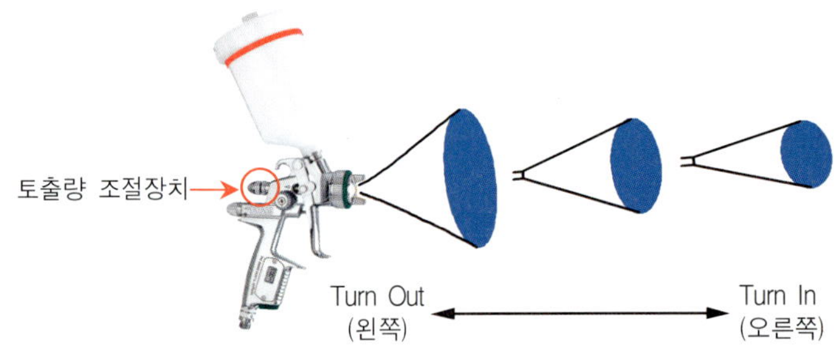

[그림 3-46] 토출량 조절

⑤ 스프레이 건의 호스와 공기압력 변화

【표 3-16】 스프레이 건의 호스와 공기압력 변화

압력조절기압력	길이 \ 내경	3m	4.5m	6.0m	7.5m	15m
$2.8kg/cm^2$	6mm	2.26	2.13	2.06	1.87	1.05
	8mm	2.60	2.57	2.56	2.51	2.20
$3.5kg/cm^2$	6mm	2.85	2.69	2.56	2.40	1.40
	8mm	3.27	3.23	3.16	3.13	2.75
$4.5kg/cm^2$	6mm	3.46	3.18	3.11	3.00	2.05
	8mm	4.00	3.97	3.93	3.85	3.45

(3) 스프레이 건의 분사거리 및 운행속도

① 스프레이 건의 분사거리

스프레이 거리는 멀면 멀수록 패턴 폭이 커지면서 도막은 얇아지고 가까이 하면 그 반대현상이 일어난다. 이러한 원리를 이용하여 전체 도장의 경우 노즐구경이 큰 스프레이 건을 사용하여 공기압과 토출량을 높이면서 스프레이거리를 보다 멀게 조절 해주면 짧은 시간 안에 넓은 부위의 도장을 해낼 수 있다. 반면 작은 부분의 도장일 경우 패턴이 너무 크면 세밀한 작업을 할 수 없으므로 소구경의 스프레이 건을 사용하면서 스프레이 거리, 공기압, 토출량 등을 적절하게 줄인다. 일반적으로 1.3mm구경의 스프레이 건을 사용할 경우 스프레이거리는 래커계 도료가 20cm 전·후, 우레탄계 도료는 25cm 전·후가 좋은 것으로 되어있다.

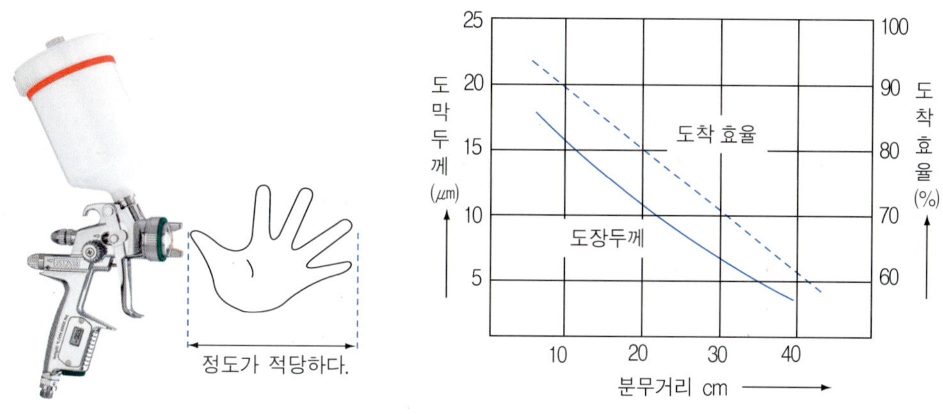

[그림 3-47] 분무 거리와 도막 두께 및 도착 효율

【표 3-17】 스프레이 건과 도막 두께와의 관계

구 분	스프레이 건과 도장면 거리	스프레이 건 패턴(타원형)	도료 토출량 조절	스프레이 건의 이동속도
도막 얇다	멀다	크다	적다	빠르다
도막 두껍다	가깝다	작다	많다	느리다

② 스프레이 건의 운행속도

스프레이 건의 운행속도는 통상 매초 30~60cm 정도의 일정한 빠르기로 움직여야 한다. 불규칙한 속도와 한 곳에 오래 머무르는 것은 금물이다.

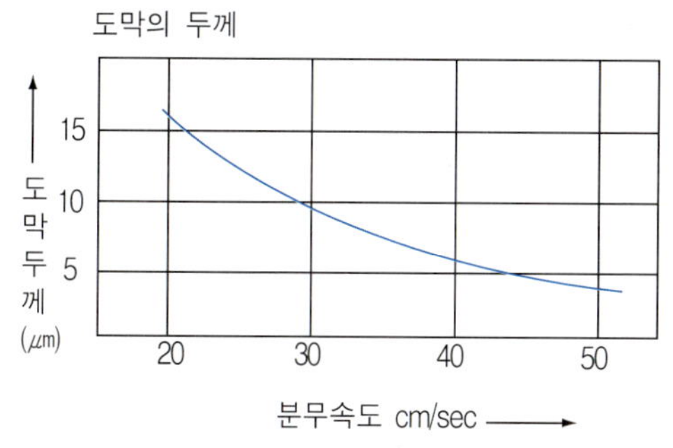

[그림 3-48] 분무 속도와 도막의 두께

(4) 스프레이 건의 이동 거리

보통, 건의 운행은 도장해야 할 면의 폭보다 5~10cm 길게 잡고 도장할 면에서부터 방아쇠를 당긴다. 그리고 1회 통과할 때마다 잠시 방아쇠를 풀었다가 다시 스프레이 건 운행을 시작하기 바로 직전에 방아쇠를 당긴다.

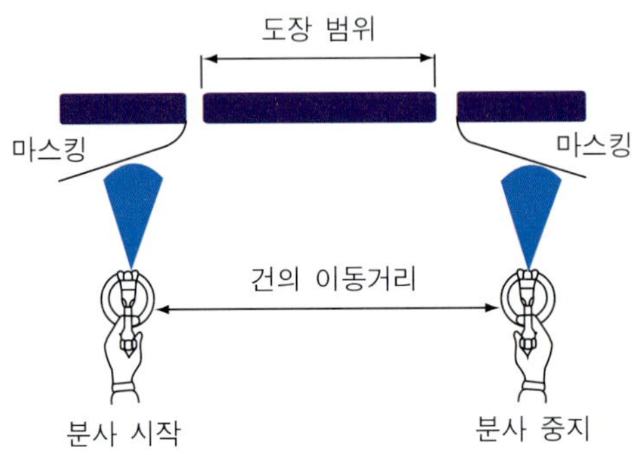

[그림 3-49] 스프레이 건의 이동 거리

(5) 패턴의 겹침폭

분사패턴은 긴 원형을 이루고 있기 때문에 중심부분에서 가장자리로 갈수록 엷게 분산된다. 때문에 고른 두께의 도막을 얻기 위해서는 겹쳐 칠할 수밖에 없는데 겹침의 폭은 패턴의 형상에 따라 다르나 보통 1/3~3/4씩 겹침 작업을 한다.

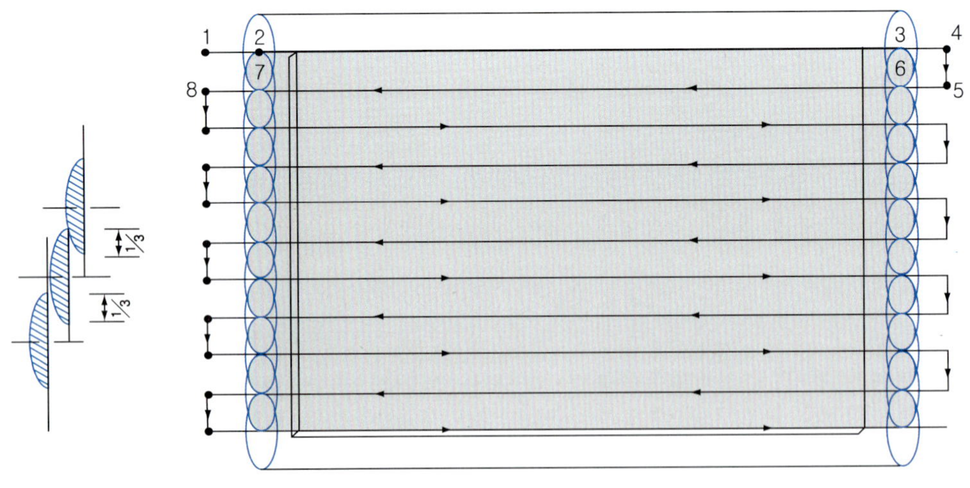

[그림 3-50] 스프레이 건의 겹침

(6) 스프레이 건의 세척

2액형 도료는 도장 작업 후 스프레이 건을 그대로 방치하면 도료가 안에서 경화하여 건의 사용이 불가능하게 된다. 따라서 사용 후 깨끗이 세척해 두어야 하는데 세척방법은 먼저 캡에 남은 도료를 버리고 깨끗한 신너를 부은 다음 공기캡의 정면을 막고 방아쇠를 당기면 공기가 도료통로로 들어가서 통로 내가 공기가 도료통로로 들어가서 통로 내가 깨끗해진다. 같은 방법으로 2, 3회 반복한다. 도료 컵은 깨끗한 시너를 부어 솔로 씻어낸다.

또 캡의 세척 시 금속성 핀은 구멍에 상처를 주기 때문에 곤란하고 솔이나 대나무 핀에 시너를 묻혀 조심스럽게 찌꺼기를 긁어낸다. 공기구멍은 패턴형상에 큰 영향을 주기 때문에 상처를 주지 않도록 주의가 필요하다. 부착된 찌꺼기가 잘 떨어지지 않으면 세척용 시너에 오래 담궈 두었다가 세척한다.

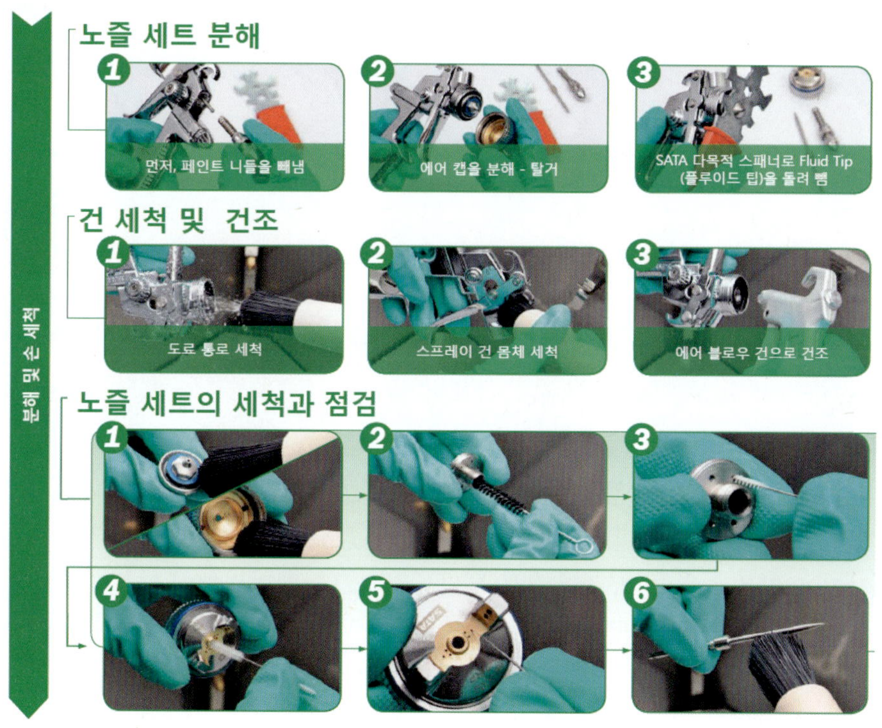

[그림 3-51] 스프레이 건의 세척

(7) 스프레이 건의 선택

① 건의 수량

작업장을 보면 보통 1~2개의 스프레이 건으로 모든 색의 도장을 하는 경우가 많은데 이것은 정확한 작업을 위해서도 작업의 능률을 위해서도 좋지 않다. 가령 검은색 계통의 도장을 하고 난 뒤 같은 스프레이 건으로 흰색작업을 한다면 아무리 깨끗이 세척했다 해도 검은색이 묻어나 올 가능성은 클 것이고 메탈릭 베이스 도장 전 투명 도장을 같은 스프레이 건으로 한다면 메탈릭감이 떨어진다.

따라서 이상적으로는 하지 도장 전용, 전 도장용, 부분 도장용, 밝은 색용, 어두운색용, 투명용 등 7~8개의 스프레이 건이 필요하다. 비용부담도 있으므로 작업장의 형편에 따라야 할 것이나 보통 하지 도장용 1개, 전 도장용 3개(투명용, 솔리드, 메탈릭베이스 칼라용) 등 4개 정도는 있어야 원활한 작업이 가능할 것이다.

② 노즐의 크기

공정별 스프레이 건의 선택은 중도용 스프레이 건으로 결정된 형식은 없지만 노즐 구경은 상도용보다 약간 크며 보통 1.7~2.0mm 정도를 사용한다. 노즐 구경 범위 내 선택 방법은 도장 면적이 클수록, 그리고 흡상식 스프레이 건의 경우 중력식 스프레이 건보다 한 단계 크게 하는 것이 기본이다.

【표 3-18】 공정별 권장 노즐 사이즈(중력식 기준)

구분	하지전용(프라서페)	상도용(칼라베이스)	상도용(크리어)
노즐 사이즈(mm)	1.7~2.0	1.3~1.4	1.4~1.5

* 수용성 도료를 사용할 때 상도용(칼라베이스) 건의 규격은 한 단계 작은 것을 사용한다.

③ 공기캡의 형태

스프레이 건의 공기캡에 있는 공기분사구멍은 도료의 미립화, 패턴, 도료의 토출량에 영향을 미치므로 작업 대상에 따라 선택을 달리해야 한다.

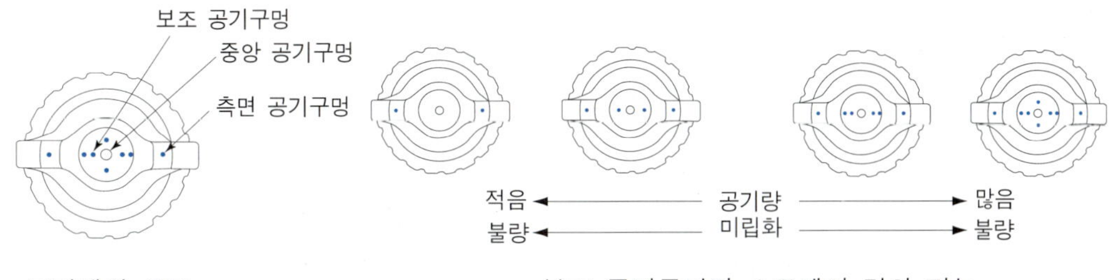

[그림 3-52] 공기캡의 구조와 기능

6.2 에어 더스트 건(air dust gun)

- 압축공기를 이용하여 도장면의 먼지제거

[그림 3-53] 에어 더스트 건

6.3 스프레이 건 세척기(spray gun clear)

- 압축공기와 세척용 신너를 사용하여 스프레이 건 세척

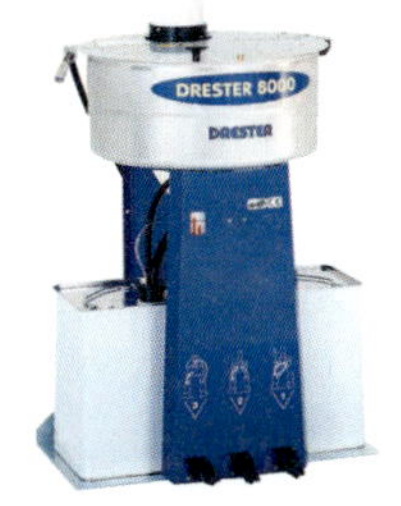

(a) 유용성 건 세척기

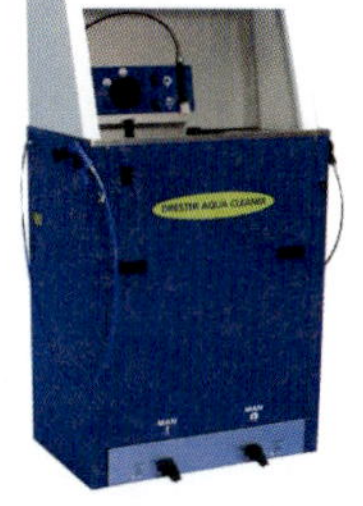

(b) 수용성 건 세척기

[그림 3-54] 스프레이 건 세척기

7. 광택 작업

7.1 칼라 샌더(water sander)

- 도장면 평활 연마용 동력공구

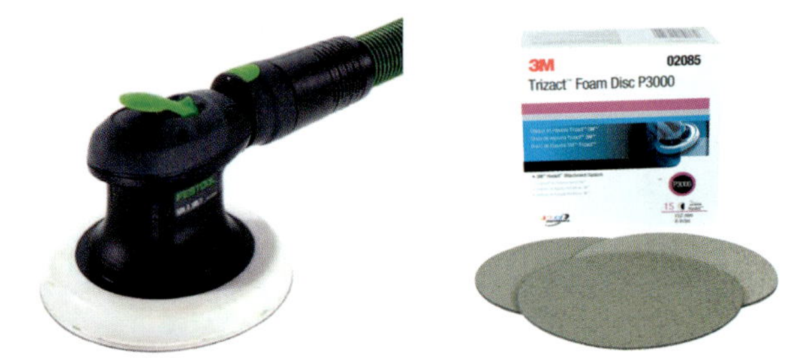

[그림 3-55] 칼라 샌딩용 더블액션 샌더와 트라이젝 연마지

[그림 3-56] 스캘롭 패드와 디스크

7.2 스캘롭 패드 & 디스크(scalloped & disk)

- 도장면의 결함 제거용 연마용 수공구로 작업면 손상 방지를 위해 고무성분으로 제작되어 소량, 소형 및 대형 잡티 제거에 사용된다. 디스크는 P1500 규격의 별모양 연마지로 코너작업까지 용이하도록 제작되었다.

7.3 폴리셔(polisher)

- 도장면 광택을 위한 동력공구

【표 3-19】 광택용 공구 비교

구분	전동식	공압식
중량	무겁다	가볍다
동력비용	비싸다	싸다
구조	복잡	간단
정비	필요	필요
회전수 조정	전압 조정기 필요	공기 유량의 조정
회전의 안정성	부하 시 안정	부하 시 조금 불안정

(a) 전동식

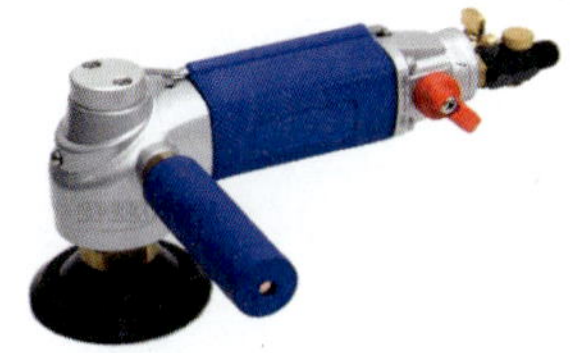
(b) 공압식

[그림 3-57] 폴리셔의 종류

* 기계 자체의 무게를 이용하여 광택을 낼 수 있다는 점과 힘을 가하여도 회전하는 속도가 변화하지 않기 때문에 전동식이 많이 사용된다.

7.4 버프 패드(buffer pad)

폴리셔에 부착하여 도장면 연마를 위해 면, 양털, 스펀지 등으로 만든 패드로 용도는 다음과 같다.

① 타월 버프 : 연마력이 강하며 거친 입자의 연마제 작업용

② 양털 버프 : 중간 및 고운 입자 연마제 작업용

㉠ 털이 굵고 단단한 것

㉡ 털이 가늘고 부드러운 것

③ 스펀지 버프 : 미세한 연마제 작업용

(a) 양털 버프

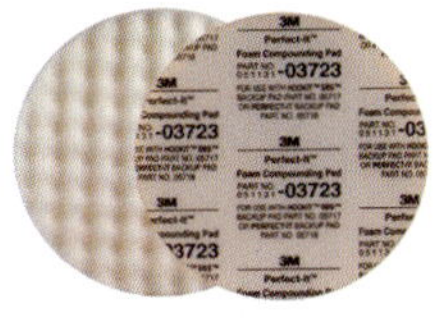
(b) 스펀지 버프

[그림 3-58] 버프의 종류

7.5 버프 크리어(buffer clear)와 광택용 극세사 타월

버프 크리어는 동일 버프를 여러 번 사용하면 연마제의 찌꺼기가 달라붙어 굳어지기 때문에 필요 이상의 도막을 깎아 내게 된다. 따라서 버프 크리어로 청소하거나 세척하여 사용한다.

(a) 버프 크리어

(b) 광택용 극세사 타월

[그림 3-59] 버프 크리어와 광택용 극세사 타월

7.6 컴파운드(compound)

① 용제(solvent), 물에 연마제의 입자를 혼합시킨 액상 연마제이다.
② 도막을 연마하는 힘과 아울러 광택을 나타내는 효과도 지니게 된다.
③ 컴파운드에 함유된 최초의 연마 입자는 연마력은 강하지만 폴리시 작업중에 아주 작게 깨지기 때문에 연마 입자가 작은 컴파운드의 성질과 비슷하다.
④ 연마 입자의 크기로 분류하면 거친 것, 중간, 고운 것, 매우 고운 것, 미세한 것으로 분류된다.
⑤ 거친 입자의 컴파운드는 연마력이 크고, 고운 입자의 컴파운드는 광택의 효과가 나타난다.

[그림 3-60] 컴파운드

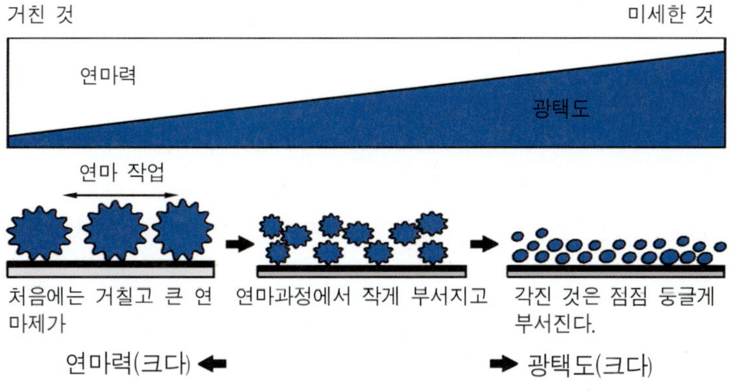

[그림 3-61] 컴파운드 종류 및 입자 비교

Ⅳ. 자동차 도장

제1절 자동차 도장

1. 도장의 정의

물체의 보호, 미관, 표시등을 위하여 물체의 표면을 피복할 목적으로 수지, 안료, 용제, 첨가제 등으로 만들어진 액체 또는 고체의 물질을 도료라 하며 이 액체(고체)의 도료가 경화되어 얇은 도막(층)을 형성하기 위한 작업을 도장이라 한다.

2. 자동차 도장의 목적

도장의 목적은 물체의 표면에 여러 가지 방법으로 도료를 도포시키고 건조된 도막층을 형성시킴으로 내후성, 내식성, 내오염성 등의 기능을 부과하여 물체를 보호함과 동시에 색상, 광택, 평활성, 입체감 등을 통한 피도물을 아름답게 하는데 있다.

(1) 물체의 부식방지

자동차의 재료 중에서 가장 많은 비중을 차지하고 있는 것이 강판이다. 강판은 대기중 분과 산소 등과 산화 작용을 하게 되어 부식되기 쉬운 금속의 성질 때문에 도장의 가장 큰 목적은 표면의 보호와 녹을 방지하기 위해 도료를 도장하여 강판의 부식을 차단하고 물체를 보호하는데 있다고 할 수 있다.

(2) 물체의 미관 향상

시대가 변함에 따라 미의 기준도 바뀌어 가고 있고, 자동차의 디자인이 멋있게 되어 있다고 해도 아름다운 색상으로 도장된 것과 도장되지 않은 것과는 매우 큰 차이가 있다. 따라서 도장은 조형미와 입체미를 부여하여 자동차의 미관을 향상시킨다.

(3) 상품의 가치 향상

자동차에 아름다운 색상과 광택을 주어 외관을 아름답게 함으로써 제품의 상품적 가치를 향상시킨다.

(4) 도장에 의한 표시

도로 표지등의 교통안전, 재해 예방을 위한 산업안전등 다른 것들로부터 구분될 수 있는 방법을 제공한다.

도장은 이러한 기능적 작용과 함께 눈, 비, 자외선, 대기오염 등의 환경적 요소 때문에 단지 방청성 뿐만이 아니라 내후성, 부착성, 내구성도 무시할 수 없는 성능의 확보가 중요한 요소로 작용한다. 따라서 이러한 여러 가지 기능들을 단일 도막으로는 만족할 수 없기 때문에 복합 공정에 의하여 완전한 도장의 효과를 얻을 수 있다.

따라서 도장은 제품의 표면 완성에 최종적인 수단으로써, 도료의 품질, 도료의 성질, 도장의 내용, 도장 방법 등의 확실한 정보와 치밀한 계획을 통하여 도장을 시행해야 원하는 도장의 목적을 달성할 수 있다.

제 2 절 신차(OEM) 도장

1. 신차(OEM) 도료의 도막 구성

1.1 도막 구성과 도막 두께

상도(솔리드)	45~50㎛
중도(서페이서)	35~40㎛
하도(프라이머)	20~25㎛
인산아연피막 처리	3~5㎛
소지철판	0.8mm

솔리드 칼라
(1coat-1bake)

투명 도료(크리어)	30~45㎛
솔리드-메탈릭 칼라베이스	25~35㎛
중도(서페이서)	35~40㎛
하도(프라이머)	20~25㎛
인산아연피막 처리	3~5㎛
소지철판	0.8mm

베이스(메탈릭) 칼라
(2coat-1bake)

투명 도료(크리어)	35~45㎛
펄 베이스칼라	20~30㎛
솔리드 베이스칼라	35~40㎛
중도(서페이서)	20~25㎛
하도(프라이머)	20~25㎛
인산아연피막 처리	3~5㎛
소지철판	0.8mm

펄-마이카 칼라
(3coat-1bake)

[그림 4-1] 도막 구성 비교

1.2 자동차 부품별 도막 구성과 적용 도료

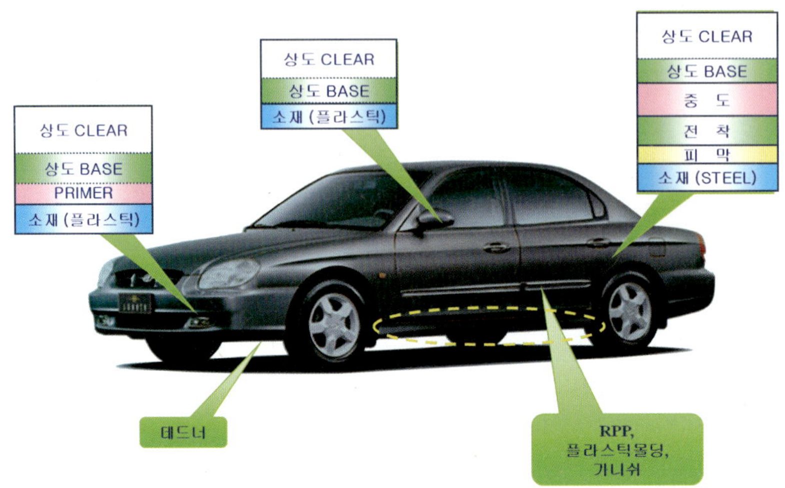

[그림 4-2] 도막 구성과 적용 도료

(1) 차체외부 패널

상도 도료	- 고온소부형 아미노 알키드 수지, 고온소부형 아크릴 멜라민 수지
중도 도료	- 폴리에스테르 수지
전착 도료	- 에폭시 수지
맨 철 판	

(2) 차체내부 패널(엔진룸, 트렁크룸)

상도 도료	- 고온소부형 아미노 알키드 수지, 고온소부형 아크릴 멜라민 수지
전착 도료	- 외부 패널과 동일
맨 철 판	

(3) 도어 플레임

무광블랙	- 고온소부형 아미노 알키드 수지
중도 도료	외부 패널 도장과 동일
전착 도료	외부 패널 도장과 동일
맨 철 판	

(4) 하체, 휠하우스

방음 도료	폴리비닐 클로라이드(PVC)
전착 도료	외부 패널 도장과 동일
맨철판	

(5) 내칭핍 도료

상도 도료	외부 패널과 동일
중도 도료	
내칭핍 도료	폴리에스테르 수지, PVC
전착 도료	외부 패널과 동일
맨철판	

(6) 라디에이터지지 패널(블랙 도료)

블랙 도료	페놀릭 알키드 수지
내부색상 도료	내부 패널 도장과 동일
전착 도료	
맨철판	

(7) 록커 패널

록커패널 도료	2액형 우레탄 수지
상도 도료	외부 패널 도장과 동일
중도 도료	
전착 도료	
맨철판	

(8) 스트라이프 도료(밴드칼라)

스프라이프 도료	2액형 우레탄 수지
상도 도료	외부 패널 도장과 동일
중도 도료	
전착 도료	
맨철판	

(9) 플라스틱(범퍼, 스폴링러, 도어미러, 흙받이, 사이드 흙받이. 아웃사이드 몰딩, 휠캡, 도어캣취)

상도 도료	2액형 우레탄, 1액형 폴리에스테르 수지
프라이머 도료	1액형 우레탄 수지
PUR	열경화성 폴리우레탄

상도 도료	1액형 폴리에스테르 수지
프라이머 도료	2액형 염화 폴리우레핀
PP	폴리프로필렌

상도 도료	2액형 우레탄 수지
ABS	아크릴니트릴 부타젠스틸렌

상도 도료	2액형 우레탄 수지
프라이머 도료	2액형 우레탄 수지
FRP	파이버 레인포스 플리스틱

(10) 디비젼 바

상도 도료	폴알키드 수지
프라이머	에폭시 수지
맨철판	

(11) 알미늄 휠

상도 도료	고온소부형 아미노 알키드 수지, 고온소부형 아크릴 수지
프라이머 도료	에폭시 수지
알미늄	

2. 승용차 OEM 도장 공정

1. 화학적 전처리 단계		2. 전착 도장 단계		3. 실러 작업 단계
(1) 온수침적 탈지 (2) 화학적 전처리 (3) 세　척 (4) 건　조	➡	(1) 침　적 (2) 자연 건조 (3) 세　정 (4) 건　조	➡	(1) 언더코트 도장 (2) 건　조

	4. 중도 도장 단계		5. 습식(wet) 연마 단계		6. 상도 도장 단계
➡	(1) 먼지 제거 (2) 내칩핑 도장 (3) 서페이서/내부패널 도장 (4) 무광블랙 도장 (5) 건　조	➡	(1) 젖은 안마 (2) 세　정 (3) 에어 브로잉 (4) 건　조	➡	(1) 먼지제거 (2) 도　장 (3) 건　조

	7. 특수 도장 단계
➡	(1) 무광블랙 도장 (2) 로커패널 도장 (3) 스프라이트 도장

2.1 화학적 전처리 단계(chemical pretreatment)

이것은 내·외부 패널에 달라붙어 있는 오염물, 손자국, 그리스 등을 완전히 제거하는 단계이다. 동시에 철판에 방청성을 향상시키고 전착도막과의 부착을 향상시키기 위해 아연인산 도막을 형성시켜준다. 화학적 전처리는 2가지 방법이 있다. 화학적 물질을 노즐을 통하여 스프레이하는 방법이 있고 차체는 화학욕조에 완전히 담가 작업하는 방법이 있다.

① 세척

오염물, 손지문 자국, 그리스 등을 화학적 전처리하기 전에 제거한다.

온수침적

온수 탈지

차체에 달라붙어 있는 오염물을 뜨거운 물로 씻어낸다(40-50℃).

알카리 탈지

알카리 탈지제 속에 담가 녹발생을 방지한다.

세정

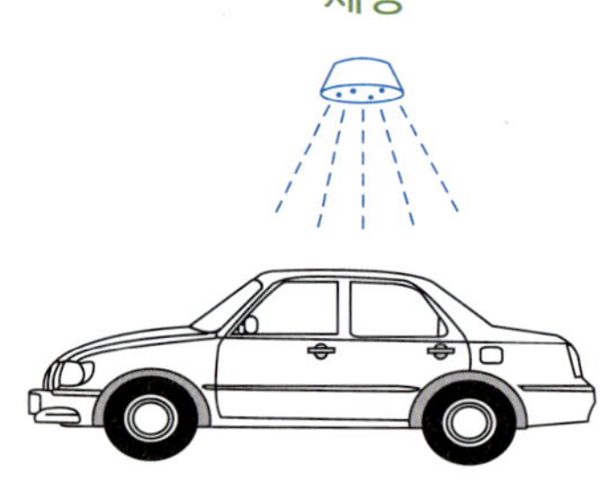

탈지제를 제거한다.

② 화학적 전처리

표면조정

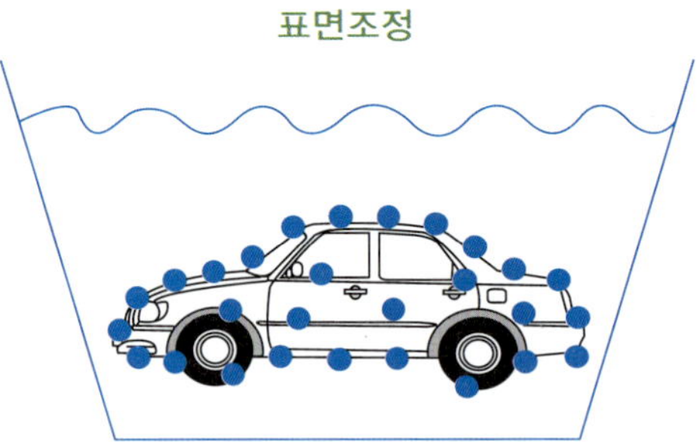

인산티타늄 코로디알용액에 담가 정확한 인산아연 피막을 얻기 위해 결정화시킨다.

인산아연 처리

인산아연용액과 인산 등에 담가 인산아연 도막을 증진시킨다.

③ 세정 및 건조

세정

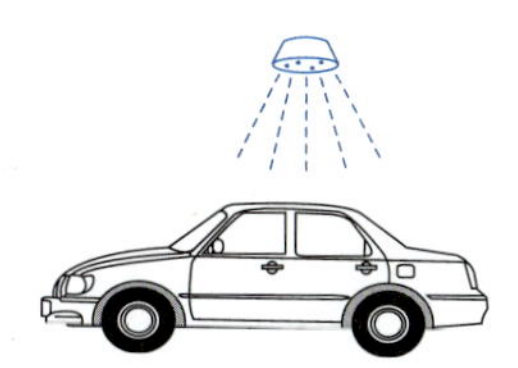

표면처리용액을 세정하여 제거한다(약 3회).

순수 탈지

순수한 물을 이용하여 차체를 세정한다.

건조

차체를 약 100-140℃ 온도에서 건조시킨다.

2.2 전착 도장(ED)

차체를 전착용액에 완전히 담가 차체표면 전체에 전착도막을 결정화하는 작업으로 방청에 가장 우수한 공정이다.

침적

욕조에 차체를 완전히 담구고 전기를 200-300V 걸어주어 표면 전체에 도막을 입힌다.

자연건조

차체를 욕조에서 꺼내어 도막을 자연 건조시킨다.

세정

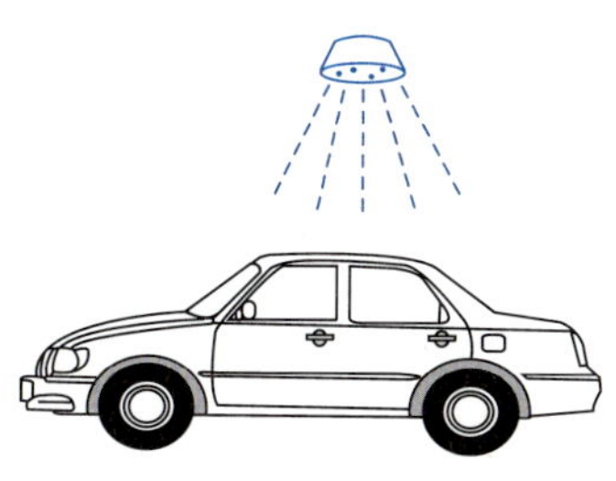

차체에 있는 일부의 도료를 세정하여 제거한다.

건조

150-170℃에서 도료를 건조시킨다.

2.3 언더코트(데드너) 도장(undercoat)

PVC데드너를 충격, 내칩핑, 소은, 진동방지 목적으로 차체의 바닥, 휠하우스, 트렁크 등에 두껍게(800~15000㎛) 도장한다.

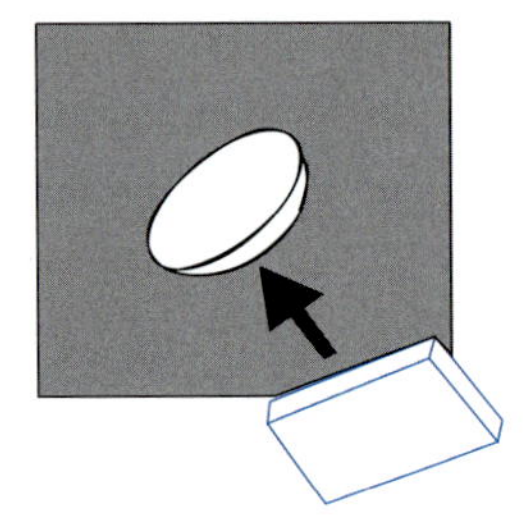

차체바닥에 있는 구멍을 테이프나 고무 등으로 막아준다.

에어리스건을 이용하여 PVC 데드너를 차체바닥에 도장한다.

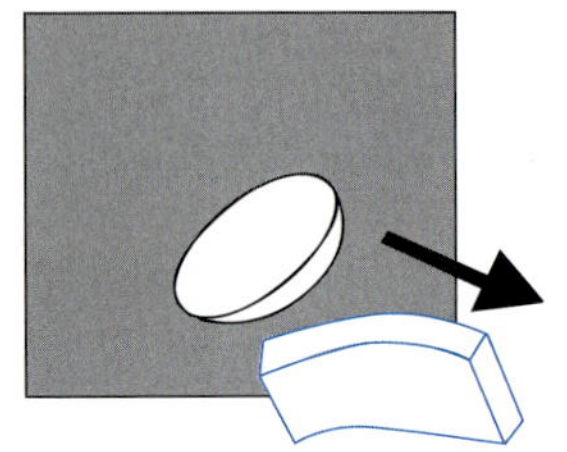

마스킹을 떼어낸다.
서페이서를 도장하기 전에 건조하지 않는다.

2.4 서페이서 도장(surfacer)

실러나 언더코트를 도장한 후 서페이서를 도장한다. 이것의 주된 목적은 ED도막과 상도도막과의 부착을 향상시키고 상도의 좋은 외관을 제공하기 위한 도장이다. 이러한 공정은 엔진의 내부 패널과 트렁크룸, 도어프레임의 반광 도장 등에 적용된다.

RPP 도장

스텝부위에 간단한 마스킹을 하고 내칩핑 도료를 도장한다.

서페이서 도장

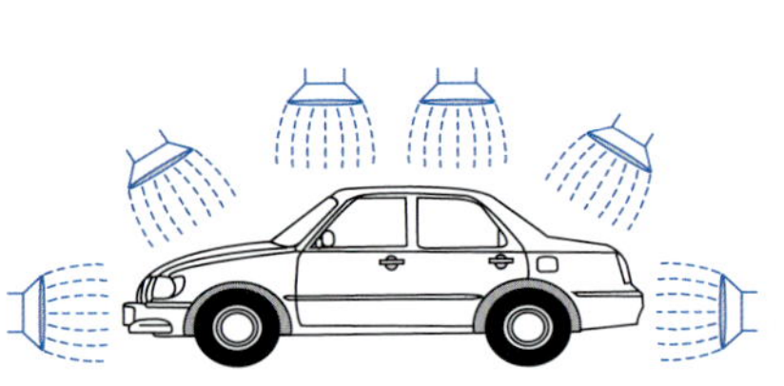

서페이서를 정전 도장기로 도장한다.

내부패널 도장

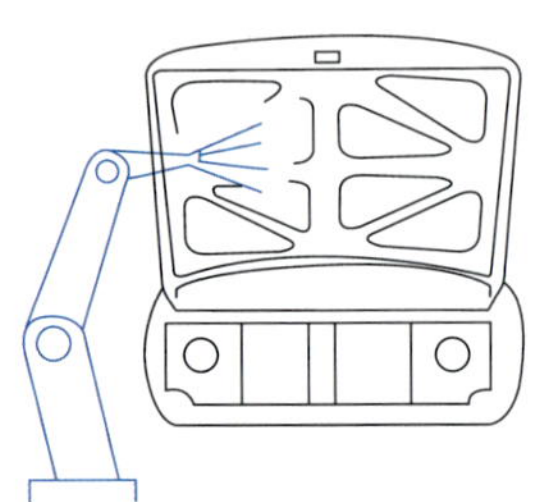

엔진이나 트렁크룸의 내부패널은 외부패널과 동일한 또는 유사한 색상으로 도장한다.

무광블랙 도장

도어 프레임이나 B필러 부위에 무광블랙을 도장한다.

세팅타임

블리스터나 핀홀 등의 결함을 방지하기 위해 세팅타임을 준다.

건조

150℃에서 약 30분간 건조시킨다.

2.5 습식 연마(wet sanding)

상도 도장 전에 서페이서면의 티나 결함을 제거하고 표면을 평활하게 하여 상도와의 부착력 증진 및 외관을 향상시킨다.

습식 연마

표면을 샌딩 블러쉬로 연마한다.

세정

연마가루를 제거하기 위해 세정한다.

에어블로잉

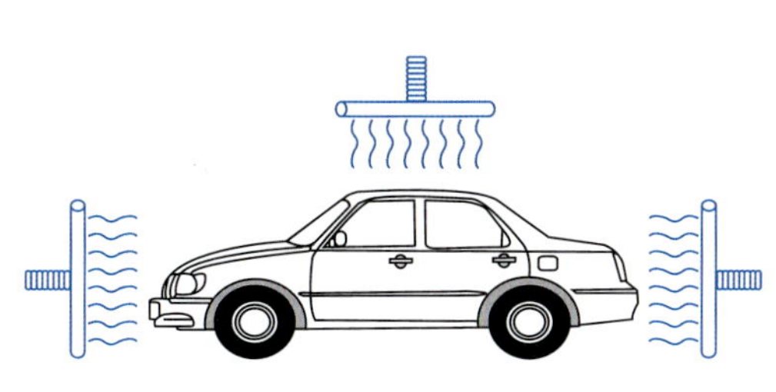

표면을 공기로 건조시킨다.

건조

차체를 완전히 건조시킨다.

2.6 상도 도장(topcoating)

상도 도장은 소비자가 직접 눈으로 볼 수 있는 부분이므로 아름다운 외관과 다양한 색상을 갖추어야할 뿐 아니라, 기후나 외부의 충격 및 오염에 잘 견디어야 한다. 무광블랙 등이 적용된 부위는 마스킹을 하고 먼지제거 및 도장, 세팅타임, 건조 등의 공정을 거쳐 완료된다. 투톤색상이 적용되면 먼저 상도를 도장한 다음 마스킹을 하고 다음 두 번째 상도를 도장한다.

에어블로잉

표면의 먼지를 공기를 불어 제거한다.

1차 베이스 코트 도장

베이스 코트를 1차 도장한다.

플래쉬타임

1차 베이스 코트 도장의 신너가 증발하도록 플래쉬타임을 준다.

2차 베이스 코트 도장

베이스 코트를 2차 도장한다.

플래쉬타임

베이스 코트 도막의 신너가 증발하도록 플래쉬타임을 준다.

1차 크리어 코트 도장

크리어 코트를 1차 도장한다.

플래쉬타임

1차 크리어 코트 도막의 신너가 증발하도록 플레쉬타임을 준다.

2차 크리어 코트 도장

크리어 코트를 2차 도장한다.

세팅타임

크리어 코트 도막의 신너가 증발하도록 세팅타임을 준다.

건조

140-150℃에서 30분간 건조시킨다.

2.7 무광블랙 도장(black-out coating)

상도 도장이 끝나면 라디에이터 서포트 패널 등의 다른 부품에 무광블랙으로 도장 할 수도 있다. 무광 블랙은 외부에서 볼 때 숨겨진 파트에 도장하는 경우도 있고 그릴 등의 안쪽에 외관을 향상시키기 위해 도장하는 경우도 있다.

2.8 특수 도장(special painting)

도장의 마지막 단계로 택시 등의 스트라이프 도장과 록커패널 도장이 있다.

(1) 스프라이프 도장

외부패널 옆면에 선 등을 도장할 때 사용하며 측면을 따라 움직이는 롤러건으로 도장한다.

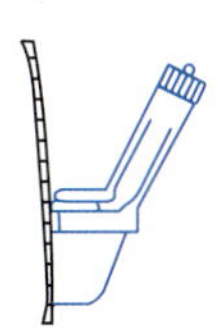

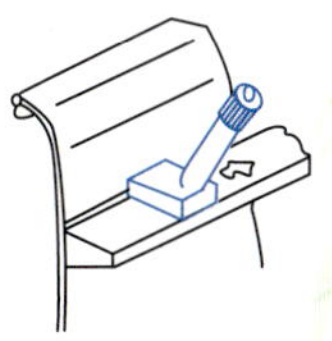

(2) 록커패널 도장(RPP)

반광 혹은 무광의 도료는 외관과 외부충격에 견딜 수 있는 기능을 향상시키기 위해 도장한다. 마스킹을 하고 부착력이 우수한 2액형 우레탄 도료를 사용하여 필요 부위에 도장한다.

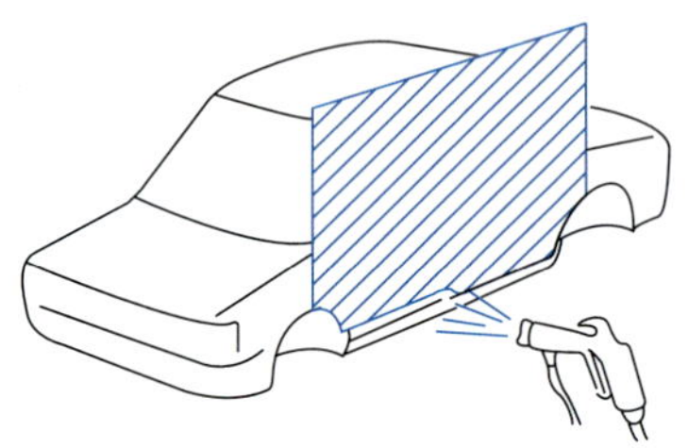

(3) 특수 도장의 건조

저온에 건조되는 도료를 적용하고 있어 적외선 건조기를 이용해 60~80℃ 이하에서 건조시킨다.

3. 신차(OEM) 도장법

3.1 화학적 전처리 : 화성처리

금속표면에 대한 화학 처리제로서 우수한 방청성을 부여함과 동시에 도막과의 부착성을 향상시키는 역할을 한다.

금속에 내식성을 주기 위해서는 물에 녹지 않는 불용성 염류의 피막을 금속바탕에 화성 처리하여 그 위에 도장을 함으로써 도료의 밀착성을 좋게 하고 내식성을 동시에 제공함으로써 도장의 효과를 극대화시킨다.

일반적으로 도막은 미량의 수분을 투과함으로써 그 수분이 금속면에 접촉, 산화물을 형성시킨다. 이 산화물은 도막의 부풀음 현상을 만들고 진전되어 산화물의 증대는 도막의 균열과 함께 도막이 떨어져 나가게 된다. 따라서 공기 중에 노출된 철판면의 도장 작업 시는 반드시 화성피막 처리를 해주어야 한다.

이때 사용되는 것이 인산아연계 피막, 인산아연칼슘계 피막, 인산철계 피막 등을 적용한다.

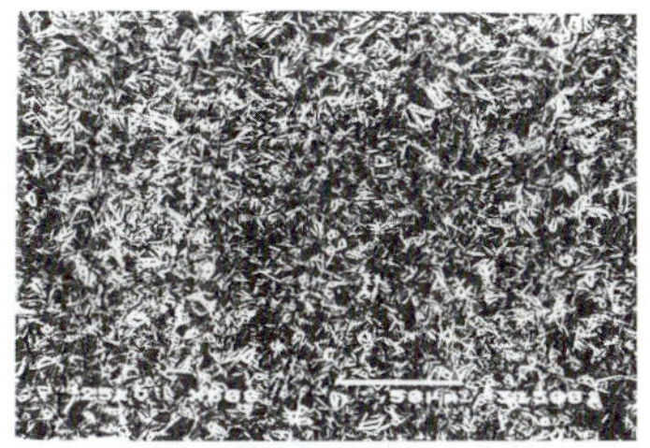
인산-망간계

인산-아연계

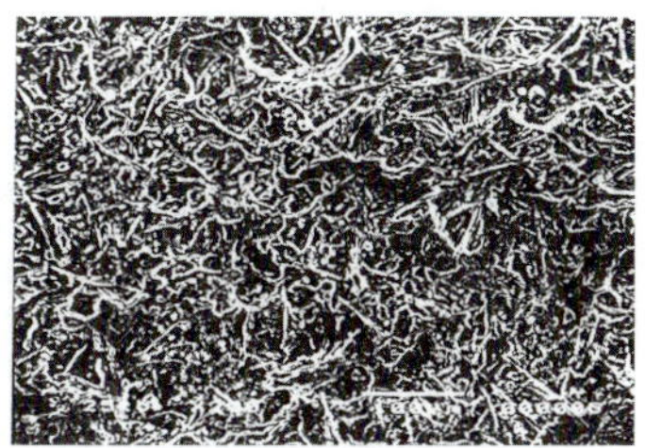
인산-아연캄슘계

[그림 4-3] 대표적인 인산염 피막의 전자 현미경 사진(S.M.E 500재로 촬영)

【표 4-1】 각종 표면처리에 대한 도막 성능 비교

표면처리 종류 / 시험항목	무처리 (탈지만)	인산철	인산아연칼슘	인산아연	
				type A	type B
피막 중량(g/m^2)	-	0.4	1.9	1.2	1.2
1차밀착성	○	◎	◎	○	○
2차밀착성	×	×	◎	◎	◎
내식성	×	△	◎	○	○

주) 소재 : PCC-D 평가 - ◎ : 우수, ○ : 양호, △ : 보통, × : 불량

3.1.1 화학적 전처리의 장단점

【표 4-2】 화학적 전처리의 장단점

장 점	단 점
- 강한 방청피막이 형성된다. - 도장 전의 내식성이 향상된다. - 부착성이 우수해진다. - 재료의 변형이 작아진다. - 숙련 작업을 요하지 않는다. - 단위 면적당 비용이 적게 든다. - 설비가 간단하다. - 비교적 위생적이다.	- 수용액 처리에 주의를 요한다. - 작업장 환기 설비에 유의한다.

작업 시 주의 사항으로 후속 도장인 워시프라이머 또는 프라이머-서페이서 작업은 10분 정도 경화 후 실시하며, 2액형 폴리에스테드 퍼티 작업을 해야 할 경우에는 인산아연막 처리를 하지 않는다.

3.1.2 화학적 전처리의 주요 공정

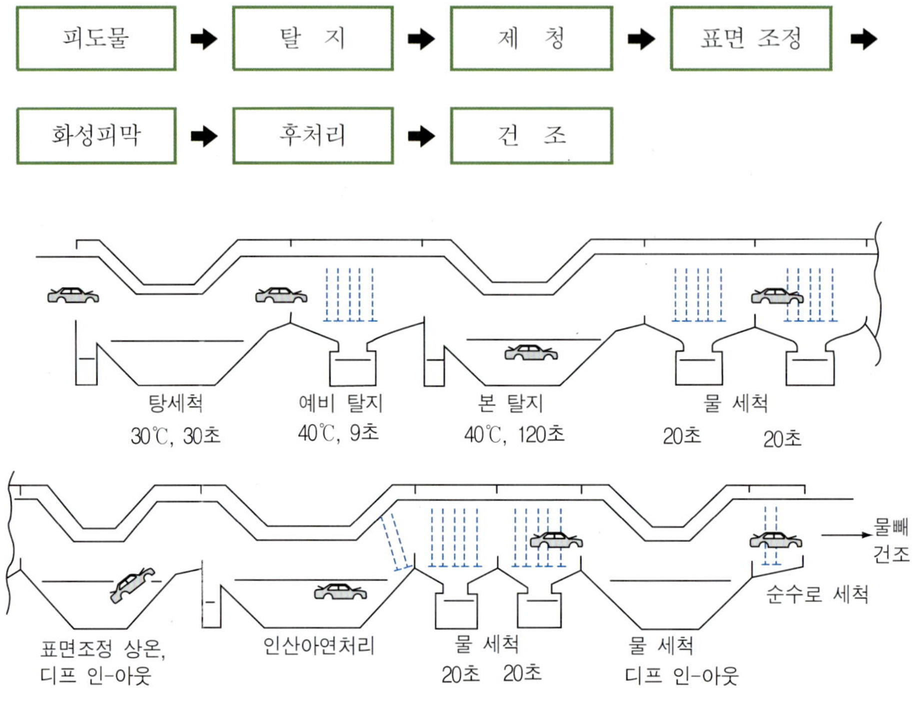

[그림 4-4] 인산아연계 피막 처리 공정

3.2 전착 도장(ED=electro deposition)

비교적 저농으로 희석된 수용성 도료를 탱크에 채우고 피도물을 침지시킨 후 양극과 음극사이에 직류 전원을 흘려 전기적 원리로 도료를 피도물에 도착시키는 방법이다. 즉, 전기적인 석출의 과정을 통하여 피도물에 도료가 달라붙어 도막이 형성된다.

3.2.1 전착 도장의 원리

① 수지와 안료가 용액에서 전기적으로 대전되어 있다.

② 피도물이 욕조에 담가어지고 피도물과 욕조사이에 직류가 연결될 때 수지와 안료 입자는 피도물로 이동한다(electrophoresis).

③ 수지와 안료 입자들은 피도물에 도착하면 전기전하를 잃게 되고 도막을 형성한다(electrocrystallization).

④ 도료는 자연스럽게 탈수되어 연속적인 도막을 형성한다(electrofiltration).

[그림 4-5] 전착 도장 중인 승용차

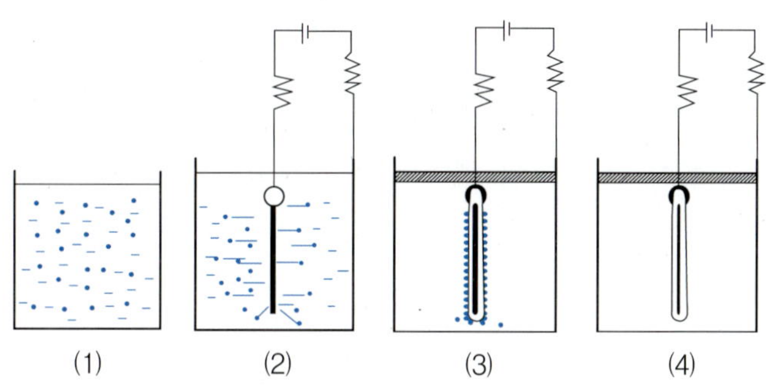

[그림 4-6] 전착 도장의 원리

3.2.2 양이온(cation) 전착 : 아연피막 보호–방청력 우수

폴리아미노 수지를 유기산으로 중화하여 수용성이나 물분산화 되어 양(+)으로 전하하는데 직류전원을 통하면 폴리아미노 수지가 음(-)극의 표면으로 이동하고 PH의 상승에 따라서 응고되면서 음극의 표면에 도막을 형성한다.

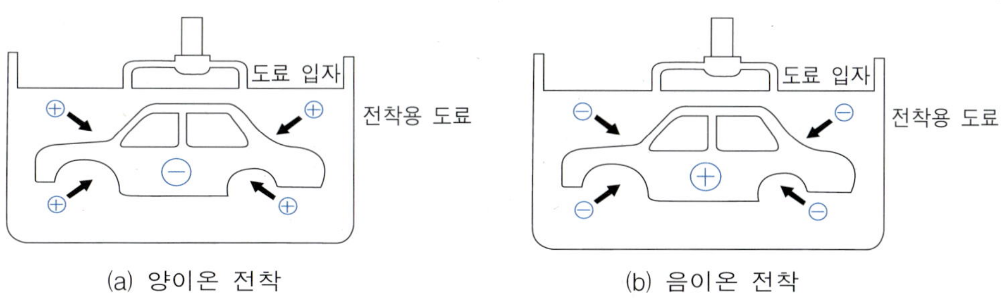

[그림 4-7] 전착 도장의 종류

3.2.3 음이온(anion) 전착 : 아연피막 용출–방청력 저하

폴리카르본산 수지와 유기아민이 가성칼리 등의 염기로 중화하여 수용성이나 물분산화로 음(-)으로 전하하는데 직류전원을 통하면 폴리카르본산 수지가 양(+)극의 표면으로 이동하고 PH의 저하로 응고되면서 양(+)극의 표면에 도막을 형성한다.

3.2.4 전착 도장의 장단점

【표 4-3】 전착 도장의 장단점

장　점	단　점
- 도장 공정의 자동화가 가능하다. - 복잡한 모양의 피도물을 깊숙한 내부까지 도장할 수 있다. - 균일한 도막과 도착성이 우수하다. - 도료의 손실이 적고 안정성이 높다. - 도막의 외관이 미려하다. - 저공해 도료를 사용한다.	- 도막 두께(30㎛ 이상)의 한계성을 준다. - 내후성이 나쁘고 소량의 도장에 부적절 하다. - 폐수의 처리 시설이 필요하다.

전착 도장은 일정한 전류를 이용하여 정확하게 조절되므로 물방울 자국이나 흐름현상 등의 결함을 상대적으로 줄일 수 있고 이러한 도장 설비는 막대한 투자가 필요하며 자동차생산 공장에 주로 설비되어 있다.

3.2.5 전착 도장의 주요공정

(1) 공정도

(2) 전착 도장 장치도

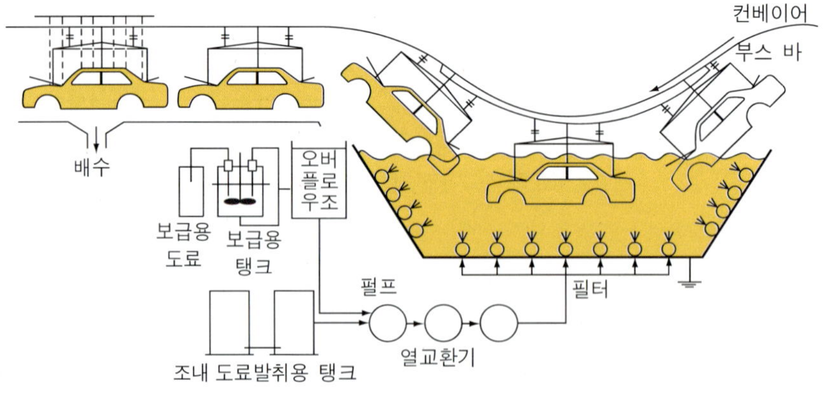

[그림 4-8] 전착 도장 장치도

3.3 정전 도장(electrostatic painting)

정전기의 서로 다른 전하들은 당기고 같은 전하들 간에 반발하는 원리를 이용하여 도료 입자의 (-)전하와 피도물의 (+)전하간의 관계에 따른 도장법이다.

[그림 4-9] 로봇도장 중인 승용차

3.3.1 정전 도장의 원리

고전압 발생기로부터 발생된 고전압이 케이블을 통하여 건 끝의 침상전극에 가해진다. 건 내부에는 고저항이 내재되어 있어 국부적으로 공기의 절연이 파괴되어 방전(-)이 생겨 음이온화 구역이 생기고 도료는 건 끝부분에서 에어의 힘에 의해 미립화되어 이온화 구역을 통과하면서 (-)로 대전된다. 이것을 이온전류라고 하며 이 이온전류를 정전계라 부른다. (-)로 대전된 도료입자는 에어의 힘과 전기력선에 따르는 전기량과 힘이 합성되어 도장기와 피도장물이 일정한 도장 거리를 두고 정전계 내에서 무화 도료입자가 부유하다가 접지된 피도장물인(+)에 흡착시키는 것이 정전 도장의 원리이다.

정전 도장은 자동차 생산(OEM) 제조라인에서 서페이서 도장이나 상도 도장에만 적용되고 있다.

(1) 정전 도장 원리와 도착 효율

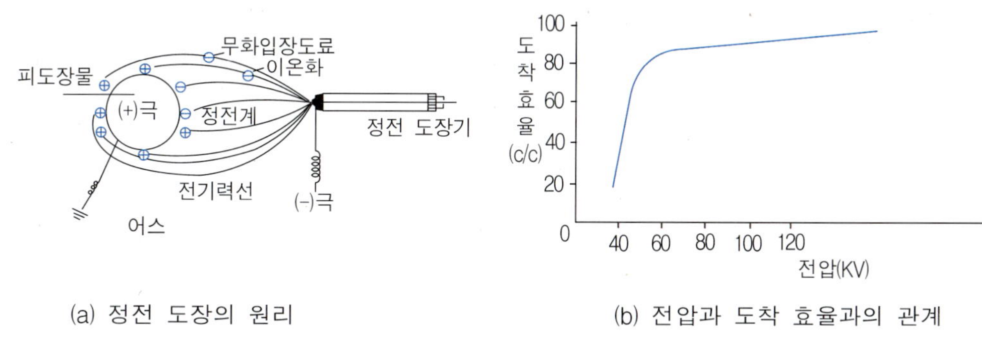

(a) 정전 도장의 원리

(b) 전압과 도착 효율과의 관계

[그림 4-10] 정전 도장 원리와 도착 효율

(2) 정전 도장 장치의 구성

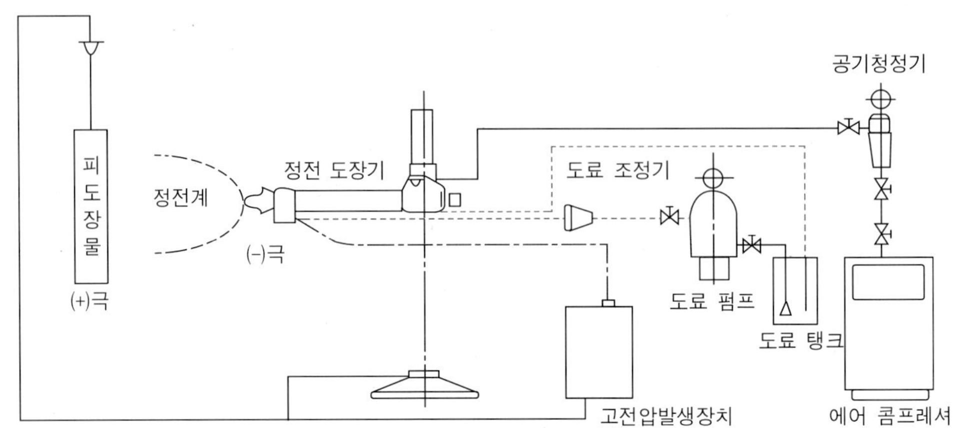

[그림 4-11] 정전 도장 장치의 구성

3.3.2 정전 도장의 장·단점

【표 4-4】 정전 도장의 장단점

장　　점	단　　점
- 도료는 전기적인 힘에 의해 도장되고 에어 스프레이에 비하여 도료의 손실이 적다. - 도료의 미립화는 전기적인 반발력에 의해 진행되므로 더욱 아름다운 외관을 얻을 수 있고 특히, 메탈릭 도료는 메탁릭 효과를 증대할 수 있다.	- 구석진 부위는 전위가 낮기 때문에 도료가 잘 도장되지 않아 보정 작업이 필요하다. - 전기가 통하지 않는 유리, 플라스틱, 목재 등에는 적용할 수 없다.

제3절 보수도장 개요

1. 자동차 보수도장

1.1 보수도장이란?

자동차 보수도장이란 본래의 색상과 동일한 도료로 차체를 보호하고 외관과 도장 품질을 향상시킬 목적으로 자동차가 생산공장에서 출하된 신차가 사용자인 소비자로부터 어떤 사유(교통사고, 작은 상처 등)에서든지 기존 도막 위에 도료를 새로이 도장하는 것을 일반적으로 보수도장이라 한다. 보수도장은 자동차의 생산라인에서부터 출고장, 정비공장 등에서 많이 행해지고 있지만 색을 정확히 맞추지 않으면 보수도장한 부분이 표시가 나기 때문에 앞으로의 첨단기술은 조색기술(현장조색 시스템)이 보수도장의 으뜸가는 기술이라 할 수 있을 것이다.

1.2 도막 구성과 도막 두께

투명 도료(크리어)	30~50㎛
솔리드-메탈릭 칼라베이스	20~35㎛
중도(프라서페)	40~50㎛
워시프라이머	8~10㎛
퍼티	2mm 이하
소지철판	0.8mm

[그림 4-12] 보수도장의 도막 구성

1.3 보수도장의 종류

1.3.1 터치-업(Touth-Up)

자동차에 미세한 상처가난 경우는 도료를 소량 도포하는 것으로써 붓 또는 종이의 끝을 뾰족하게 말아서 그 끝으로 도료를 찍어 보수도장하는 방법으로 경보수라고도 말한다.

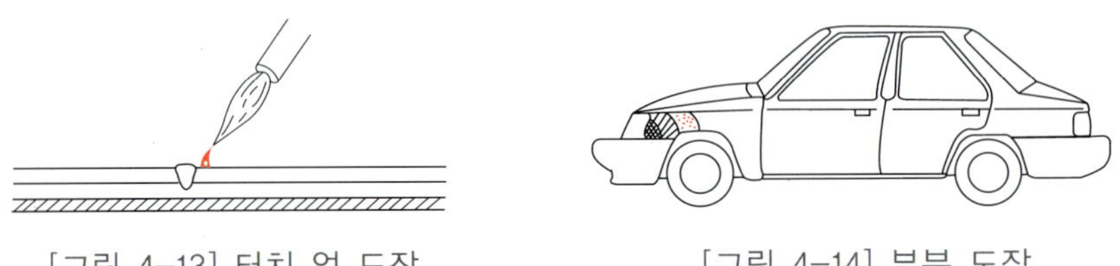

[그림 4-13] 터치 업 도장 [그림 4-14] 부분 도장

1.3.2 부분 도장(Blending painting)

자동차의 외관 현상에 따라서 보수도장 할 부위를 최소 면적으로 도장하며 보수 부위의 주변 또는 부품일체를 겹침 도장하는 방법을 말하며 숨김 도장(spot repair painting), 보카시 도장이라고도 한다.

최근에 생산라인에서 많이 행해지고 있으며 최소의 도장으로써 자동차 원래의 색과 모습으로 회복시키는 기술이 요구되어지는 고도의 도장기술 방법이라 할 수 있다. 이 도장 방법에 대한 기술은 나날이 향상을 더해 가고 있다.

1.3.3 패널 도장(Panel painting)

자동차의 부품별로 보수도장하는 것으로써 종전에는 앞 도어를 전면 도장할 경우 색의 정확성 부족 때문에 인접 부품인 프론트 펜더, 리어 도어에도 색을 날려 겹침 도장을 하여 왔으나 최근에는 색을 정확히 맞추어 보수하고 도장하고자 하는 부품만 보수하는 방법으로써 부품 보수도장(part pointing & brick painting)이라고도 한다.

그렇지만 예전에 비해서 칼라의 정확도는 많아졌다고는 하지만 실제 현장에서 피부로 느끼고 있는 칼라 정확도는 그렇게 높다고 할 수는 없다. 한해에 출시되는 신차의 종류만 해도 수 십대에 이르고 그에 따른 신규 색상의 종류만 해도 수십 칼라에 이른다.

[그림 4-15] 패널 도장

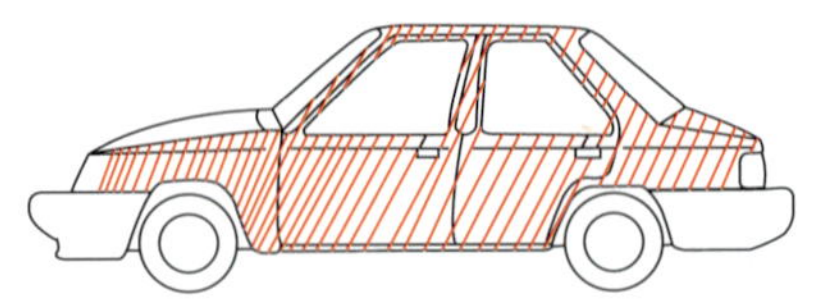

[그림 4-16] 전체 도장

1.3.4 전 도장(All painting)

자동차를 구성하고 있는 각각의 부품을 전체적으로 도장하는 방법으로 도막의 손상이나 노후 정도에 따라 재도장 또는 자동차의 색상을 취향에 맞도록 바꾸고자 할 경우에 주로 사용하고 있는 방법의 하나이다.

2. 승용차의 보수도장 공정

구 분	교환된 패널	손상된 패널	도막의 흠집	플라스틱(범퍼) 패널 손상
하 도 작 업	프레임 수정 작업	패널 정형 작업	단 낮추기 작업	플라스틱보수 작업
	내부 패널 교환 작업	구도막 제거 작업 & 단 낮추기 작업	워시 프라이머 작업	프라이머 도장(PP)
	내부 패널 도장 (방청-무광)	퍼티작업		
	외부 패널 교환 작업	워시 프라이머 작업		

⇩

중 도 작 업

↓

조 색 작 업

↓

상 도 작 업

↓

광 택 작 업

↓

최 종 검 사

제 4 절 보수도장 방법

1. 하도 작업

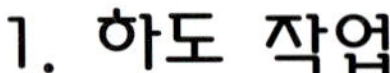

1.1 하도 공정도

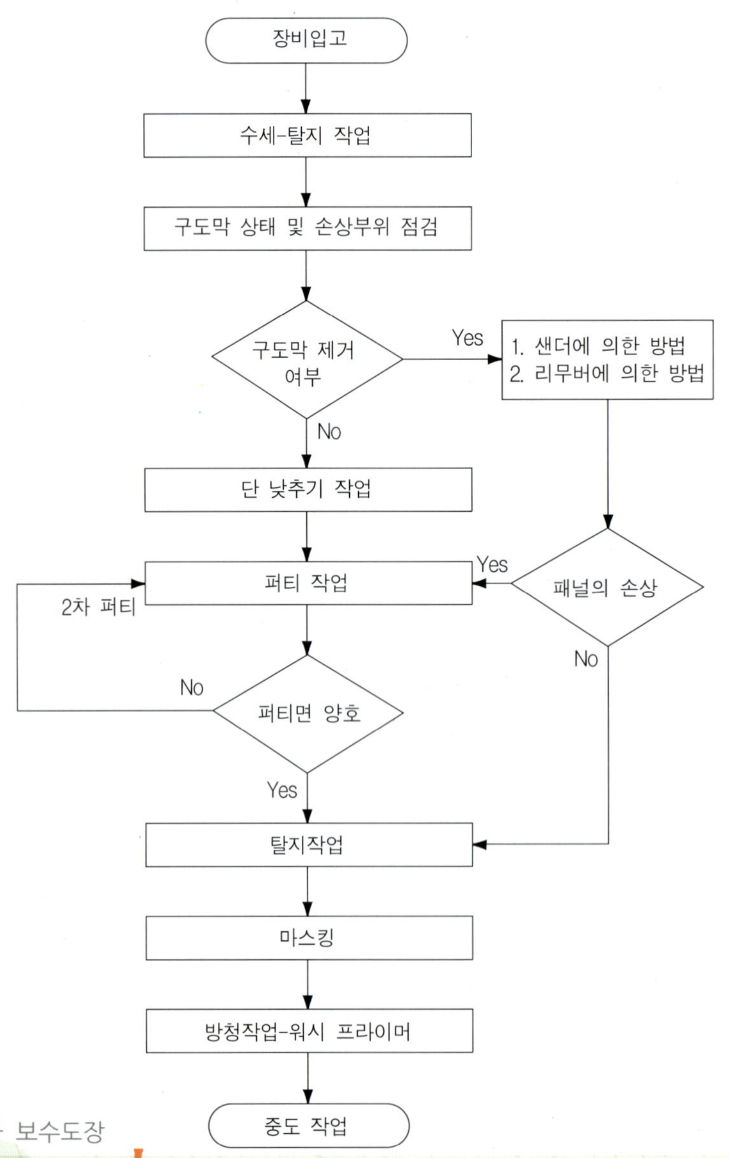

1.2 작업 전 준비사항

1.2.1 피도면 손상 정도와 보수 범위 확인

손상된 자동차는 판금(정형) 작업에 의한 원형 복원상태를 확인하여 퍼티로 수정한다. 현재의 판금 작업은 합리화되어 있고 공구와 재료의 개발도 진전되어 거의 완전한 상태로 복원 수리가 가능하다. 그러나 금속면에 다소의 찌그러짐(요철)이 남는 것은 피할 수 없다.

(1) 전체 도장

① 외면만 전체 도장
② 내부 패널을 포함한 전체 도장

(2) 부분 보수도장

① 블렌딩 도장 - 손상부 정형 작업
② 패널 도장 - 볼트, 너트 및 용접 교환부품

1.2.2 구도막 종류의 확인

구도막의 종류에 따라 도장 방법과 공정, 도료가 다르기 때문에 반드시 확인해야 한다.

(1) 육안 판별법(visual test)

도장면의 오렌지필의 상태나 광택도를 육안 판별

(2) 용제 판별법(solvent test)

도장면을 래커신너를 묻힌 면걸레로 문질러 용제에 녹아 묻은 색상 판별

【표 4-5】 용제에 의한 구도막 판별법

<table>
<tr><th colspan="3">구 분</th><th>육안 판별법(visual test)</th><th>용제 판별법(solvent test)</th></tr>
<tr><td colspan="2">용제 증발형</td><td>NC 래커</td><td rowspan="2">광택연마 요구 외관</td><td>용제에 영향 받음</td></tr>
<tr><td rowspan="4">반 응
건조형</td><td rowspan="2">자 기
반응형</td><td>속건형 우레탄</td><td>용제의 영향 다소 받음</td></tr>
<tr><td>표준형 우레탄</td><td>불규칙적인 오렌지필</td><td rowspan="3">용제의 영향 없음</td></tr>
<tr><td rowspan="2">고 온
소부형</td><td>아 크 릭</td><td>규칙적인 오렌지필
(거친 타입)</td></tr>
<tr><td>아미노 알키드</td><td>규칙적인 오렌지필
(고운 타입)</td></tr>
</table>

1.3 표면조정 작업

1.3.1 표면조정 작업의 필요성

표면정리는 부분 도장 혹은 전도장 작업 중 최초 도장 작업 공정으로 작업 조건(구도막 위에 중첩 도장할 경우, 구도막 제거 후 도장할 경우)에 따라 방법이 상이하며 피도물의 표면에 부착된 각종 이물질 및 유분, 수분의 제거는 물론 피도면의 평활 작업까지 포함되며 전처리 작업의 양부에 의해 우수한 도장물성을 보장받을 수 있으므로 신중하고 완벽하게 작업해야 한다.

(1) 표면조정 작업 목적

① 피도물의 산화물 제거로 소지면을 안정화하여 금속의 내식성 증대한다.
② 피도면의 유분 등 불순물 제거로 도료의 밀착성을 향상시킨다.
③ 피도물의 요철을 제거하여 도장면의 평활성을 향상시킨다.
④ 상기 조건을 충족함으로서 도막의 내구성을 향상시킨다.

(2) 피도물의 요구 조건

① 전처리 작업 시 피도물의 평활도를 최종 점검, 만족할 수 있도록 하며 불필요한 퍼티 공정을 감소 할 수 있는 상태를 유지해야 한다.
② 각종 이물질, 유분이 완전히 제거된 상태 유지해야 한다. 유지분의 불완전한 제거는 퍼티 부착 결함의 주요 원인이 된다.
③ 수분 제거가 불완전한 상태에서 퍼티를 도포하면 부식을 초래하므로 수분을 완전히 제거하여 건조한 상태 유지해야 한다.

1.3.2 수세 작업

① 도장면 부위를 에어더스트 건을 사용하여 압축 공기로 완전히 불어낸다.
② 물에 녹는 오염물(먼지, 지문 자국, 염분, 송진, 조분, 기타 오염물질)을 비눗물이나 세제를 이용하여 제거한다.
③ 마른 종이 걸레나 깨끗한 면 걸레로 닦는다.
④ 세척 부위를 에어더스트 건을 사용하여 압축 공기로 완전히 불어낸다.
⑤ 습한 기후 조건일 경우 드라이 오븐이나 적외선 건조기 등을 사용한다.

1.3.3 탈지 작업

① 용제에 녹는 오염물(타르, 실리콘, 왁스, 오일, 그리스)은 수세 작업 후 표면 세정제를 사용하여 제거한다.
② 종이 걸레나 깨끗한 면걸레로 표면 세정제를 묻혀 골고루 닦는다.

③ 마른 종이 걸레나 깨끗한 면 걸레로 다시 한번 깨끗하게 닦는다.

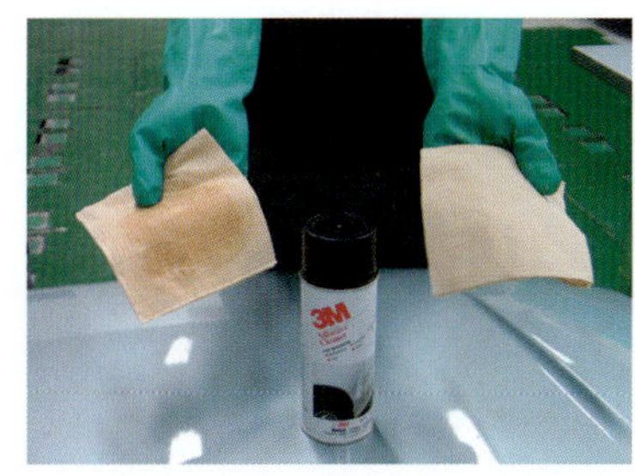

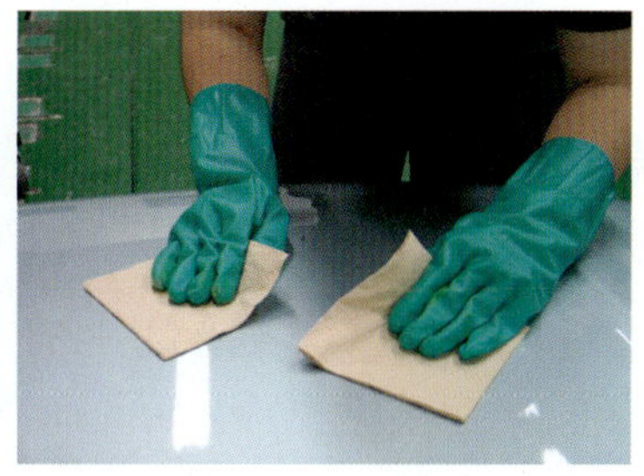

[그림 4-17] 탈지방법

☞ 오른손에는 용제를 묻힌 걸레, 왼손에는 마른 면걸레를 사용하여 두 손을 교차하며 용제가 증발되기 전에 닦아 낸다.

④ 세척 부위를 에어 더스트 건을 사용하여 압축 공기로 완전히 불어낸다.

⑤ 불충분한 탈지 작업은 도장 작업 간 크레타링의 원인이 된다.

1.4 도장면 관측 및 탐지 작업

1.4.1 감촉 탐지법

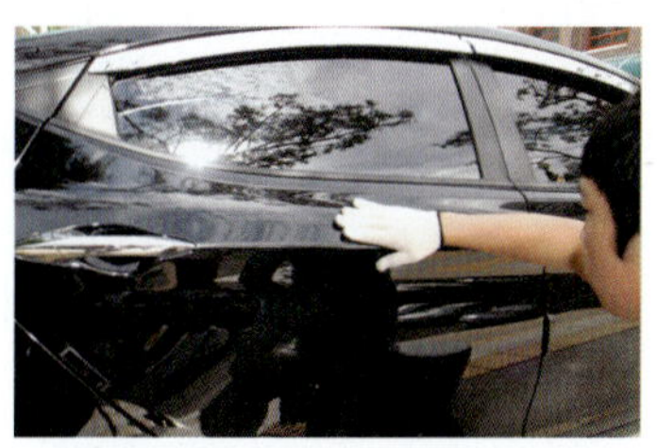

[그림 4-18] 감촉 탐지법

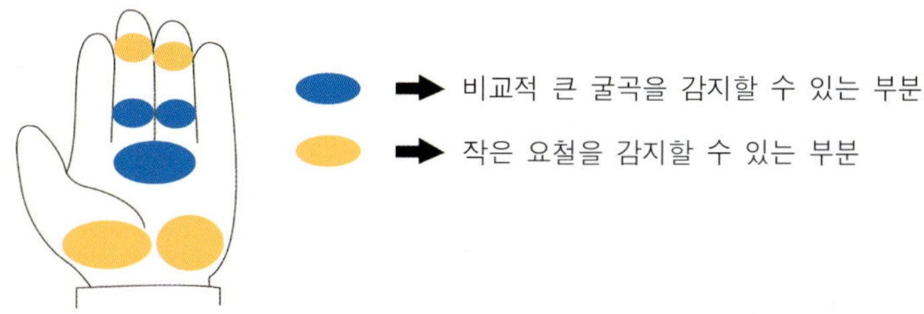

[그림 4-19] 변형부위 판단을 위한 손바닥의 감각 포인트

① 면장갑을 끼고(또는 손바닥에 연마가루를 묻혀서) 도장면을 손바닥으로 감지하여 손상 부

위를 탐지한다.

② 차량을 자세히 관측하여 보수가 필요한 곳을 표시한다.

1.4.2 육안 관측법

① 태양을 등지고 15~45° 방향에서 차량을 관측해 보며 손상 부위를 관측한다.

② 전등을 비춰 반사되는 면을 관측하여 점검한다.

③ 차량을 자세히 관측하여 보수가 필요한 곳을 표시한다.

[그림 4-20] 육안 관측법

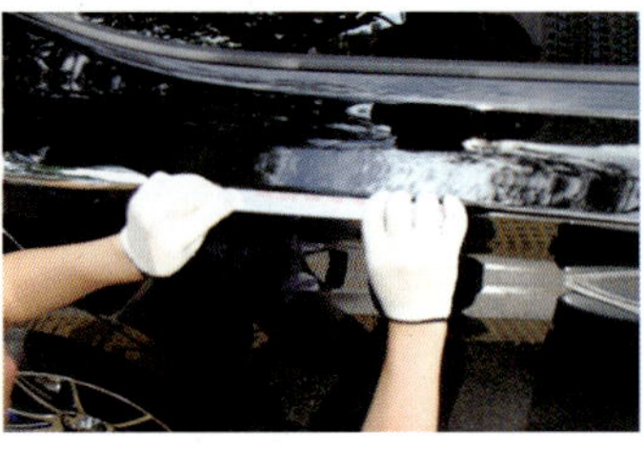

[그림 4-21] 직선자 탐측법

1.4.3 직선자 탐측법

① 손상되지 않은 반대편 패널에 직선자를 맞추어 보고 패널과 직선자의 공간을 확인한다.

② 손상된 패널에 직선자를 맞추어 차이를 비교 관측해 보며 요철부를 판단한다.

1.4.4 돌출된 패널 탐지

① 차제 수리하여 정형된 패널이라 할지라도 퍼티 작업 전에 요철 부위를 점검하여 돌출된 부분을 수정하여야 한다.

② 돌출된 부분은 끝이 뾰족한 펀치나 해머를 사용하여 높이를 낮추어야 한다.

③ 수정 시는 원형의 곡선부 보다 낮추어 퍼티 작업으로 마무리 면잡기를 시행한다.

1.5 구도막 제거 작업

1.5.1 구도막 제거 작업 요건

① 샌더에 의한 구도막 제거 : 판금(정형)작업 및 좁은 도장면의 구도막 제거

② 박리제에 의한 구도막 제거 : 전도장 또는 넓은 도장면의 구도막 제거

③ 구도막이 뒤틀려 끼어지고 벌어지거나 확실하게 열화(劣化) 시

④ 블리스터(Blistered)등의 도장 결함 발생 시

⑤ 래커계 도료 보수도장 시 가격과 시간이 허락한다면 구도막 제거가 필요
⑥ 상기 요건이 아닌 경우 신차(新車)도막과 같이 취급하여도 된다.

1.5.2 샌더에 의한 구도막 제거

① 판금 작업할 때나 좁은 부위의 구도막을 제거할 때에는 샌더를 이용하여 작업한다.
② 싱글액션 샌더(디스크 샌더)에 P24~P40번 연마지를 사용하여 패드의 외곽 부분을 약 15~20° 경사시켜 구도막 제거 작업을 한다.
③ 한곳에 집중하여 작업하지 말고 작업면을 이동하면서 지속적으로 움직이는 것이 중요하다.
④ 과도한 작업 시 표면에 깊은 상처가 발생되므로 주의해야 한다.
⑤ 작업부위 가운데서 바깥쪽을 향해 다른 면과 단차가 발생되지 않도록 작업한다.
⑥ 보수도장 부위보다 넓게 샌딩 작업한다.
⑦ 샌더 작업 후 P60~P80번 연마지로 발생된 스크래치를 정비하며 더블액션 샌더를 사용하여 단 낮추기 작업을 한다.

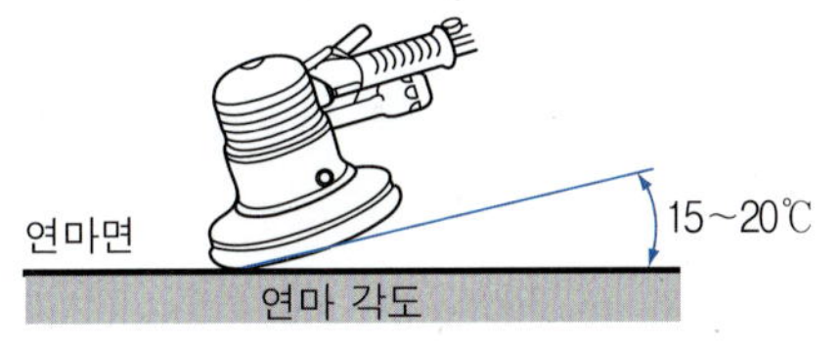

① 연마 각도

② 양호한 연마 흔적

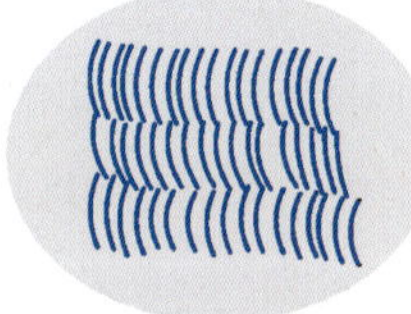
③ 불량한 연마 흔적

[그림 4-22] 디스크 샌더의 연마 방법

⑧ 구도막과 연마지의 규격 예시

<table>
<tr><td>연마지 규격</td><td>P 24</td><td>P 36</td><td>P 40</td><td>P 60</td></tr>
<tr><td colspan="3">퍼티 도포된 구도막</td><td></td><td></td></tr>
<tr><td></td><td colspan="3">래커계 도료 구도막</td><td></td></tr>
<tr><td></td><td></td><td colspan="3">아크릭 멜라닌/우레탄계 도료 구도막</td></tr>
</table>

[그림 4-23] 구도막과 연마지의 적용

⑨ 연마지 규격과 도막의 모서리 상태

【표 4-6】 연마지 규격과 도막의 모서리 상태

구 분	내 용
P24번 연마지의 경우	• 모서리의 면이 거칠다. • 연마 후 반드시 모서리 떨어뜨리기 작업이 요구된다.
P36~40번 연마지의 경우	• P24번과 P60번 연마지의 중간 연마 방법이다. • 모서리 떨어뜨리기 작업이 필요 없고 샌더 사용 기술을 숙달한다.
P60번 연마지의 경우	• 모서리 면이 깨끗하다. • 모서리 떨어뜨리기 작업을 새롭게 하지 않아도 바로 퍼티 붙이기 공정에 들어간다.

1.5.3 박리제(remover)에 의한 구도막 제거

① 박리하는 도장면을 청소한다.

② 필요한 부분을 마스킹한다.

→ 화학 물질인 박리제가 마스킹 된 패널에 스며들지 않도록 마스킹 작업을 세밀히 한다.

③ 구도막 위에 박리제를 붓으로 도포하여 15~20분 정도 기다린다.

㉠ 박리제 도포전에 샌더에 P80번 연마지를 이용하여 구도막 표면을 연마하여 박리제가 구도막에 침투를 도와준다.

㉡ 박리제 도포 후 물에 적신 종이나 비닐로 덮어두어 박리제의 침투를 도와준다.

④ 약 10~15분 정도 공기 중에 방치하고 구도막이 부풀어 오를 때까지 기다렸다가 스크레퍼를 사용하여 용해된 구도막을 제거하며 이때, 무리한 힘을 가하지 않도록 하여 피도면에 상처와 변형을 주지 않도록 해야 한다.

⑤ 전도장 작업 시에는 차체의 루프, 후드 등 넓은 부위부터 작업을 시작하고 가능하면 2회 정도 도포하여 구도막을 완전히 제거한다.

⑥ 구도막 제거 후 물로 세척한 후 마스킹을 제거하고 탈지제를 사용하여 이물질을 완전히 제거한다.

⑦ 이물질 제거 후 박리된 면 전체와 도막에 남아 있는 부분을 P60~P80번 연마지를 더블액션 샌더에 부착하여 마무리 작업한다.

⑧ 도막의 찌꺼기나 박리제가 조금이라도 남아 있으면 도장 결함의 원인이 되므로 철저히 세척하는 것이 중요하며 2회 세척을 원칙으로 표면의 미끈함이 완전히 제거 될 때까지 세척한다.

⑨ 래커계 구도막은 질척거리는 상태에서는 제거하기 어려우므로 1~3회 정도 같은 작업을 반복해야 깨끗하게 도막이 제거된다.

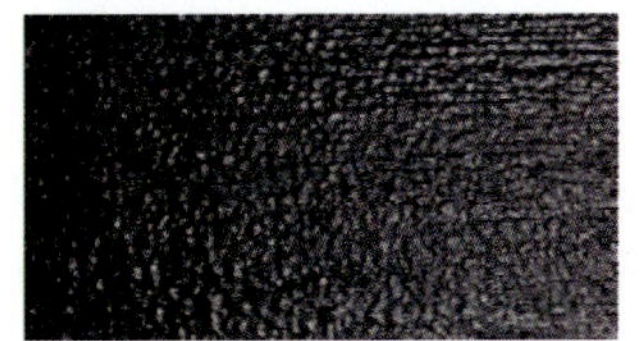

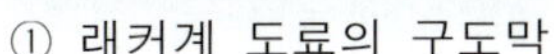

① 래커계 도료의 구도막

② 소부계 도료의 구도막

[그림 4-24] 박리제에 의해 용해된 구도막의 형태

⑩ 구도막이 제거된 노출 금속면은 쉽게 녹이 발생되므로 신속하게 다음 공정으로 진행되어야 하며 다음과 같은 표면처리 과정을 진행한다.

【표 4-7】 구도막 제거 작업 후 후속작업

구 분	샌더에 의한 작업	박리제에 의한 작업	
패널의 상태	패널 손상이 있는 경우	패널 손상이 있는 경우	패널 손상이 없는 경우
연마	○P40번 미만의 연마지를 사용하여 작업 시 P60~P80번 연마지로 더블액션 샌더 또는 오비탈 샌더를 사용하여 연마한다.	○P60~P80번 연마지로 더블액션 샌더 또는 오비탈 샌더를 사용 하여 연마한다.	○P240번 연마지로 더블액션 샌더 또는 오비탈 샌더를 사용하여 연마한다.
후속공정 도료	퍼티 작업	퍼티 작업	-
방청 도료	워시 프라이머 작업		

1.6 단 낮추기(Feather Edge) 작업

① 더블액션 샌더로 P60번 → P80번 → P120번 연마지 순으로 단 낮추기 작업을 한다.
② 단의 폭은 3~4cm 이상으로 최대한 넓게 작업한다.
③ 단 낮추기 작업이 불량하면 연마 자국, 주름현상, 퍼티 자국 등의 도장 결함이 발생될 수 있다.

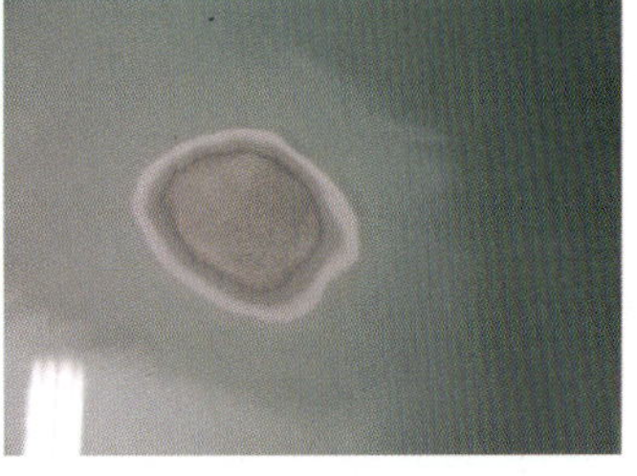

[그림 4-25] 단 낮추기 작업 방법 및 상태

1.7 탈지 작업

① 도장 부위를 에어 더스트 건을 사용하여 압축 공기로 완전히 불어낸다.
② 종이 걸레나 깨끗한 면걸레로 탈지제를 묻혀 골고루 닦는다.
③ 마른 종이 걸레나 깨끗한 면 걸레로 다시 한번 깨끗하게 닦는다(오른손에 용제 묻힌 걸레, 왼손에 마른 걸레를 사용하여 교차하며 닦는다.).
④ 세척 부위를 에어 더스트 건을 사용하여 압축 공기로 완전히 불어낸다.

1.8 퍼티 바르기

1.8.1 퍼티 혼합

① 퍼티 혼합판 위에 적당량의 퍼티를 옮기고 경화제를 규정량만큼 첨가한다.
② 주걱으로 주제와 경화제가 잘 혼합되도록 골고루 섞는다.
③ 섞은 퍼티를 양끝에서 중앙으로 모아 약 1/2 정도를 뒤집어 놓는다.
④ 주걱으로 퍼티를 눌러 부수듯이 압착하여 다시 섞는다.
⑤ 다시 "③" - "④"와 같은 방법으로 반복하여 혼합한다.
  ㉠ 주제와 경화제의 충분한 혼합은 다른 색으로 착색되어 균일한 색상으로 나타나야 하며 퍼티에 얼룩이 있는 경우는 혼합이 잘못된 것이다.
  ㉡ 퍼티를 혼합할 때에는 공기가 유입되지 않도록 주의하여야 한다.
  ㉢ 퍼티의 혼합량은 1회 도포량 만큼 혼합해야 하고 과다혼합은 가사시간이 짧아, 곧 굳어져 사용할 수 없게 된다.

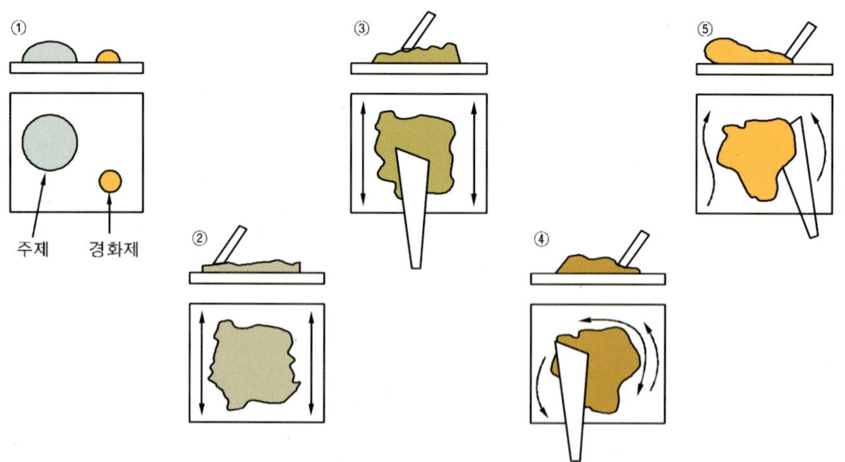

[그림 4-26] 퍼티의 혼합

1.8.2 퍼티 바르기 기본 동작

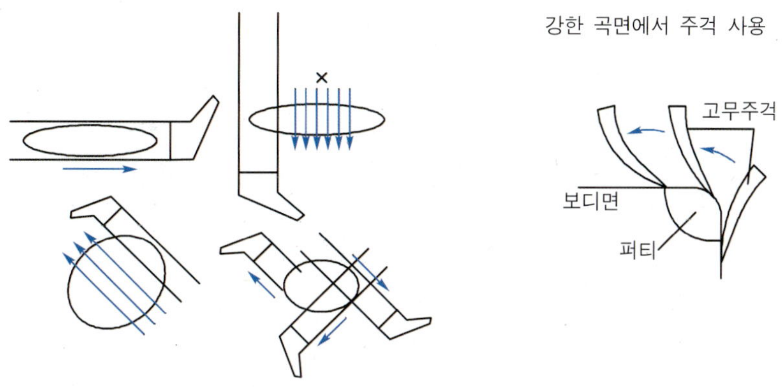

[그림 4-27] 손상부의 모양과 주걱의 사용

1.8.3 퍼티 바르기

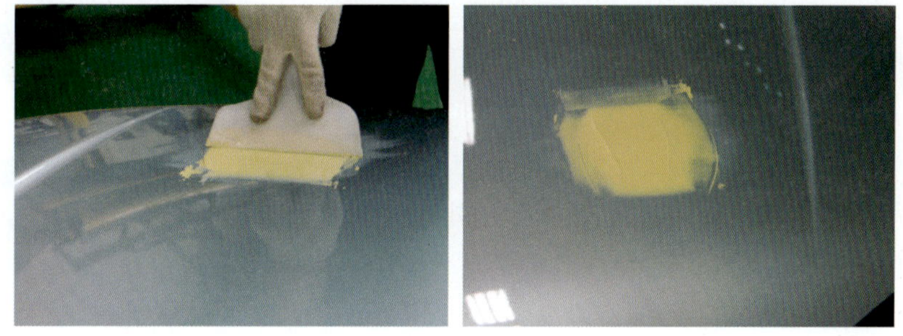

[그림 4-28] 퍼티 바르기

(1) 붙이기

① 피도면에 처음 도포할 때는 주걱을 70~80° 정도로 세워서 천천히 힘을 주어 안으로 얇게 도포한다.

② 초기 도포 시 밀착을 잘 시켜야 하며 평면이 나오도록 작업한다.

③ 작업면에 얇게 훑어 기공이 생기지 않도록 한다.

(2) 나누기

① 퍼티의 양을 늘려 주걱을 35~45° 정도로 세워 충분히 도포되도록 한다.

② 구도막이 두꺼운 때나 철판의 요철이 심한 면은 2~3회에 거쳐 도포한다.

(3) 고르기

① 주걱을 거의 눕히듯이(15° 정도) 쥐고 표면 높이로 평평하게 도포한다.

② 이때 힘을 너무 가하지 않도록 주의해야 하며 경계면은 얇게 되도록 한다.

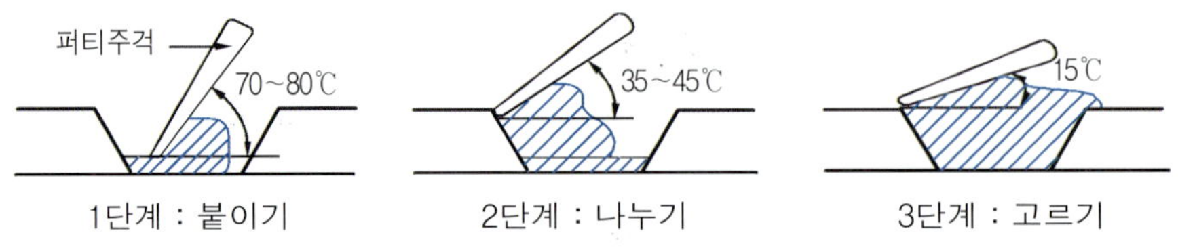

[그림 4-29] 퍼티 도포 요령 3단계

1.8.4. 패널 형태별 퍼티 도포

(1) 평면부위

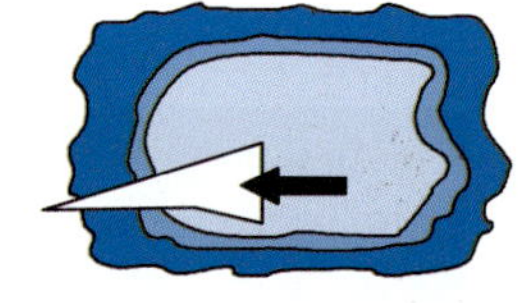

① 손상부위 전면에 들어간 부위(중앙)를 힘을 주어 얇게 도포한다.

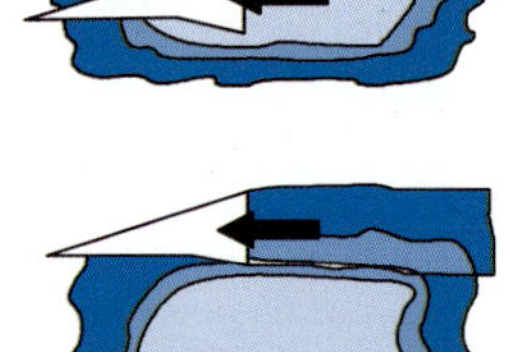

② 손의 동작은 빠르게 움직이며 1회 때보다 2회 때에는 손상부위 보다 약간 넓게 바른다.

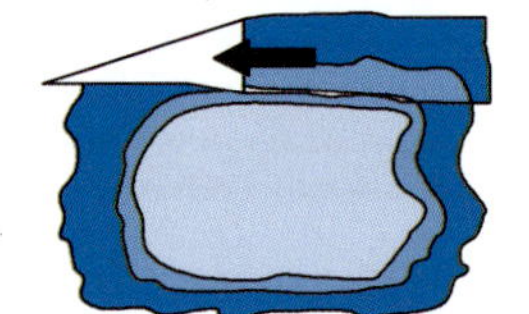

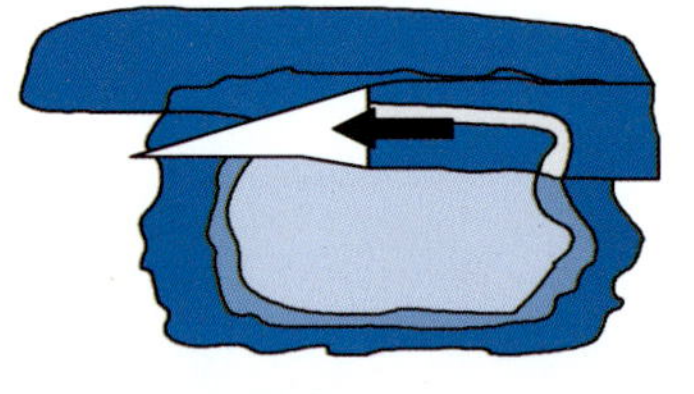

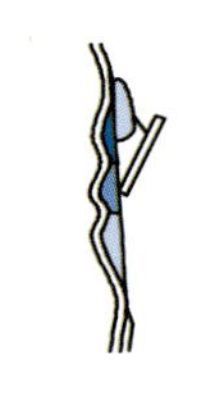

③ 두번째 퍼티면과 1/2~1/3 정도 겹치도록 도포한다.

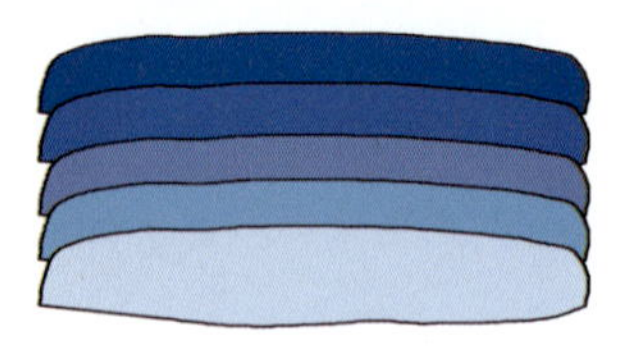

④ 필요한 두께가 될 때까지 손상부가 모두를 도포하고 단 부위(도막 위)에 바를 때에는 턱(층)이 생기지 않도록 바른다.

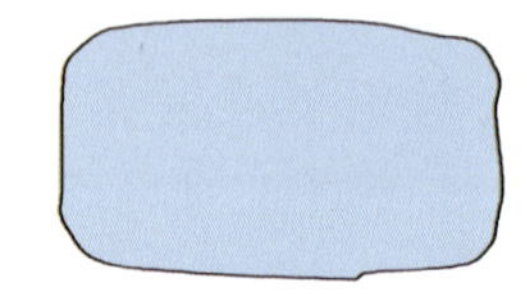

⑤ 주걱 자국을 없애주는 마무리 작업을 한다.

(2) 프레스 라인 부위

① 프레스 라인을 따라 마스킹 테이프를 부착시키고 테이프 되지 않은 다른 부위에 퍼티를 도포한다.

② 퍼티가 지촉건조 될 때까지 기다렸다가 테이프를 제거한다.

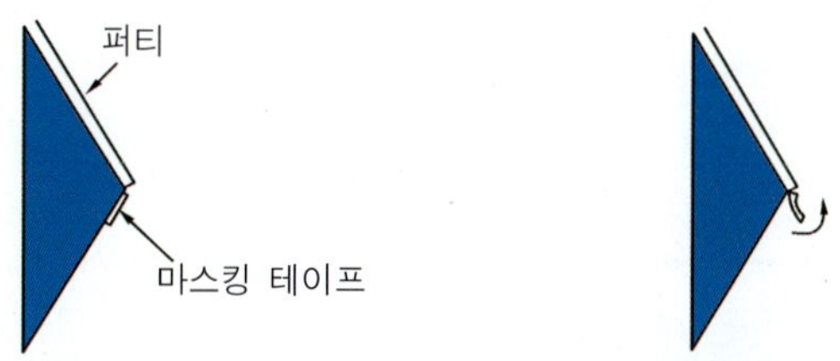

③ 퍼티가 도포된 부위의 프레스 라인을 따라 마스킹 테이프를 부착한다.

④ 마스킹 되지 않은 쪽을 퍼티 도포한다.

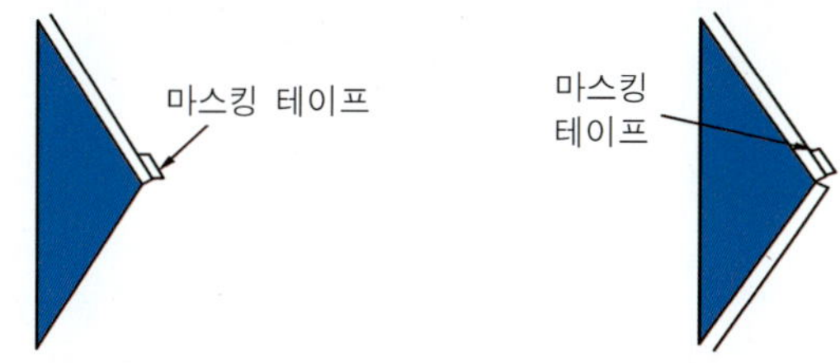

⑤ 지촉건조 될 때까지 기다렸다가 테이프를 제거한다.

(3) 곡면 부위

① 고무주걱을 사용하여 곡면과 구석진 부위를 도포한다.

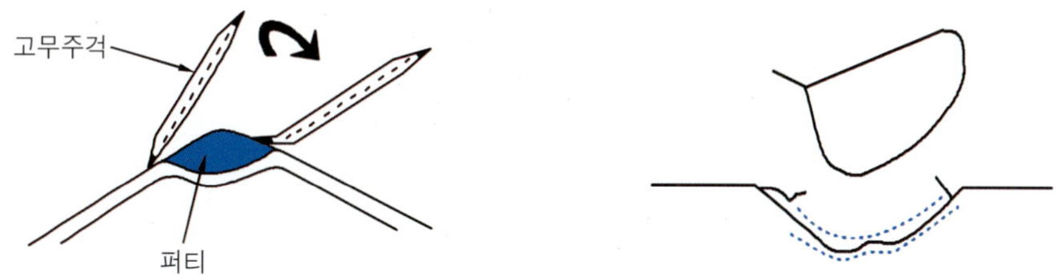

② 갈라진 곳을 도포할 때는 연마를 쉽게 하기 위하여 과다한 퍼티 도포를 피하고 이음새가 없도록 한 번에 도포한다.

1.8.5 구도막의 종류 및 손상 부위 상태에 따른 퍼티도포 방법

(1) 래커계 구도막 면의 퍼티 도포

① 래커계 구도막에 폴리에스테르계 퍼티 도포 시 퍼티용제(스틸렌모노머)에 의해 층간 부착력이 저하되고 수축되어 퍼티 자국 결함이 발생된다.

② 구도막에 퍼티를 도포할 때는 프라이머-서페이서를 선행 도장한 후 퍼티를 도포하여 결함을 예방할 수 있다.

③ 퍼티 도포 요령

- 구도막에 접하지 않도록 주의한다.
- 경계면까지 프라이머-서페이서를 도장한다.
- 필요 시 래커퍼티를 도포한다.

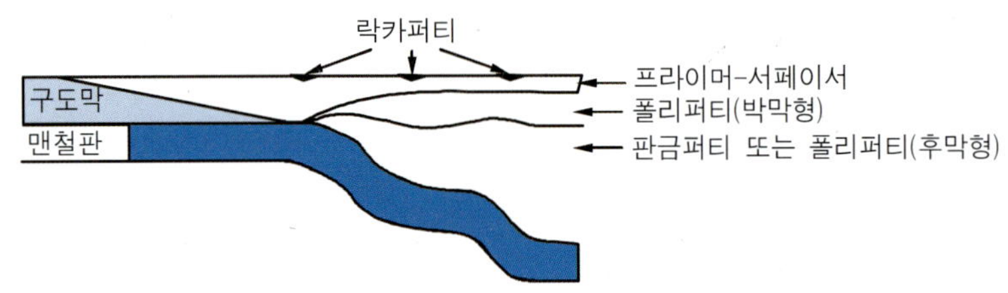

[그림 4-30] 래커계 구도막 퍼티 바르기

(2) 신차 또는 우레탄계 구도막 면의 퍼티 도포

① 깊은 손상부위

- 패널의 철판면에 폴리에스테르(후막형) 퍼티를 도포한다.
- 기공과 연마 자국을 제거하기 위하여 폴리에스테르(박막형) 퍼티를 도포한다.
- 경계면까지 프라이머-서페이서를 도장한다.

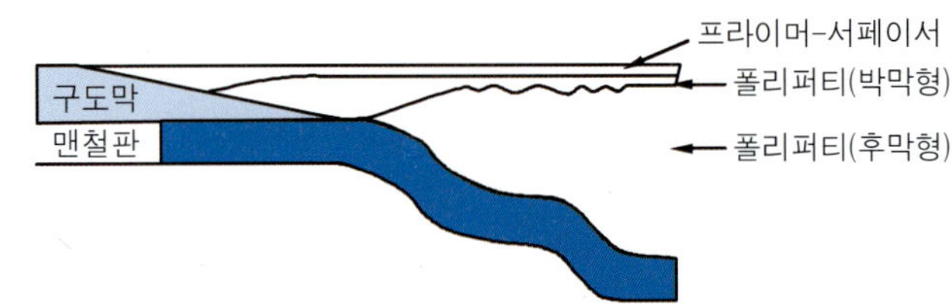

[그림 4-31] 우레탄계 구도막 퍼티 바르기(깊은 손상)

② 얕은 손상부위

- 패널의 철판면에 폴리에스테르(후막형) 퍼티나 폴리에스테르(박막형) 퍼티를 도포한다.
- 경계면까지 프라이머-서페이서를 도장한다.

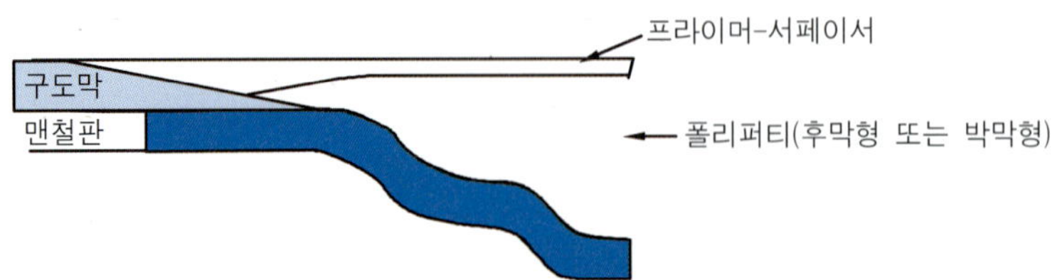

[그림 4-32] 우레탄계 구도막 퍼티 바르기(얕은 손상)

1.8.6 퍼티의 건조 작업

[그림 4-33] 퍼티 건조하기

① 퍼티 도포 작업 후 20℃×20~30분 경과 후 연마가 가능하다.

② 열을 가하면(60℃×10분 정도) 건조시간이 단축된다.

③ 건조 시 주의 사항

㉠ 퍼티는 자기반응에 의한 발열에 의해 경화된다.

얇은 부위의 온도는 두꺼운 부위의 온도보다 낮아 두꺼운 부위가 더 빨리 경화되어 건조된다. 연마 작업의 여부를 점검하기 위해서는 얇은 부위의 퍼티면을 점검하여 결정한다.

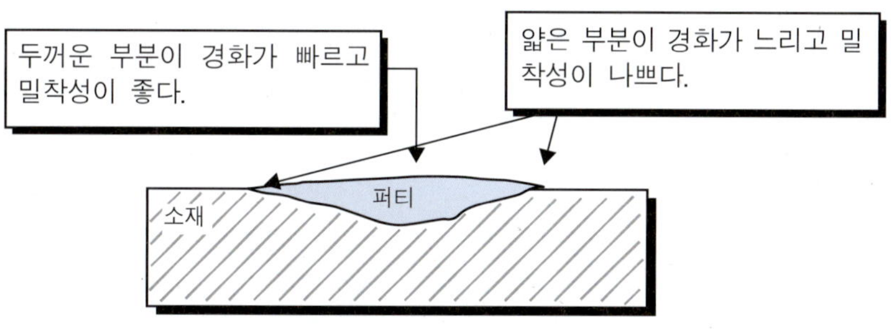

[그림 4-34] 퍼티의 건조

㉡ 계절(동·하절기)에 따라 경화제 혼합량의 조절이 필요하다.

하절기에는 주변 온도가 높아, 퍼티의 반응속도(건조시간)가 빨라지며, 동절기에는 주변 온도가 낮아, 퍼티의 반응속도(건조속도)가 늦어진다.

㉢ 퍼티 도포면에 가볍게 열(60℃ × 10분 정도)을 서서히 가하여 준다.

동절기 건조시간 단축을 위해 과도한 열처리를 하지 말아야 한다. 도막이 너무 단단해져서 연마 작업이 어려우며, 깨지거나 갈라지기 쉽다.

㉣ 경화제를 약간 더 첨가하는 방법을 적용할 수 있다.

필요 이상의 경화제를 사용하지 말아야 한다(브리딩 결함의 원인).

1.8.7 퍼티 작업 시 주의 사항

① 작업면의 온도는 20℃, 습도는 75% 이하로 유지시킨다. 우천시나 온도가 낮은 날은 철판에 습기가 부착되어 있는 경우가 있다(퍼티 부착 불량의 원인). 적외선 건조기나 열풍 건조기로 철판면을 가열하여 반드시 습기를 완전히 제거해야 한다.

② 퍼티 기공 발생을 예방한다. 퍼티 혼합 시 또는 도포 작업 시 작업면에 얇게 훑듯이 작업하여 기공 발생을 방지한다. 퍼티 내의 기공이 생기면 외기 온도가 높을 때 부풀음이 발생하고 철판과 퍼티 사이에 기공이 생기면 녹의 발생으로 밀착성이 나빠져 갈라진다.

③ 퍼티의 점도를 묽게 하기 위하여 신너를 넣지 않는다. 신너를 넣으면 부착불량, 핀홀 등이 생길 수 있다. 화공약품인 SM(스틸렌모노마)을 구입하여 퍼티에 10% 미만으로 첨가하여 사용할 수 있지만 인체에 유해한 물질이므로 사용에 주의한다.

④ 퍼티에 은분이나 조색제를 넣지 않는다. 연마성은 좋으나 부착력이 급격히 저하된다.

⑤ 퍼티에 경화제가 과량 혼합되면 상도칼라(밝은 색상)를 황색으로 변색시킬 수 있다. 경화제에 포함된 안료 성분이 상도 작업 시 신너 성분에 용해되어 도막 표면에 용출될 수 있다.

⑥ 퍼티는 반드시 건식 연마를 권장한다. 퍼티내부에 수분이 침투되어 후속 도장의 결함을 초래한다. 부득이한 경우 완전히 건조된 후에 다음 공정으로 넘어간다.

⑦ 주제와 경화제를 충분히 혼합하여 사용한다. 주제와 경화제가 골고루 혼합되지 않으면 건조불량, 갈라짐 현상이 생길 수 있으므로 충분히 혼합하여 사용한다.

⑧ 구도막 위에 또는 연마되지 않은 면에 퍼티를 겹쳐서 도포하지 않는다.

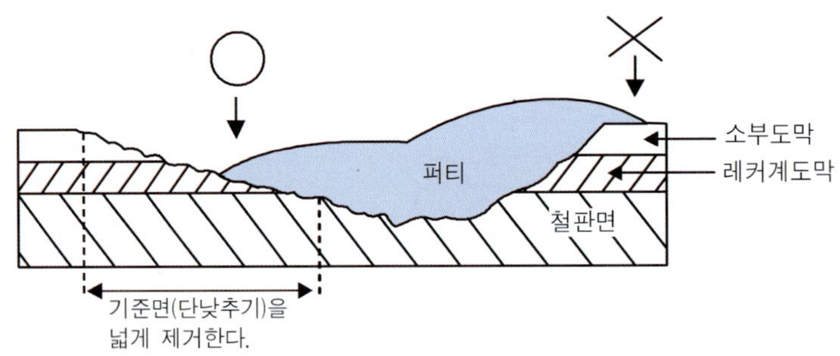

[그림 4-35] 구도막의 올바른 퍼티 바르기

⑨ 폴리에스터 퍼티 위에 상도를 바로 적용하지 않는다. 상도가 퍼티면에 흡수되는 것을 예방한다.

⑩ 퍼티에 사용하는 경화제는 지정된 제품을 사용한다.

1.9 퍼티 연마

1.9.1 건식 연마(dry sanding)-기계(sander) 작업

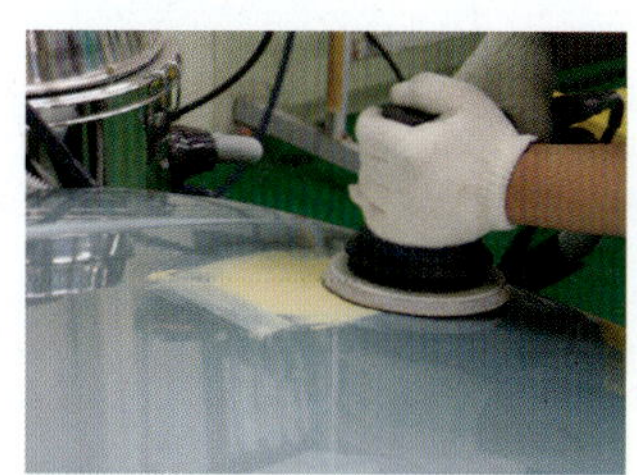
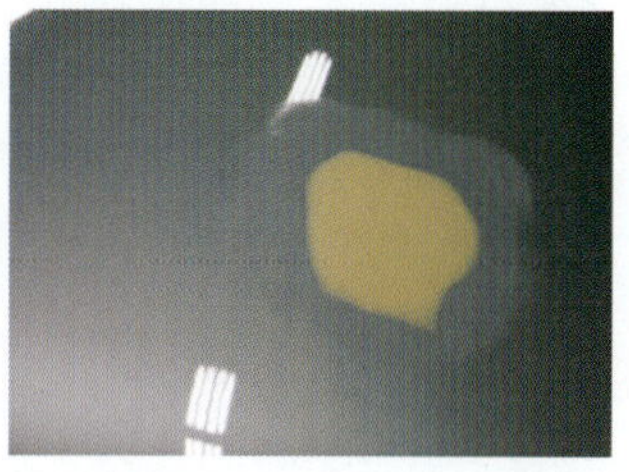

[그림 4-36] 퍼티 연마

(1) 1단계 : 기초(基礎) 연마

① 주걱으로 퍼티를 도포한 거친 부위를 패널의 형상에 맞추어 연마한다.

② 더블액션 샌더(하드패드)를 P80~P120번 연마지를 부착해서 작업한다.

(2) 2단계 : 정형(整形) 연마

① 구도막의 경계면과 퍼티면을 패널면의 형상에 맞추어 정형(整形)한다.

② 더블액션 샌더(하드패드)&오비탈 샌더를 P180~P240번 연마지를 부착해서 작업한다.

③ 작업 후 표면에 기공, 연마 자국, 불규칙한 요철 등이 발생되면 폴리에스테르(박막형) 퍼티로 수정 작업을 하고 재연마한다.

④ 정형 연마 후 표면에 기공, 연마 자국, 불규칙한 요철 등이 없다면 마감퍼티 작업을 생략하고 조착연마를 하고 프라이머-서페이서를 도장한다.

⑤ 연마 작업간 표면의 요철이나 경계면의 단차 등을 육안이나 손의 감촉으로 확인하여 후속 작업 여부를 판단한다.

(3) 3단계 : 조착(助着) 연마

① 퍼티가 도포되어 있는 부분을 먼저 연마하고 프라이머-서페이서를 도장할 전면에 연마 스크래치를 형성한다.

② 더블액션 샌더(소프트패드)&오비탈 샌더를 P320번 연마지를 부착해서 작업한다.

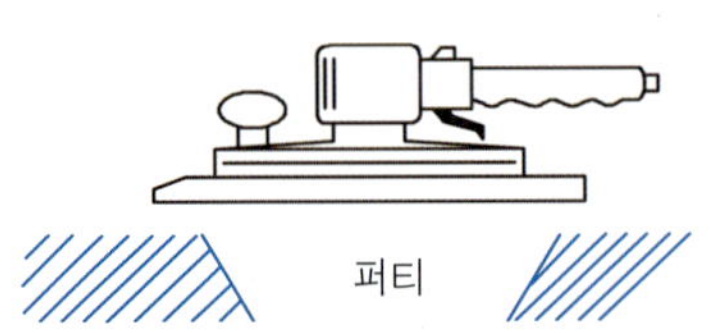

- 샌더는 반드시 평행으로 한다.
- 무리한 힘으로 작업하지 않는다.

샌더의 면 접촉

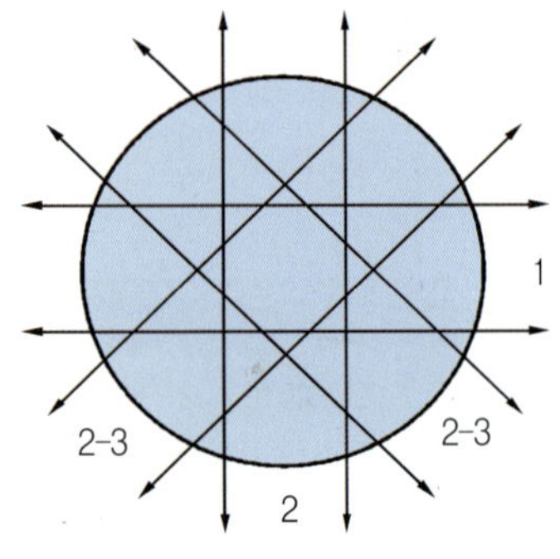

샌더의 움직이는 순서

[그림 4-37] 연마기의 올바른 사용법

1.9.2 패널의 형태에 따른 연마 작업

(1) 평면 연마

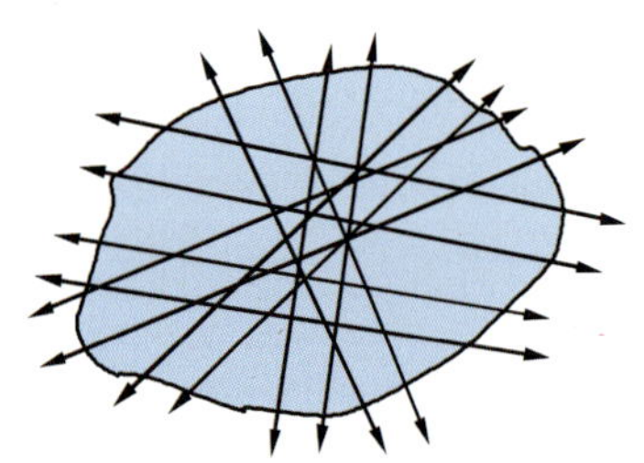

퍼티면의 모든 방향으로 움직인다.

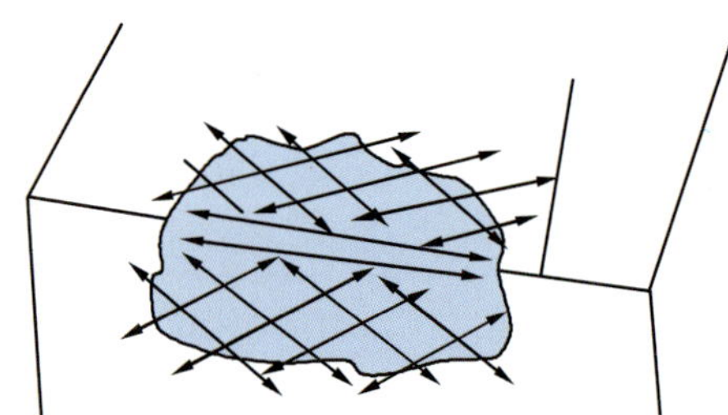

라인을 경계로 각 면을 다른 면이라 생각하고 연마한다.

[그림 4-38] 평면 연마

(2) 곡면 연마

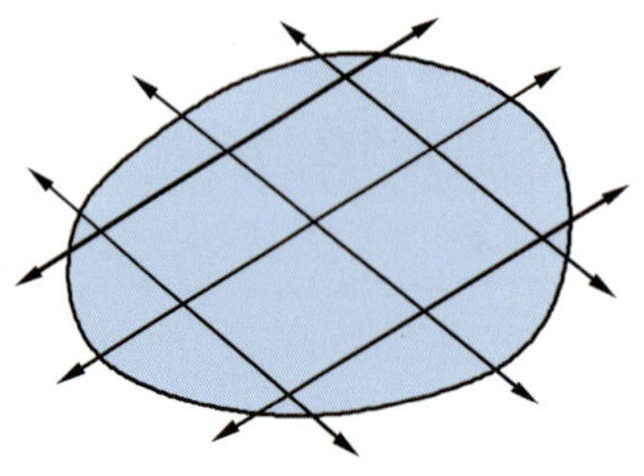

샌더를 기울인 일정 방향 중심으로 움직인다.

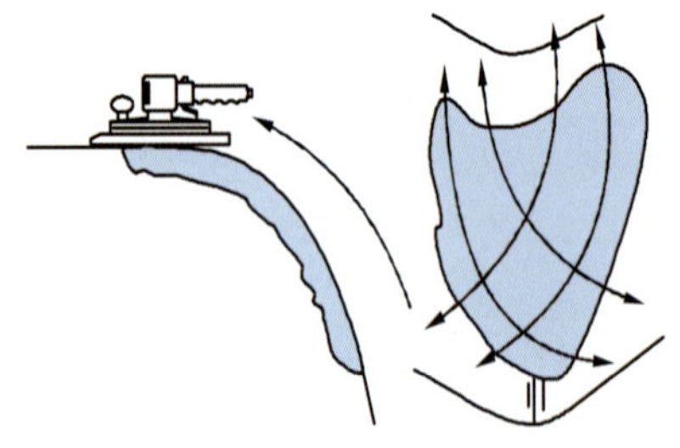

면의 정점을 감듯이 움직인다.

[그림 4-39] 곡면 연마

(3) 퍼티의 정형 연마 작업이 어려운 이유

① 면의 확인은 육안과 손의 촉감에 의존하므로 감각과 경험에 의하는 비중이 크며, 마무리 기준도 정확하지 못하다.

② 패널의 탄성력 때문에 연마 시 샌더의 진동이나 손의 힘에 따라서 연마면이 일정하지 못하다.

③ 요철(굴곡)부위에 대한 판단 착오에 의해 지나친 연마 작업을 진행하는 경우도 있다.

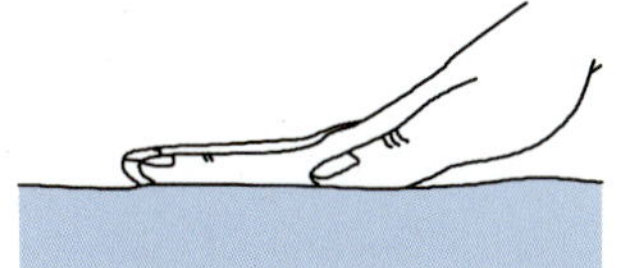

(a) 손감각과 경험적 요소

(b) 패널과 손의 힘, 샌더의 진동

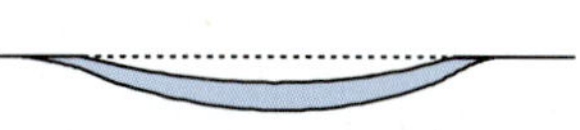

(c) 판단 착오의 지나친 연마

[그림 4-40] 퍼티의 면내기가 어려운 이유

1.9.3 습식 연마(water sanding)-손(hand) 작업

① P180~P220번 내수 연마지를 핸드파일(건식 : 깔깔이 접착식, 습식 : 고무 또는 우레폼)로 작업한다. ☞ 조착 연마 시 : P220~P320번 연마지

② 바탕 상태가 곱고 평활하게 하기 위하여 연마지를 1/4 조각으로 잘라 정반에 감싸 쥐고 연마 작업한다.

③ 작업에 적당한 연마지를 핸드파일(고무형)의 받침고무 아래서부터 감아, 받침 고무의 홈에 눌림고무를 이용, 연마지의 양쪽 끝이 꼭 물리도록 끼워 연마지를 받침 고무에 고정하여 사용한다.

④ 오른손은 핸드파일(고무형)로 피도면과 수평이 되도록 하여 연마 작업하고, 왼손은 스펀지에 물을 묻혀 작업하는 바탕에 물을 뿌려준다.

(a) 핸드 파일 사용법

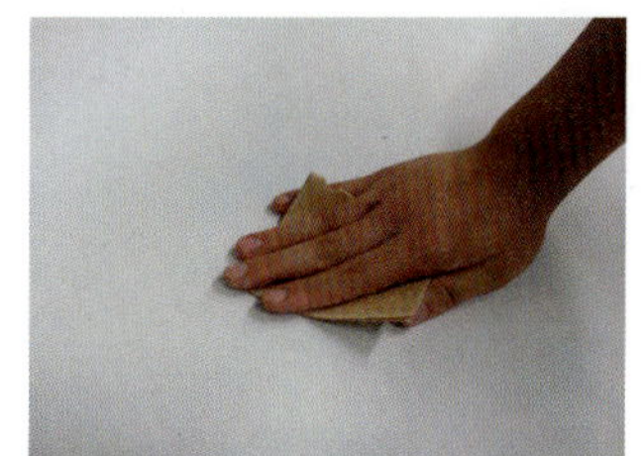

(b) 연마지 쥐는 법

[그림 4-41] 연마지 사용법

⑤ 핸드파일(고무형)을 사용하지 않을 때는 작업에 적당한 연마지를 엄지손가락과 약지손가락 사이에 감싸듯 잡아 연마 작업한다.

⑥ 작업 시 손의 힘은 계속 균일하게 하며 손의 움직이는 방향과 같이 몸의 방향도 움직여야 한다.

⑦ 연마 시 하도 및 철판이 노출되지 않도록 한다.

⑧ 피도물의 모서리나 각진 부분부터 연마하는 것이 좋다.

⑨ 핸드파일(고무형)로 피도면의 물기를 닦아 보고 연마면을 확인한다.

⑩ 깨끗한 손끝으로 가볍게 퍼티면을 감촉하여 요철을 알 수 있다.

⑪ 에어 더스트 건과 적외선 건조기를 이용하여 수분을 완전히 제거한다.

⑫ 습식 연마(water sanding) 시 주의 사항

㉠ 퍼티는 가급적 건식 연마를 해야 하며 습식 연마(water sanding)를 할 경우에는 도장 전에 브리스터(기포)현상의 도장 결함이 일어날 수 있으므로 주의해야 한다.

㉡ 퍼티를 바르고 나면 그 부분은 다른 부분에 비해 두터우므로 퍼티가 도포된 면이 낮은 면을 기준으로 하여 높은 부분을 연마한다.

㉢ 작업중 충분한 물이 공급되지 못한 상태에서 연마 시 퍼티면이 건조되어 연마 자국이 나타나므로 물을 연속적으로 충분히 공급해야 한다.

㉣ 습식 연마(water sanding) 후에는 반드시 적외선 건조기 등으로 건조시킨 후 다음 공정으로 진행한다.

【표 4-8】 건식 연마와 습식 연마의 비교

구분	건식 연마(dry sanding) 기계 작업	습식 연마(water sanding) 손 작업
연마 속도	빠르다	느리다
작업성	양호	보통
연마지 사용량	많다	적다
연마된 상태	거칠다	곱다
먼지 발생 여부	있다	없다

1.10 방청 작업

1.10.1 목 적

구도막에 크랙 등이 발생하여 철판면이 노출되도록 연마기나 박리제로 구도막을 제거한 경우 전처리도막이 없어지기 때문에 노출된 철판면에 부식이 빠르게 진행되기 때문에 방청 작업을 시행해야 한다.

1.10.2 워시프라이머 작업

폴리비닐부치랄 수지 전색제와 방청 안료인 징크 크로메이트가 함유된 2액형 프라이머로 아연도금패널, 알루미늄 및 철판면에 적용하는 하도용 도료이다.

▸ 사용법

① 경화제 및 신너는 워시프라이머 전용제품을 사용해야 한다.
② 주제와 경화제가 각각 분리되어 있으므로 사용직전에 주제를 잘 저어준 다음 저으면서 경화제를 넣고 충분히 혼합하여 사용한다.
③ 혼합된 도료는 가사시간이 지나면 점도가 높아지고 부착력이 떨어지므로 사용할 수 없다.
④ 건조도막은 내후성 및 내수성이 약하므로 도장 전 8시간 이내에 상도를 도장한다.
⑤ 건조 시 수분이 침투되면 부착력이 급격히 떨어지므로 도장 전 건조한 곳에 보관한다.
⑥ 추천 건조도막 두께(8~10㎛ 기준)를 준수한다. 너무 두껍게 도장되면 부착력이 저하된다.
⑦ 습도에 민감하므로 습도가 높은 날에는 도장을 금지한다.

2. 중도 작업

2.1 중도 공정도

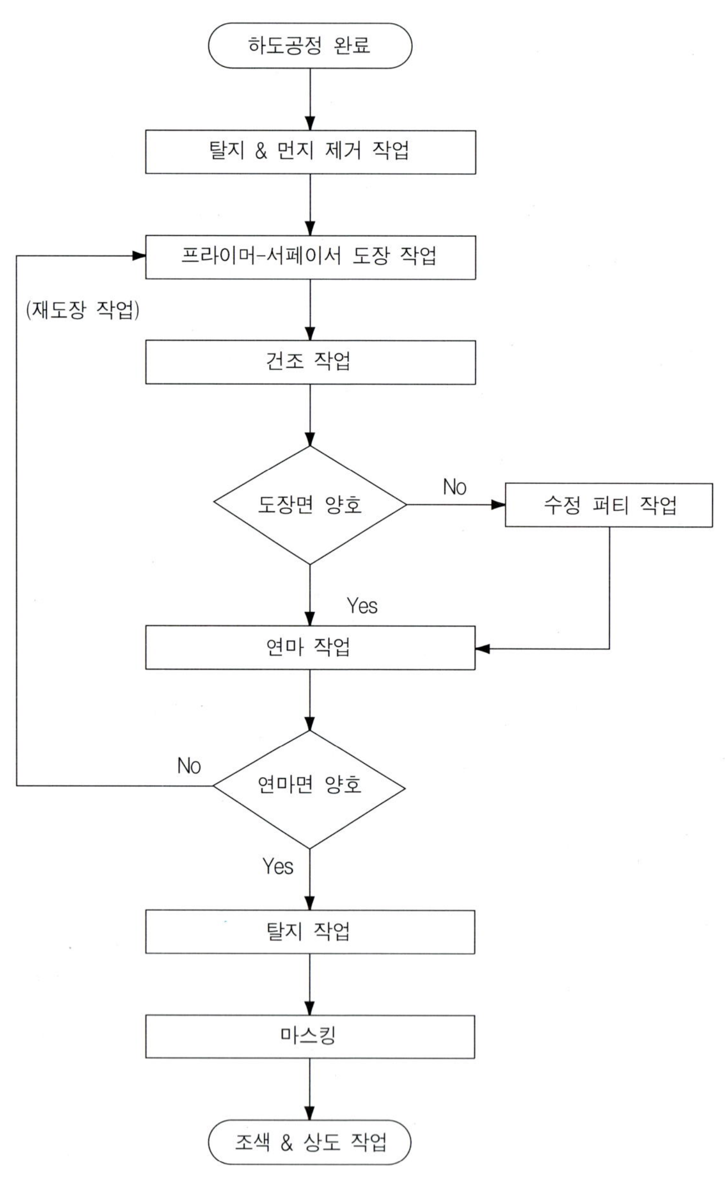

2.2 도장 전 준비 작업

① 프리이머-서페이서 도장부위를 조착연마한다.

㉠ 더블액션 샌더에 P320번 연마지를 부착하여 프라이머-서페이서 도장면을 조착연마한다.

㉡ 샌더로 연마하기 곤란한 곳은 핸드파일에 P400번 연마지를 사용하여 조착연마를 시행한다.

㉢ 작업중 표면에 깊은 흠집이 있다면 더블액션 샌더에 P320번 연마지를 부착하여 매우 부드러운 면이 되도록 흠집부위를 중심으로 넓게 연마한다.

㉣ 부분 도장의 경우 프라이머-서페이서의 도장부위는 퍼티부에서 약 10cm 정도까지 도장해야 하므로 이곳까지 연마 작업을 해주어야 하고 도장할 면을 넓게 하지 않도록, 마스킹 부위까지 고려하여 작업한다.

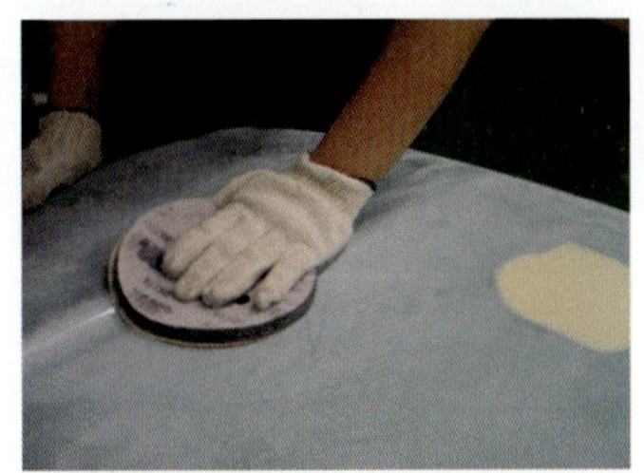

(a) 프라이머-서페이서 도장면 연마 작업

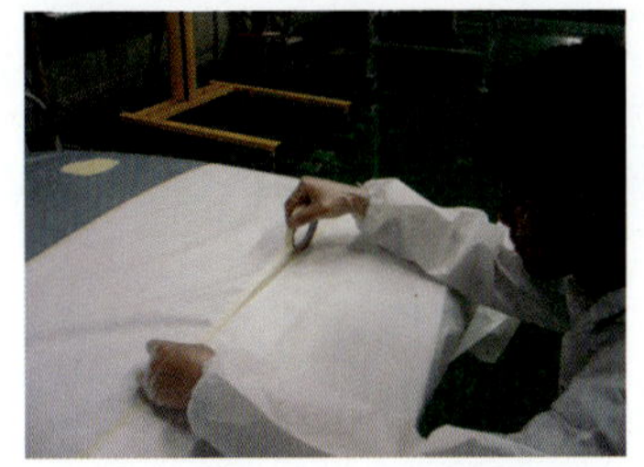

(b) 마스킹

[그림 4-42] 도장 전 준비 작업

② 작업 시 노즐의 구경이(1.5~1.8mm) 큰 스프레이 건을 사용한다.

③ 도료는 상도와 하도의 밀착력을 좋게 하며 살오름이 좋고 용제 침투를 방지하는 역할을 하는 도료로 선택되어야 하며 래커계 도료보다는 우레탄계 도료가 많이 사용되고 있다.

㉠ 래커계 : 건조와 연마성은 우수하나 부착력, 우연성, 방청력은 불량하다.

㉡ 우레탄계 : 부착력, 방청력, 차단 및 충격 흡수성이 우수하나 건조, 연마성이 불량하다.

④ 래커계 프라서페는 3~5회, 우레탄계 프라서페는 2~3회 정도 반복한다.

⑤ 프라이머-서페이서 도장면과 마스킹 부위까지 에어 더스트 건을 사용하여 먼지와 연마가루 등의 제거를 위한 에어 블로우 작업을 한다.

⑥ 프라이머-서페이서 도장면에 마스킹 작업을 한다.

⑦ 도장면을 표면 세정제로 깨끗이 탈지 작업을 한다.

⑧ 안전 장구를 정상적으로 착용한다.

2.3 마스킹 작업

2.3.1 마스킹 방법

(1) 일반 마스킹

① 마스킹 종이를 부착할 부분에 알맞게 재단한다.
② 마스킹 테이프를 부착할 때에는 도장할 면까지 넘어와서는 안된다.
③ 마스킹 테이프 부착 시 테이프 폭의 2/3는 마스킹 종이에 붙이고 1/3은 마스킹 면에 붙인다.
④ 왼손의 집게손가락으로 테이프 위를 가볍게 누르며 오른손으로 테이프를 누르면서 부착한다.
⑤ 마스킹 디스펜서를 사용하여 작업하면 매우 편리하다.

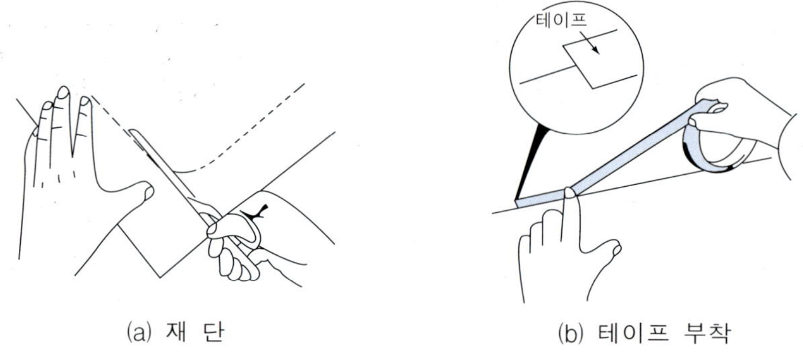

(a) 재 단 (b) 테이프 부착

[그림 4-43] 마스킹 테이프 작업법

(2) 이중 마스킹

① 마스킹 페이퍼와 테이프의 재질은 종이로 용제에 대한 저항력에 약하다.
② 작업중 도료가 모여 두꺼운 도막이 형성되어 페이퍼 및 테이프에 침투될 수 있으므로 안정성을 주기 위해 작업한다.
③ 주요 적용 부위 : 패널의 가장자리, 프레스 라인 등
㉠ 먼저 마스킹 테이프(12mm)로 바디 패널에 틈새가 생기지 않도록 붙인다.
㉡ 테이프의 끝과 패널과는 0.5~1mm 간격을 유지하여야 한다.
㉢ 마스킹 테이프가 부착된 패널 부위에 재단된 마스킹 페이퍼를 부착시킨다.
㉣ 부착된 부분을 엄지손가락이나 검지손가락으로 테이프 틈새가 생기지 않도록 확인해 가며 누른다.
㉤ 분사 도료가 고이기 쉬운 구김살이나 느슨함이 없도록 팽팽하게 작업해야 한다.

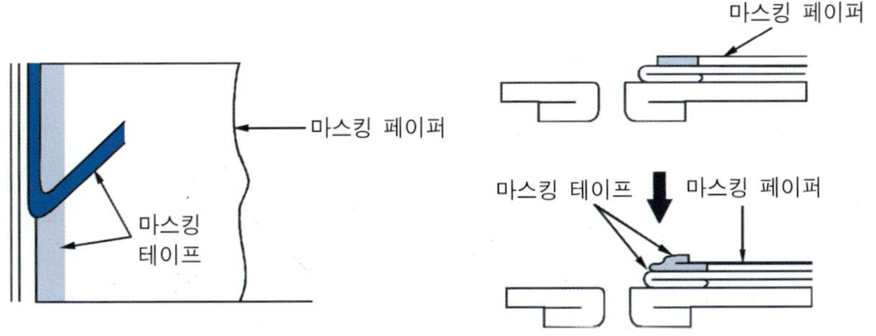

[그림 4-44] 이중 마스킹

(3) 뒤집기 및 터널 마스킹

① 경계도중에 있을 경우에는 분사 후 발생되는 단차를 방지하는 기법이다.

② 뒤집기 마스킹

㉠ 도장 부위를 마스킹 테이프가 부착된 재단된 마스킹 페이퍼를 부착시킨다.

㉡ 마스킹 페이퍼를 뒤집어 마스킹 부위에 고정한다.

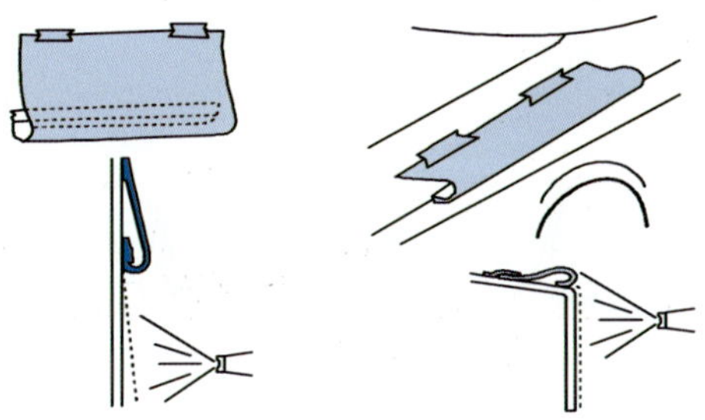
[그림 4-45] 뒤집기 마스킹

③ 터널 마스킹

㉠ 좁은 부위에서 점차적으로 도막이 얇아지도록 할 때 적용한다.

㉡ 마스킹 페이퍼의 하단 부위에 터널 형식의 공간을 만들어 부착한다.

㉢ 리버스 마스킹보다 도막이 얇아지도록 할 수 있다.

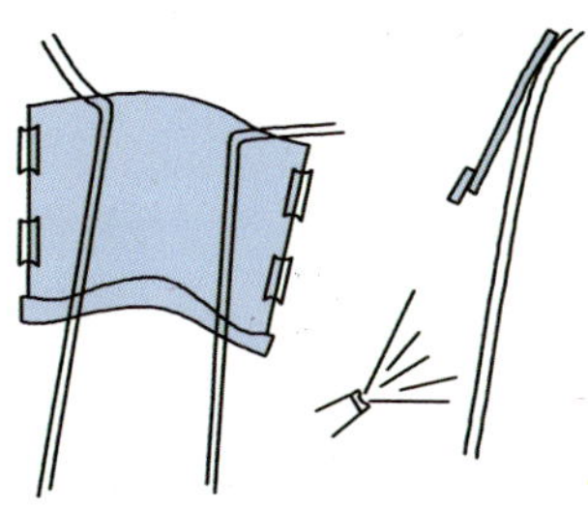
[그림 4-46] 터널 마스킹

④ 적용 부위

㉠ 패널전체를 도장하지 않고 나누어 도장할 때

㉡ 좁은 부위에서 나누어 도장할 때

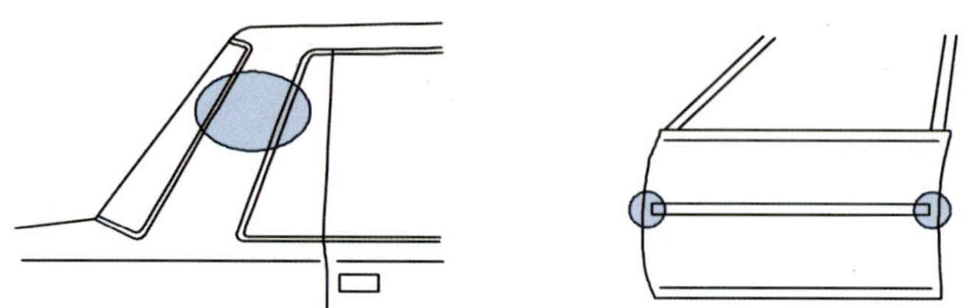

[그림 4-47] 터널 마스킹 적용 부위

2.3.2 패널의 형태에 따른 마스킹

(1) 패널과 패널사이의 경계

외부 패널 전체를 도장한다면 인접된 패널의 미세한 틈으로 도료 분진이 날리지 않도록 내부까지 마스킹한다.

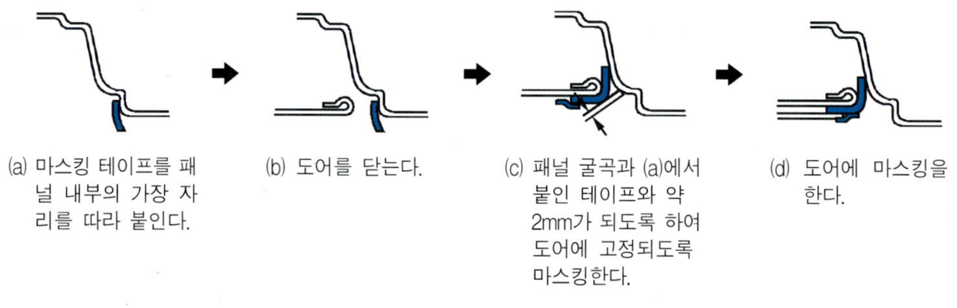

[그림 4-48] 패널과 패널사이의 경계

(2) 바디 실러로 연결된 패널의 경계

쿼터 패널 등을 도장할 때 로커 패널과 로우 패널의 연결부

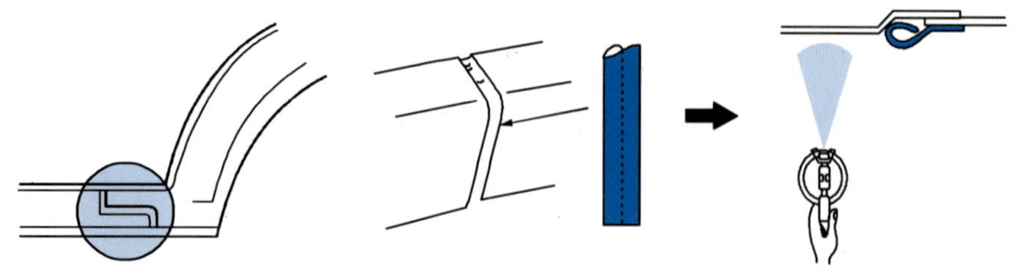

[그림 4-49] 바디 실러로 연결된 패널

(3) 프레스 라인 근처의 굴곡에 따른 경계

인접된 패널과의 색상차이를 줄이기 위해 굴곡된 프레스 라인 근처에서 마스킹하는 작업

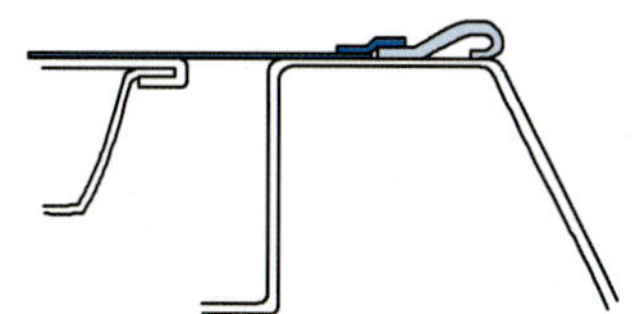

[그림 4-50] 프레스 라인 근처의 굴곡 경계

(4) 평평한 부위의 경계

좁은 부분에 적용하며, 리버스 마스킹과 터널 마스킹을 주로 적용한다.

(5) 요철 부위의 경계

① 패널에서 분리되지 않고 튀어나온 부위를 마스킹 작업할 때는 평평한 부위까지 마스킹하지 않고 도막 두께만큼 약간의 공간을 준다.

② 공간이 너무 좁으면 테이프에 도료가 달라붙고 떼어내기 어렵다.

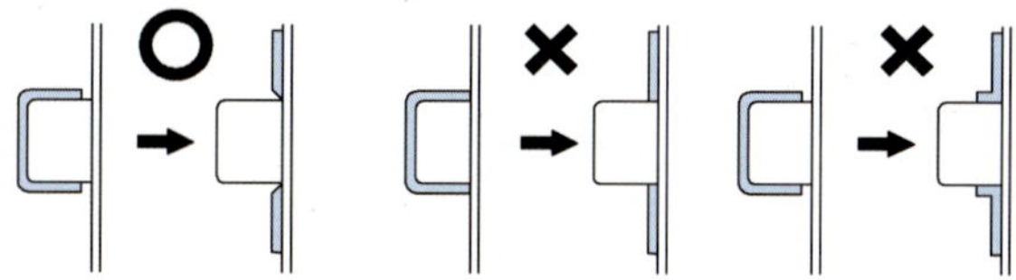

[그림 4-51] 요철 부위 경계

(6) 굴곡진 부위의 경계

굴곡진 부위의 마스킹은 팽팽하게 부착 시 굴곡진 부위의 테이프가 당겨져 숨겨야 할 부위가 노출되므로 느슨하게 테이프를 접착시켜야 한다.

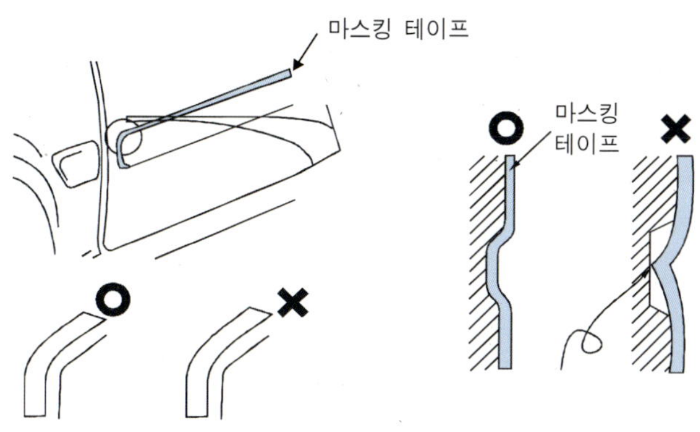

[그림 4-52] 굴곡진 부위의 경계

2.3.3 마스킹 제거 작업

(1) 마스킹 제거 시간

① 열처리 후 도막이 약간 따뜻할 때 쉽게 제거할 수 있다.
② 열처리가 완전하지 못하면 도막이 표면에서 떨어질 수 있다.
③ 완전히 냉각되면 제거하기 어렵고 경계 부위의 도막이 깨끗하지 못하고 날카롭게 된다.

(2) 마스킹 제거 방법 및 결함 수정

① 마스킹 테이프를 떼어내는 방향으로 당겨서 제거한다.
② 마스킹에 붙어 있는 보수 도료의 더스트가 떨어지지 않도록 주의한다.
③ 도막에 떨어진 더스트 제거가 곤란하면 패널이 냉각된 후 폴리싱한다.
④ 마스킹 부위에 도료가 붙어 있다면 신너를 묻힌 면걸레를 이용하여 신속히 닦아낸다.
⑤ 경계 부위에 도막이 남아 있다면 칼을 이용하여 제거한다.
⑥ 프라이머-서페이서 도장에서 마스킹의 가장자리는 연마 작업 시 제거되어야 한다.

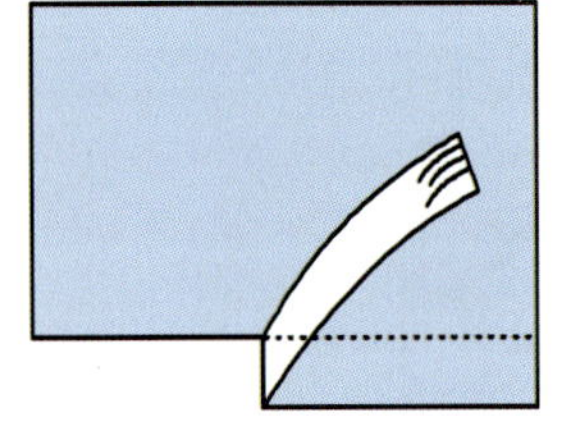
① 테이프 떼어내는 방향

② 신너 묻힌 걸레로 청소

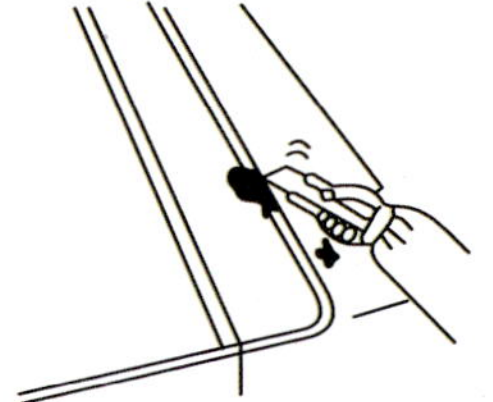
③ 경계부위 칼로 제거

[그림 4-53] 마스킹 제거 방법

2.4 프라이머 - 서페이서 작업

2.4.1 스프레이 작업

① 조색 시스템의 교반기를 이용 도료를 충분히 혼합한다.
② 충분히 혼합된 도료를 계량컵에 알맞은 양으로 옮긴다.
③ 경화제, 희석제를 조색 계량자를 이용하여 규정된 혼합비만큼 첨가한다.

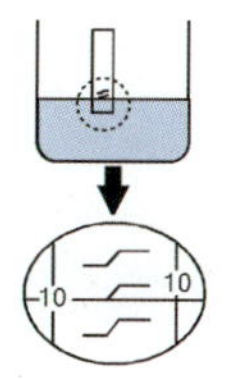

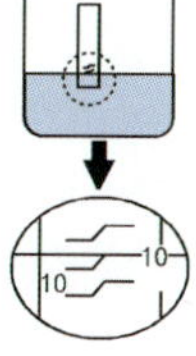

[그림 4-54] 프라이머-서페이서 도료의 혼합

④ 희석제는 작업의 여건에 따라 첨가량을 조절하고 적합한 스프레이 건의 노즐을 선택한다.

【표 4-9】 계절별 신너의 적용범위

구 분	5℃	10℃	15℃	20℃	25℃	30℃	35℃
하절기용				←	→		
표준용			←	→			
동절기용	←	→					

⑤ 점도계로(포드컵 P4 : 18∼20±5sec/20℃) 점도를 측정한다.

⑥ 스프레이 건의 용기에 70∼80% 정도 되게 여과지를 사용하여 옮긴다.

⑦ 에어 트랜스 포머는 정격압력 3∼4kg/cm^2, 작업장내 온도는 20℃를 유지한다.

⑧ 도장면을 에어블로우 작업과 먼지 제거포(tack cloth)로 깨끗이 청소한다.

⑨ 시험 분무를 하며 도료의 양, 패턴을 피도물에 알맞게 조정한다.

⑩ 오른손에 분무기를 잡고, 왼손에는 공기 호스를 여유있게(약 1m 내외) 잡아 허리에 붙인 듯한 자세를 취한다.

⑪ 스프레이 건의 운용

㉠ 분사 거리 15∼20cm와 속도 0.8m/ses±0.2를 유지한다.

㉡ 각도는 피도물에 대하여 평행과 직각을 유지한다.

㉢ 패턴 폭은 2/3 정도 겹친다.

⑫ 먼저 퍼티부를 도장한 후 전면 연마 부위를 도장한다.

㉠ 퍼티부를 중심으로 프라이머-서페이서로 도장면을 길들인다.

- 퍼티와 구도막의 경계면이나 구도막의 경계면을 얇게 1차 도장한다.

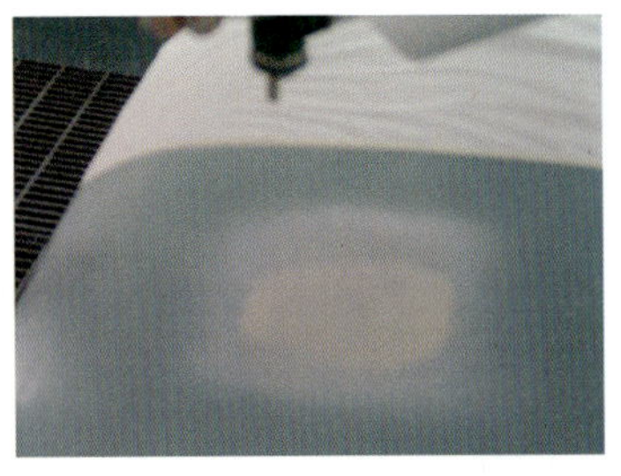

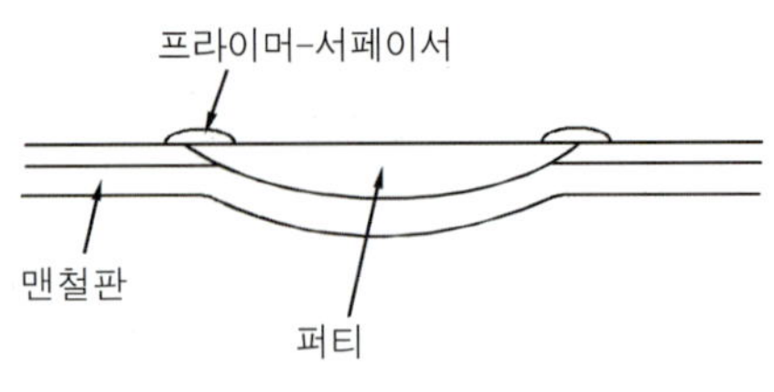

[그림 4-55] 프라이머-서페이서 1차 도장

- 도장면을 2차 도장한다.

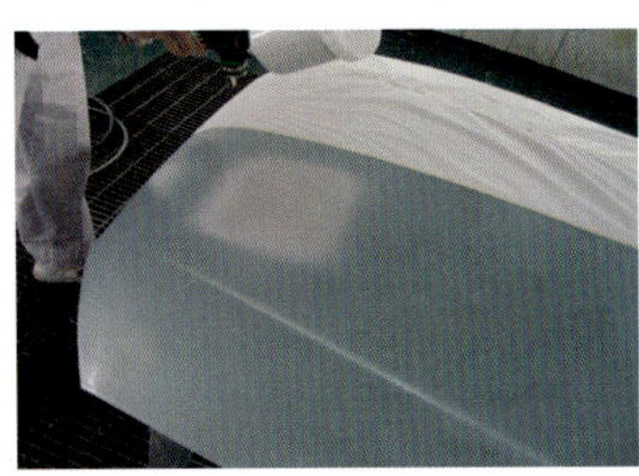

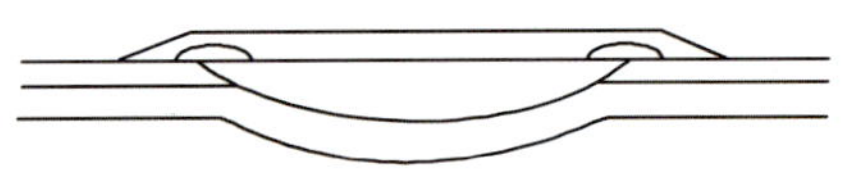

[그림 4-56] 프라이머-서페이서 2차 도장

ⓛ 다시 범위를 넓혀서 퍼티면 전체, 워시프라이머 부위, 샌딩 스크래치 부위를 완전히 덮도록 도장한다.

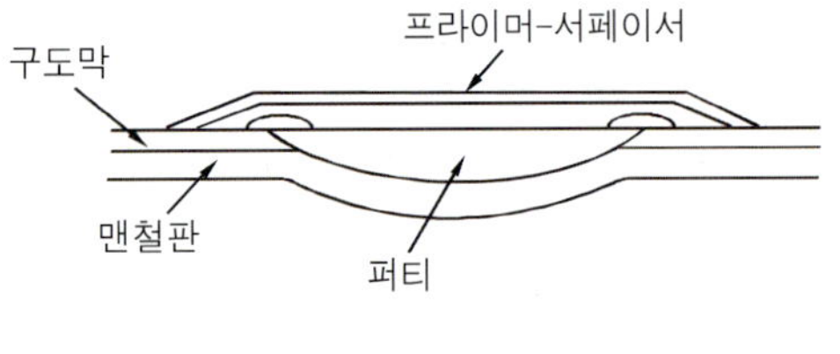

[그림 4-57] 프라이머-서페이서 3차 도장

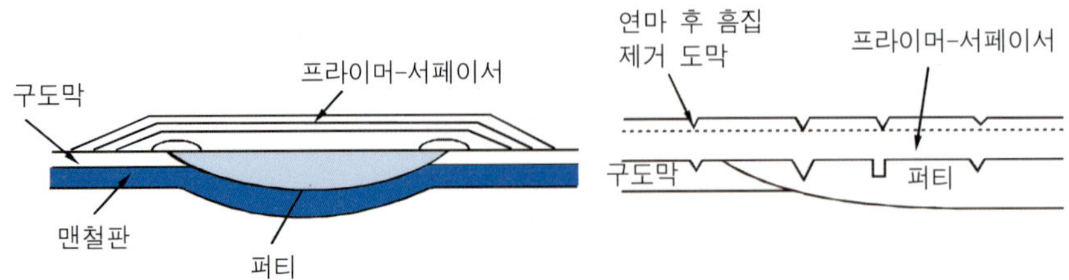

[그림 4-58] 프라이머-서페이서 도장 단면

㉢ 보수부(패널) 전체를 도장한다. 일정의 도막과 흠집을 제거하고 흠집이 남더라도 연마 후 제거될 수 있도록 수 회 도장하여 원하는 도막을 얻는다.

⑬ 1회 도장 전 후레쉬 타임을 5~10분 정도 경과 후 2~3회 도장한다.

⑭ 흐름, 두막 두께에 차이가 없도록 균일하게 도포한다.

⑮ 흐름 현상, 더스트, 주름 현상 등의 결함 발생 시 수정 후 재도장한다.

⑯ 강제 건조 시 용제의 충분한 증발을 위해 도장 작업이 끝난 후 10분(20℃) 정도 세팅 타임을 준다.

2.4.2 용도별 프라이머-서페이서의 운용

【표 4-10】 용도별 프라이머-서페이서의 적용

구 분	일반적 타입	후막형 타입	스프레이 퍼티로 사용시
희석제 혼합비	10~20%	10% 이하	미첨가
스프레이 건 노즐의 크기	중력식 1.5~1.8mm	→	중력식 1.8~2.0mm
공 기 압	3~4kg/cm²	→	3~3.5kg/cm²
피도면과의 거리	10~15cm	→	→
도 장 회 수	1~2회(패턴폭 3/4)	→	2~3회(패턴폭 3/4)
두 막 두 께	30~50㎛ (P320번 연마 자국 제거)	60~90㎛ (P180번 연마 자국 제거)	150~200㎛ (P80번 연마 자국 제거)
연마 가능 시간	60℃ × 20분	→	60℃ × 30분

2.5 건조 작업

① 도장 전 10분 정도 설정 시간을 두고 온도를 서서히 상승시킨다.

② 건조 초기의 온도가 급상승 시 핀홀 등 결함의 원인이 된다.

③ 래커계는 20℃(상온) × 30~40분이 경과 시 연마가 가능하다.

④ 우레탄계 프라서페는 원칙적으로 60℃ × 10~15분 정도 강제 건조시킨다.

⑤ 래커계 구도막에 우레탄계 프라이머-서페이서를 도장할 경우에는 래커계 도막은 열에 약하기 때문에 건조 온도는 50℃ 정도로 유지해야 한다.

2.6 수정 작업

① 건조된 프라이머-서페이서의 도장 표면에 극히 작은 요철(凹凸) 부분이나 기공이 남아 있는 경우가 있다.

② 수정 퍼티를 사용하여 결함 부위를 도포하여 제거한다.

㉠ 주걱을 사용하여 퍼티 튜브에서 퍼티를 덜어낸다(퍼티혼합판 사용가능).

㉡ 프라이머-서페이서 도장 표면에 기공, 연마 자국, 작은 흠집 등을 제거한다.

㉢ 얇게 도포하여 건조의 시간을 단축한다.

㉣ 고무주걱을 사용하여 얇게 도포하면 효과를 증진할 수 있다.

③ 건조 작업

㉠ 강제 건조 : 60℃ × 5분~10분간 건조

㉡ 자연 건조 : 20℃ × 30분~40분간 건조

④ 건조 후 기공이나 연마 자국 모양만 남도록 연마해야 하며 과도한 래커 퍼티 잔류시 상도 도장 전 결함이 발생될 수 있다.

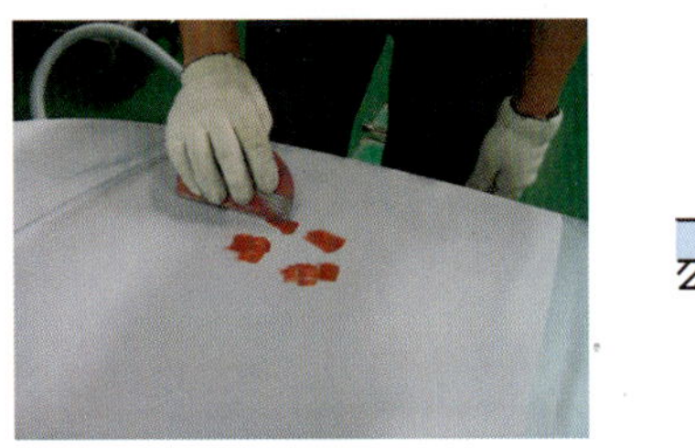

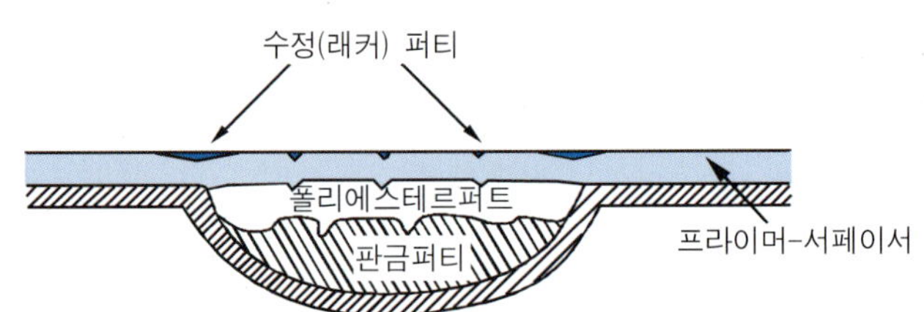

[그림 4-59] 수정 퍼티에 의한 마무리 작업

2.7 프라이머-서페이서 연마 작업

2.7.1 연마 작업의 요건

① 보수면에 남아 있는 극히 작은 요철 부분을 없애거나 상도 도료의 밀착성을 향상시키기 위한 연마 작업이다.

② 연마지의 선택은 상도 도료(Top Coat)에 따라 다르게 선정한다.

㉠ 우레탄계 도료가 래커계 도료보다 연마 스크래치가 눈에 띄기 쉽다.

㉡ 엷은 채색의 도료가 짙은 채색의 도료보다 연마 스크래치가 눈에 띄기 쉽다.

㉢ 솔리드 타입 도료가 메탈릭 타입 도료보다 연마 스크래치가 눈에 띄기 쉽다.

③ 연마하는 동안 표면이 평평하고 매끈하게 작업이 진행되는지 자주 손으로 만져서 점검한다.

④ 연마지의 선택

【표 4-11】 연마지의 선택

구　분	기 계 연 마	손 연 마 (습식/건식)	스펀지 페이퍼 (부직포) 연마
사용 공구	더블액션 샌더	핸드파일	-
사용 연마지	P400~P600(수용성 적용시 P800)		

2.7.2 연마방법

① 더블액션 샌더의 패드에 부드러운 중간패드(interface pad)를 부착하고 P600번 연마지를 부착한다.

② 샌더기의 사용은 상하, 좌우로 또는 내부에서 외부로 연마한다.

③ 효과적인 연마 작업을 위해 '가이드코트(guide coat : 검정색 파우더)'를 사용한다.

④ 가이드코트를 연마 전 작업패널에 얇게 도포하고(검은색) 샌더기를 이용하여 가이드코트를 제거하면 전체가 균일하게 연마 작업을 진행할 수 있다.

⑤ 지나친 연마 작업으로 퍼티, 구도막, 하도면이 노출되지 않도록 주의한다.

⑥ 핸드블럭을 이용한 건식 연마 : 고운 연마지를 선택하고 연마지의 분진을 제거하며 작업을 진행한다. 시간이 많이 소모되는 단점이 있다.

⑦ 핸드블럭을 이용한 습식 연마 : 표면에 물을 뿌려가며 작업을 진행한다. 작업성이 떨어지고 수분으로 인한 결함과 수질오염 등으로 권장하지 않는다.

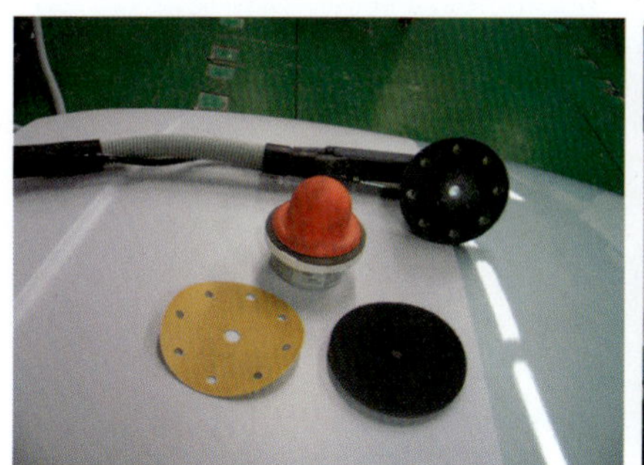
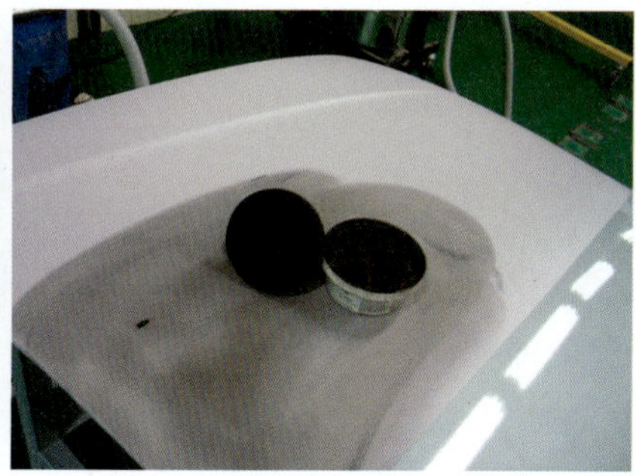

[그림 4-60] 연마용 중간 패드와 가이드 코트

⑧ 프라이머-서페이서의 연마 방향은 자동차의 라인을 따라 연마한다.

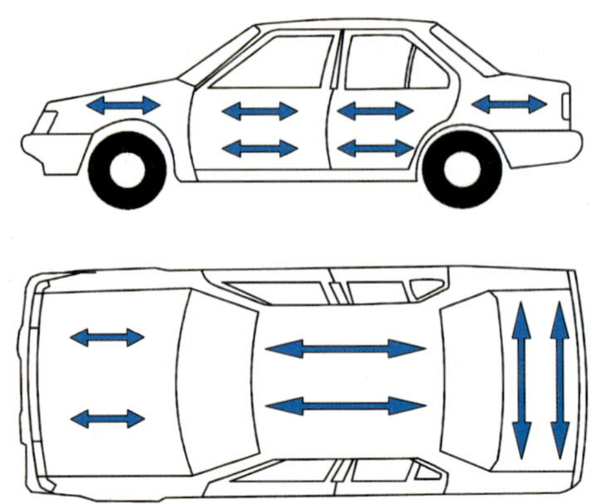

[그림 4-61] 자동차의 연마 라인

2.8 방청 도장

2.8.1 외부 내칩핑(anti-chipping coat) 도장

① P180~P320번 연마지로 도장 부위에 조착 연마한다.
② 필요한 부위에 마스킹을 한다.
③ 에어 더스트 건으로 깨끗이 청소하고 표면 세정제로 탈지 작업한다.
④ 내칩핑 도료와 지정된 경화제를 규정된 비율로 혼합한다.
⑤ 도료를 분무 도장한다.
⑥ 도장 전 15분 정도의 세팅 타임을 주고 가열 건조한다(60℃ × 20~30분).

2.8.2 샌드위치 내칩핑(anti-chipping coat) 도장

① P180~P320번 연마지로 도장 부위에 조착 연마한다.
② 필요한 부위에 마스킹을 한다.
③ 에어 더스트 건으로 깨끗이 청소하고 표면 세정제로 탈지 작업한다.
④ 내칩핑 도료와 지정된 경화제를 규정된 비율로 혼합한다.
⑤ 도료를 분무 도장한다.
⑥ 도장 전 15분 정도의 세팅 타임을 주고 가열 건조한다(60℃ × 20~30분).
⑦ 샌딩 브러쉬를 이용하여 연마한다.
⑧ 도막의 오렌지필 모양의 외관을 유지하기 위해서 연마지로 연마하지 않고 샌딩 브러쉬를 이용한다.
⑨ 우레탄계(2액형) 프라이머-서페이서를 도장한다.

⑩ 도장 전 10분 정도의 세팅타임을 주고 가열 건조한다(60℃ × 30분).

⑪ 샌딩 브러쉬를 이용하여 연마한다.

⑫ 내칩핑 도막 이외의 상도 도장 부위는 이에 적합한 연마지를 사용하여 조착 연마한다.

⑬ 상도 도장한다.

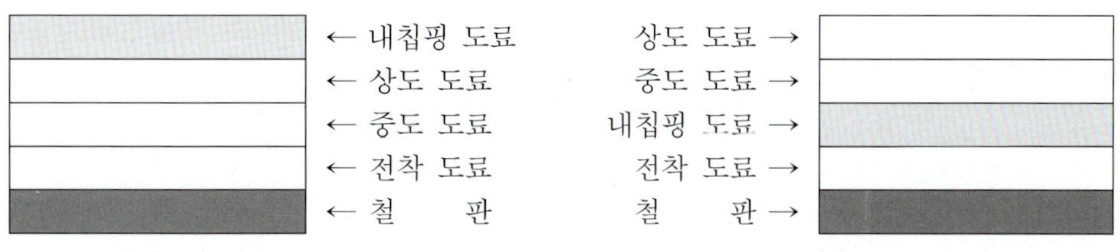

[그림 4-62] 내칩핑 도막의 구조

2.8.3 언더코트(Under Coat) 도장

① 에어 더스트 건으로 깨끗이 청소하고 표면 세정제로 탈지 작업한다.

② 쿼터 패널 및 도어, 휀더, 리어쿼터 패널 부분에 마스킹을 한다.

③ 도어 내부의 경우 도어나 유리부착 패널, 윈도우 레귤레이터 부분에 마스킹을 한다.

④ 방청 프라이머를 도포한다.

⑤ 언더 코팅제(스프레이 타입)를 도포한다.

⑥ 회전하는 기계 부위 및 현가장치 부위도 도포해서는 안된다.

⑦ 작업을 마치고 배수구멍은 반드시 열린 상태로 두어야 한다.

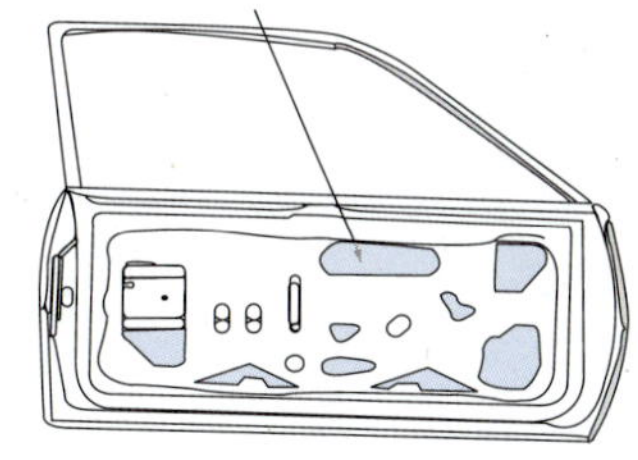

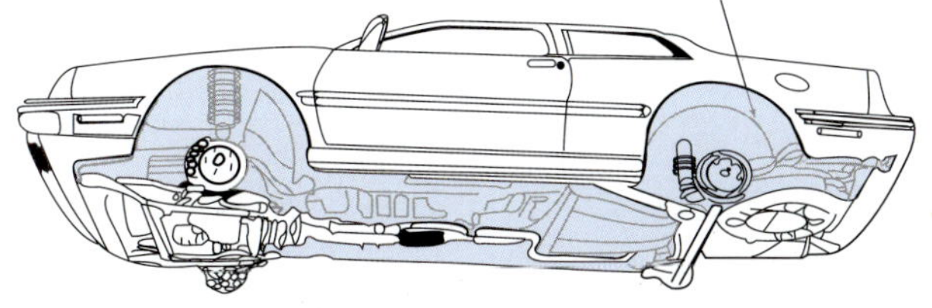

[그림 4-63] 언더 코팅 도포 부위

2.8.4 바디 실러(Body Sealer) 작업

① 에어 더스트 건으로 깨끗이 청소하고 표면 세정제로 탈지 작업한다.
② 실러 건을 사용하여 바디 실러를 도포한다.
③ 실러 도포 공간을 두고 마스킹 테이프를 붙이고 실러를 도포한다.
④ 실러 부위 교정 시 표면에 탈지제(희석제)를 묻혀 필요한 부위를 교정한다.
⑤ 건조시키기 전에 마스킹을 제거한다.
⑥ 랩 조인트 부위는 붓으로 마무리하여 준다.

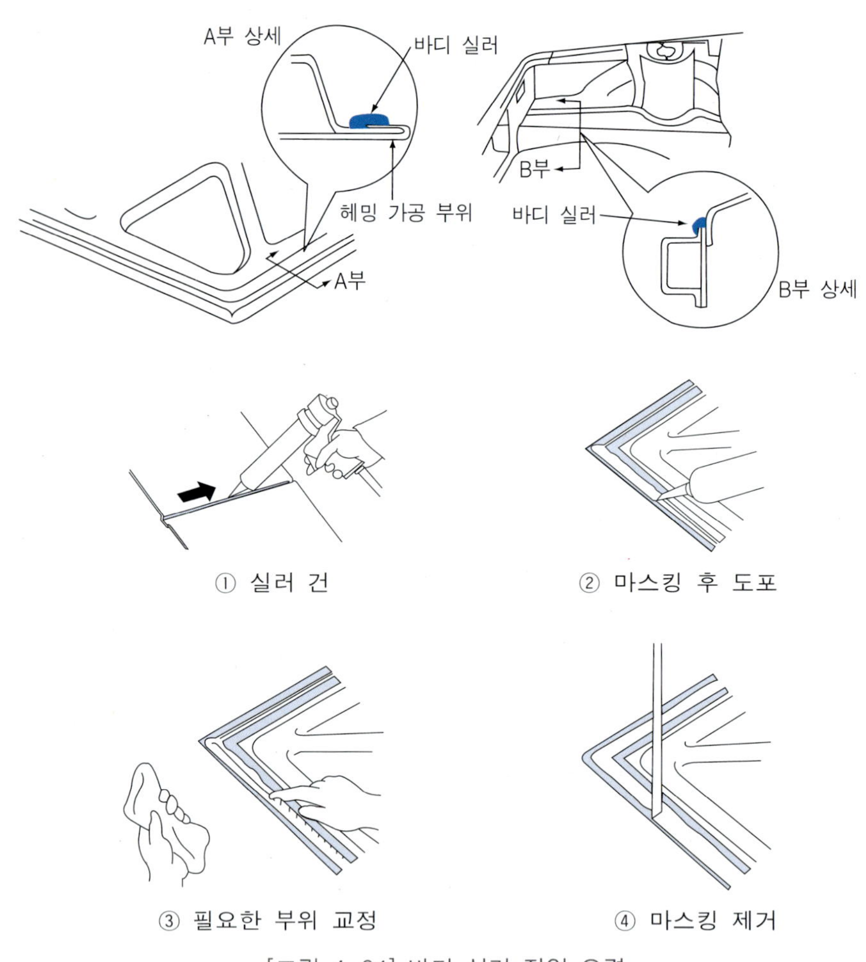

[그림 4-64] 바디 실러 작업 요령

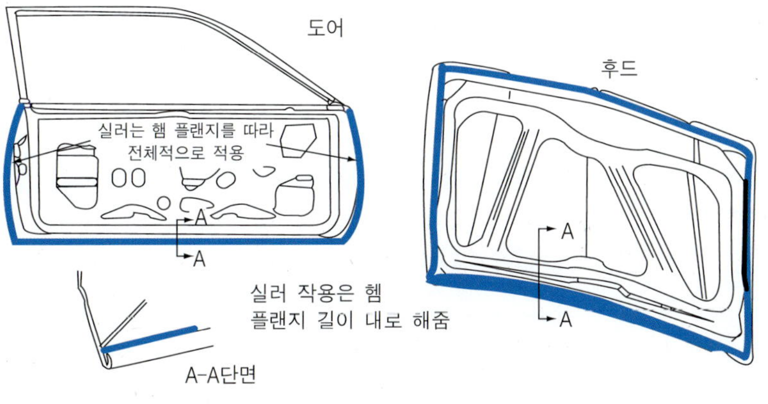

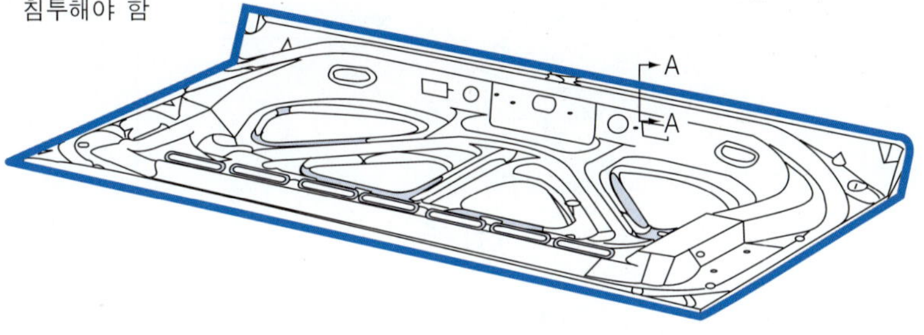

(a) 헤밍 가공 부위

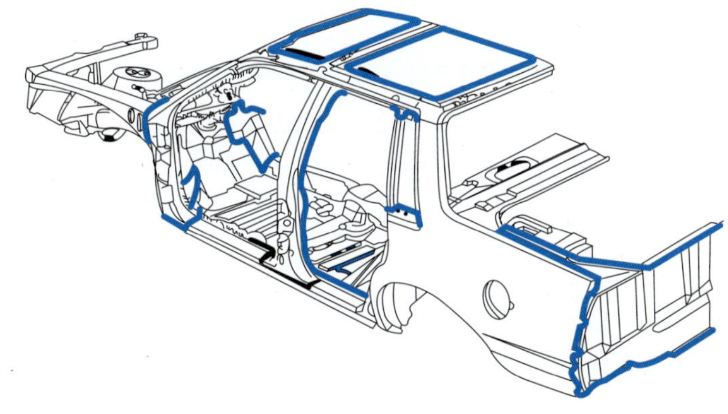

(b) 랩 조인트 부위

[그림 4-65] 자동차의 적용 부위

3. 조색 작업

3.1 조색 공정도

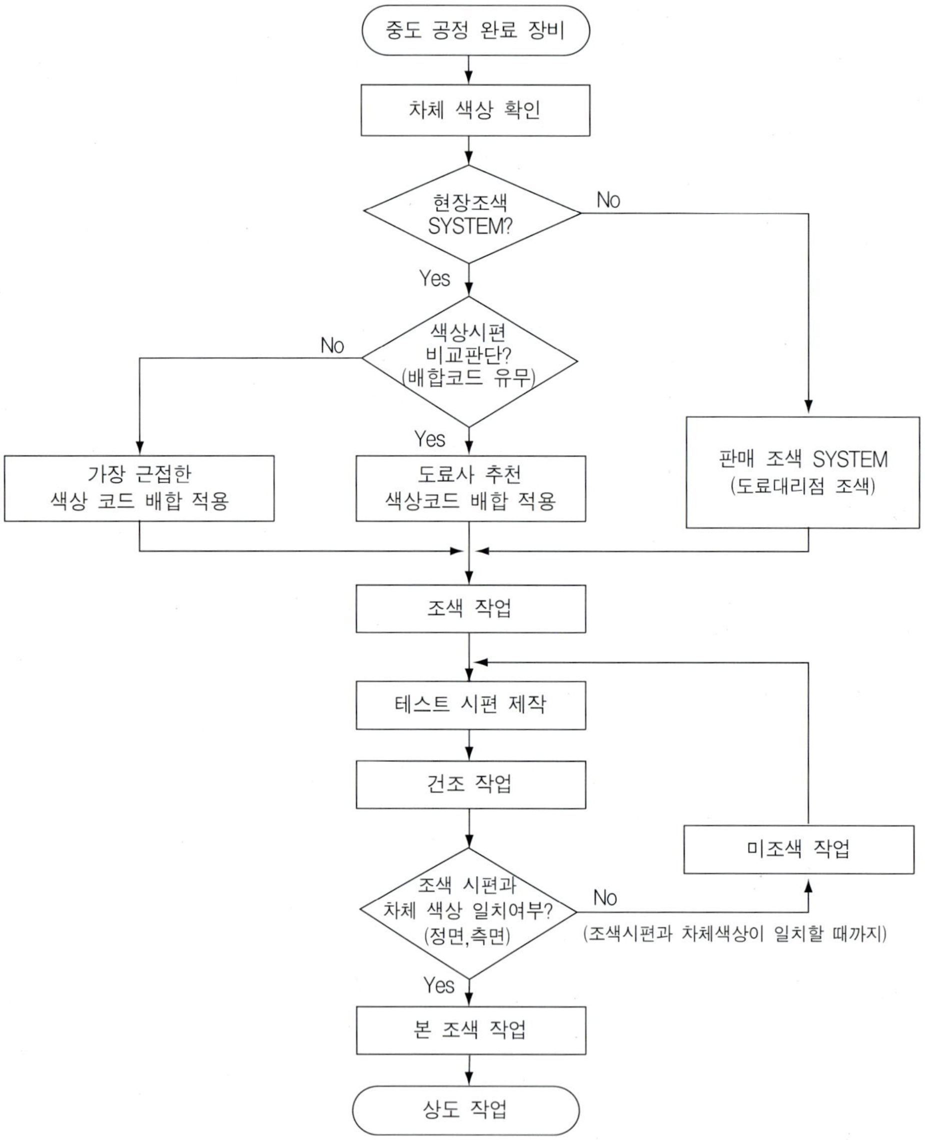

3.2 요구된 색상 확인 작업

① 차종별로 색상 번호(코드) 및 색상명을 확인한다.-차량 식별 표지판

② 칩이나 색상편에 의한 경우는 10×20cm 정도 크기의 조색 견본판이 필요하다.

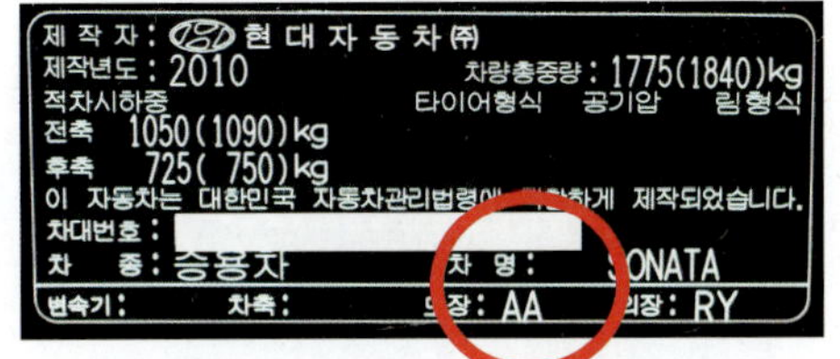

[그림 4-66] 자동차의 색상 코드 확인

3.3 자료 조사

① 각 자동차(또는 도료회사) 색상표의 색상 번호와 다원화 색상표를 이용하여 차체 색상을 확인한다.

② 조색 지침서의 원색의 종류와 혼합량을 확인한다.

[그림 4-67] 자동차의 색상 자료

③ 원색의 선정은 태양광선이나 전등이 밝은 장소에서 행한다.

④ 입자의 크기, 밝기 정도, 배합률, 정면과 45° 각도에서의 색상 차이 등을 주의 깊게 조사한다.

⑤ 색상 관측은 광원을 안고, 광원을 등지고, 정면 등 3방향에서 관측해야 한다.

3.4 계량조색

① 교반기를 이용하여 사용되는 원색 도료의 안료 침전이 없도록 하고 전자저울에 혼합용 빈 용기를 올려놓고 "0"점으로 세팅한다.

② 수지를 먼저 넣고 배합 원색을 조색 지침대로 계량하여 조심스럽게 넣는다.
③ 혼합된 원색 도료를 골고루 잘 섞이게 충분히 교반한다.
④ 지정된 희석제를 조색 계량자를 이용하여 혼합하고 충분히 교반한다.

[그림 4-68] 조색 시스템

3.5 색상 비교 및 기록

① 색상이 접근하면 시험편에 표준 도장 방법에 가까운 조건으로 스프레이 한다(투명 도장까지 실시한다.).
② 건조 후 차체(또는 견본 조색표)와 시험편을 비교한다.
시험편의 색상은 15° → 45° → 90° 각도에서 비교한다.
③ 색상 비교는 빛(광선)에 따라 달라지므로 북쪽 창가에서 주변의 다른 색의 반사광이 없는 장소를 택하여 견본색과 비교하며 일출 직후나 일몰 직전에는 색상 비교를 피한다.
④ 색상 비교 후 미조색이 필요하다면 수정 조색 작업을 한다.
⑤ 조색이 완료되면 도료 용기의 뚜껑을 닫고 표시를 한다.
(조색테스터 카드 뒷면에 새로운 조색 데이터를 기록하여 보관한다.)

① 견본 색상 비교

② 차체 색상 비교

[그림 4-69] 색상 비교

4. 상도 작업

4.1 상도 공정도

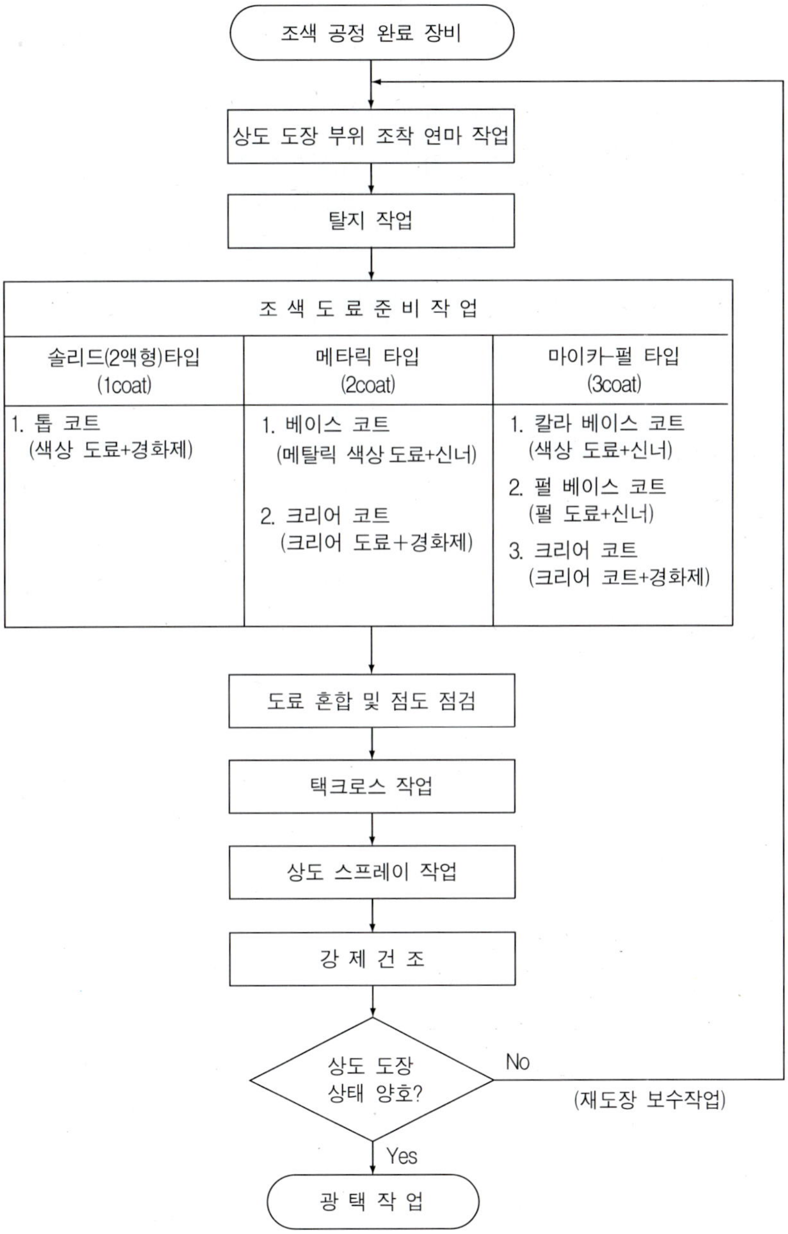

조색 공정 완료 장비

↓

상도 도장 부위 조착 연마 작업

↓

탈지 작업

↓

조 색 도 료 준 비 작 업		
솔리드(2액형)타입 (1coat)	메타릭 타입 (2coat)	마이카-펄 타입 (3coat)
1. 톱 코트 (색상 도료+경화제)	1. 베이스 코트 (메탈릭 색상 도료+신너) 2. 크리어 코트 (크리어 도료+경화제)	1. 칼라 베이스 코트 (색상 도료+신너) 2. 펄 베이스 코트 (펄 도료+신너) 3. 크리어 코트 (크리어 코트+경화제)

↓

도료 혼합 및 점도 점검

↓

택크로스 작업

↓

상도 스프레이 작업

↓

강 제 건 조

↓

상도 도장 상태 양호?

No → (재도장 보수작업) → 상도 도장 부위 조착 연마 작업으로

Yes ↓

광 택 작 업

4.2 도장 전 준비 작업

4.2.1 상도 작업 선택

상도 도장은 도장 작업의 최종 목적인 차량의 색상, 광택, 부드러움과 외관 향상을 위한 목적을 충족시키기 위한 수단으로써, 도장 작업의 성패의 원인이 되기도 한다.

(1) 1Coat – 1Bake 상도 도장 기법

폴리우레탄 도료(착색 2액형 도료) ⇒ 가열 건조 완성(60℃ × 30분)

착 색 도 료 + 투 명 도 료
하　　지

(2) 2Coat – 1Bake 상도 도장 기법

베이스 코트 도료 스프레이(은폐력 및 색상 제공 : 1액형 도료)
⇒ 크리어 코트 도료 스프레이(광택 및 강도 제공 : 2액형 도료)
⇒ 가열 건조 완성(60℃ × 30분)

투 명 도 료
착 색 도 료 + 알 루 미 늄 입 자
하　　지

(3) 3Coat – 1Bake 상도 도장 기법

컬러 베이스(단색) 코트 도료 스프레이(은폐력 및 색상 제공 : 1액형 도료)
⇒ 마이카 베이스 코트 도료 스프레이(마이카 색상 제공 : 1액형 도료)
⇒ 크리어 코트 도료 스프레이(광택 및 강도 제공 : 2액형 도료)
⇒ 가열 건조 완성(60℃ × 30분)

투 명 도 료
마이카 베이스 도료
컬러 베이스(단색) 도료
하　　지

4.2.2 도장 작업 환경

① 밝기 - 전체가 균일하게 밝을 것

【표 4-12】 작업별 조도

구 분	작 업 의 예	조도(Lux)
정 밀	옻칠 도장, 자동차 상도 도장, 검사	800~300
준정밀	일반 소부 도장, 차량 및 목공 도장	300~150
보 통	하지 처리	150~70

② 상온을 유지하며 습도가 적당할 것(20℃/75%)

③ 화재 위험이 없을 것

④ 공기가 건조하고 깨끗하고 풍속과 환기가 적당할 것

㉠ 먼지의 함유량 및 허용도

【표 4-13】 작업별 먼지 함유량 및 허용 농도

구 분	함유량(mg/m²)	판 별	입자경(μ)
전원 및 교외 지역	0.05~5.0		
도시 지역	0.1~1.0	현미경으로 볼 수 없음	0.001~0.2
공장 지역	0.2~5.0	현미경으로 볼 수 있음	0.2~10
보통 공장 내부	10~1,000	육안으로 볼 수 있음	10 이상
광산, 분진 공장 지대	10,000~50,000		

㉡ 먼지의 판별도

【표 4-14】 먼지의 판별도

구 분	예 시	입자의 크기 (μ)	입 자 수 (개/cm²)	먼 지 량 (mg/m²)
일 반 도 료	건축, 방청 도장	10 이하	600 이하	7.5 이하
준정밀 도장	버스, 중차량	5 이하	300 이하	4.5 이하
정 밀 도 장	승 용 차	3 이하	100 이하	1.5 이하

4.2.3 작업 전 점검사항

① 도장면을 에어 블로우잉 및 표면 세정제로 탈지 작업을 한다.

㉠ 불충분한 연마는 없는지, 연마 찌꺼기나 지문은 남지 않았는지 살핀다.

㉡ 피도면이 평활한가, 거칠지 않은가 확인한다.

㉢ 왁스나 먼지, 유분이 남아 있나 확인한다.

② 자동차 차체의 불필요한 부위에는 도장 시 도료의 더스트가 묻지 않도록 사전에 세심한 마스킹(masking)을 한 후 작업한다.

③ 안전 장구를 정상적으로 착용한다.

④ 구도막을 정확하게 판별하여 도장의 목적에 맞는 도료를 선정한다.

⑤ 조색 시스템의 교반기를 이용, 도료를 충분히 혼합한다.

4.3 메탈릭 도장법(2Coat - 1Bake)

4.3.1 베이스 도료 스프레이 작업

① 충분히 혼합된 도료를 계량컵(전자저울)에 알맞은 양으로 옮긴다.

② 희석제를 조색 계량자(전자저울, 계량컵)를 이용하여 규정된 혼합비만큼 첨가하고 반드시 지정된 희석제만 첨가한다.

[그림 4-70] 베이스 도료의 계량 및 혼합하기

③ 점도계로 점도를 측정한다(포드컵 P4 : 18~20±5sec/20℃).

㉠ 작업장의 온도를 상온(20℃)을 유지한다.

㉡ 포드컵 스텐드에 점도계를 올려놓는다.

㉢ 한 손으로 포드컵 바닥의 구멍을 막고 다른 한 손으로 도료를 붓는다. (기포발생에 유의)

㉣ 도료를 내려놓고 초시계를 든다.

㉤ 컵의 구멍을 막은 손을 놓는 것과 동시에 초시계를 작동시킨다.

㉥ 포드컵의 구멍을 통해 도료가 연속적으로 흘러내리고 연속적으로 흐르던 도료가 끊기고 몇 방울씩 떨어진다.

㉦ 연속적으로 흐르던 도료가 끊기는 바로 그 순간에 초시계를 중지시킨다.

㉧ 이때 초시계가 25sec였다면 이 도료의 점도는 25sec/20℃가 된다.

㉨ 제조업체에서 추천하는 스펙(spec)이 18~20sec/20℃라면 도료에 신너를 약간씩 희석하면서 위와 같은 방법을 반복하여 추천 범위에 들어오면 점도 조절이 끝난다.

㉩ 도료의 타입에 따라, 색상에 따라 무게비로 희석된 %를 기록해 두면 다음 작업에서 동일 색상을 희석할 때 이 데이터를 사용하면 편리하다.

㉠ 최근에는 전자저울을 이용하여 무게비와 희석율(%)을 이용하여 사용할 수 있다.

[그림 4-71] 도료의 점도 측정하기

④ 스프레이 건의 용기에 70~80% 정도 되게 여과지를 사용하여 옮긴다.

【표 4-15】 여과지 규격

구　분	프라이머-서페이서	메탈릭 칼라	솔리드 칼라	크리어 코트
규격(meshs)	220	220	320	320

⑤ 스프레이 건은 중력식 기준 : 노즐 구경 1.2~1.4mm를 사용한다.
흡상식 기준 : 노즐 구경 1.4~1.6mm를 사용한다.

⑥ 에어 트랜스 포머는 정격압력 3~4kg/cm^2, 작업장 내 온도는 20℃를 유지한다.

⑦ 도장면을 에어블로우 작업과 먼지 제거포로 깨끗이 청소한다.

[그림 4-72] 도료의 여과 및 먼지 제거포를 이용하여 패널 청소

⑧ 시험 분무를 하며 도료의 양, 패턴을 피도물에 알맞게 조정한다.

⑨ 오른손에 분무기를 잡고, 왼손에는 공기 호스를 여유있게 (약 1m 내외) 잡아 허리에 붙인 듯한 자세를 취한다.

⑩ 분사 거리 15~20cm, 속도는 0.8 m/ses±0.2, 각도는 피도물에 대하여 평행과 직각을 유지하며 패턴 폭은 3/4 정도 겹친다.

⑪ 1회 도장 전 후레쉬 타임을 5~10분 정도 경과 후 2~3회 도장한다.

㉠ 1회 도장(기초 도장) : 스프레이 건의 속도를 빠르게 한다.

㉡ 2회 도장(색상 결정) : 스프레이 건의 속도를 다소 빠르게 한다.

㉢ 3회 도장(얼룩 지우기) : 스프레이 건의 속도를 빠르게 한다.

[그림 4-73] 메탈릭 베이스 도료의 혼합 및 스프레이하기

㉣ 건조 도막의 두께는 20~35㎛ 정도이다.

㉤ 각진 부분, 모서리, 가장자리 부분에 먼저 분무한다.

㉥ 흐름, 도막 두께에 차이가 없도록 균일하게 도포한다.

⑫ 흐름 현상, 더스트, 주름 현상 등의 결함 발생 시 수정 후 재도장한다.

⑬ 도장 작업 후 15~20분 정도 후레쉬 타임을 주고 투명 도장 작업을 진행한다.

4.3.2 크리어 도료 스프레이 작업

① 충분히 혼합된 도료를 계량컵(전자저울)에 알맞은 양으로 옮긴다.

② 경화제를 조색 계량자(전자저울, 계량컵)를 이용하여 규정된 혼합비만큼 첨가하고 반드시 지정된 경화제만 첨가한다.

③ 점도계로 점도를 측정한다(포드컵 P4 : 18~20±5sec/20℃).

④ 스프레이 건의 용기에 70~80% 정도 되게 여과지를 사용하여 옮긴다.

⑤ 스프레이 건은 중력식 기준 : 노즐 구경 1.4~1.6mm를 사용한다.
흡상식 기준 : 노즐 구경 1.5~1.7mm를 사용한다.

⑥ 에어 트랜스 포머는 정격압력 3~4kg/cm^2, 작업장 내 온도는 20℃를 유지한다.

⑦ 도장면을 에어블로우 작업과 먼지 제거포로 깨끗이 청소한다.

⑧ 시험 분무를 하며 도료의 양, 패턴을 피도물에 알맞게 조정한다.

⑨ 오른손에 분무기를 잡고, 왼손에는 공기 호스를 여유있게(약 1m 내외) 잡아 허리에 붙인

듯한 자세를 취한다.

⑩ 분사 거리 15~20cm, 속도는 0.8m/ses ± 0.2, 각도는 피도물에 대하여 평행과 직각을 유지하며 패턴 폭은 3/4 정도 겹친다.

⑪ 1회 도장 전 후레쉬 타임을 5~10분 정도 경과 후 2~3회 도장한다.

㉠ 1회 도장(투명 기초 도장) : 스프레이 건의 속도를 다소 빠르게 한다.

㉡ 2회 도장(투명 마감 도장) : 스프레이 건의 속도를 표준 또는 다소 느리게 한다.

[그림 4-74] 크리어 도료의 혼합 및 스프레이하기

㉢ 건조 도막의 두께는 30~50㎛ 정도이다.

㉣ 각진 부분, 모서리, 가장자리 부분에 먼저 분무한다.

㉤ 흐름, 두막 두께에 차이가 없도록 균일하게 도포한다.

4.3.3 가열 건조 작업

① 도장 작업이 끝난 후 10분 정도 세팅 타임을 주고 서서히 온도를 상승시켜 열처리(60℃ × 30분)한다.

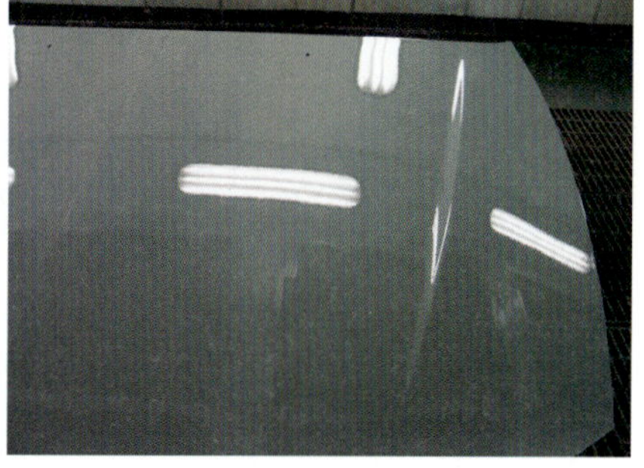

[그림 4-75] 스프레이 부스에서의 강제 건조 및 건조 후 패널 상태

② 흐름 현상, 더스트, 주름 현상 등의 결함 발생 시 수정 후 재도장 또는 폴리싱한다.

4.4 2액형 솔리드 도장법(1 Coat-1 Bake)

4.4.1 스프레이 작업

① 1회 도장 후 후레쉬 타임을 5~10분 정도 경과 후 2~3회 도장한다.

㉠ 1회 도장(기초 도장) : 스프레이 건의 속도를 빠르게 한다.

㉡ 2회 도장(도막 만들기) : 스프레이 건의 속도를 표준으로 한다.

㉢ 3회 도장(평활도 조정) : 스프레이 건의 속도를 표준으로 한다.

㉣ 건조 도막의 두께는 40~50㎛ 정도이다.

4.4.2 가열 건조 작업

(4.3 메탈릭 도장법(2Coat-1Bake) 참조)

4.5 코트펄 도장법(3Coat - 1Bake)

4.5.1 칼라베이스 도료 스프레이 작업

① 충분히 혼합된 베이스(단색) 도료를 계량컵(전자저울)에 알맞은 양으로 옮긴다.

② 희석제를 조색 계량자(전자저울, 계량컵)를 이용하여 규정된 혼합비만큼 첨가하고 반드시 지정된 희석제만 첨가한다.

③ 점도계로 점도를 측정한다(포드컵 P4 : 18~20±5sec/20℃).

④ 스프레이 건의 용기에 70~80% 정도 되게 여과지를 사용하여 옮긴다.

⑤ 스프레이 건은 중력식 기준 : 노즐 구경 1.2~1.4mm를 사용한다.
흡상식 기준 : 노즐 구경 1.4~1.6mm를 사용한다.

⑥ 에어 트랜스 포머는 정격압력 3~4kg/cm^2, 작업장 내 온도는 20℃를 유지한다.

⑦ 도장면을 에어블로우 작업과 먼지 제거포로 깨끗이 청소한다.

⑧ 시험 분무를 하며 도료의 양, 패턴을 피도물에 알맞게 조정한다.

⑨ 오른손에 분무기를 잡고, 왼손에는 공기 호스를 여유있게(약 1m 내외) 잡아 허리에 붙인 듯한 자세를 취한다.

⑩ 분사 거리 15~20cm, 속도는 0.8m/ses ± 0.2, I 각도는 피도물에 대하여 평행과 직각을 유지하며 패턴 폭은 3/4 정도 겹친다.

⑪ 1회 도장 전 후레쉬 타임을 5~10분 정도 경과 후 2~3회 도장한다.

㉠ 1회 도장(기초 도장) : 스프레이 건의 속도를 빠르게 한다.

㉡ 2회 도장(색상 결정) : 스프레이 건의 속도를 다소 빠르게 한다.

㉢ 건조 도막의 두께는 30~40㎛ 정도이다.

㉣ 각진 부분, 모서리, 가장자리 부분에 먼저 분무한다.
㉤ 흐름, 두막 두께에 차이가 없도록 균일하게 도포한다.

⑫ 흐름 현상, 더스트, 주름 현상 등의 결함 발생 시 수정 후 재도장한다.

⑬ 도장 작업 후 15~20분 정도 후레쉬 타임을 주고 마이카 도장 작업을 진행한다.

4.5.2 마이카 베이스 도료 스프레이

① 마이카 도료를 베이스 작업과 동일한 요령으로 작업한다.

② 1회 도장 전 후레쉬 타임을 5~10분 정도 경과 후 3~6회 도장한다.

③ 도장 작업 후 15~20분 정도 후레쉬 타임을 주고 투명 도장 작업을 진행한다.

④ 건조 도막의 두께는 20~30㎛ 정도이다.

4.5.3 크리어 도료 스프레이

(4.3 메탈릭 도장법(2Coat-1Bake) 참조)

4.5.4 가열 건조 작업

(4.3 메탈릭 도장법(2Coat-1Bake) 참조)

4.6 수용성 도료의 도장

수용성 도료는 최근 심각한 대기오염원으로 인식되고 있는 VOC(volatile organic compounds : 공기중으로 증발하는 유기용제)의 국제적 규제에 부합된 도료로 유기용제 대신 물을 사용하는 도장용 도료이다. 이에 따라 자동차 보수용 도료도 유럽을 중심으로 수용성 도료에 대한 연구가 진행되어 수용성 도료의 커다란 단점으로 지적되어 왔던 건조성과 부착성도 유용성 도료 못지 않게 개선되었다. 현재 국내에서도 수용성 도장 설비를 보유하고 수용성 도료를 이용하여 자동차 보수도장을 실시하고 있다.

4.6.1 용제형 도료와 수용성 도료의 비교

유기용제형 도료와 수용성 도료의 차이를 [표 4-16]과 같이 비교해 보자.

【표 4-16】 용제형 도료-수용성 도료의 비교

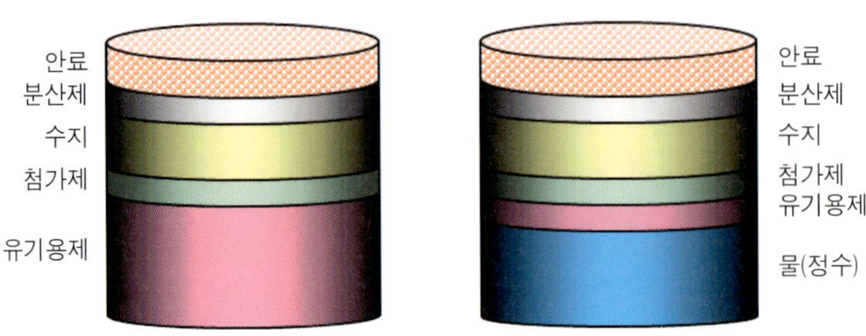

구 분	용제형 도료	수용성 도료
비율	유기용제 85%	물 70%
건조	빠름(온도에 민감)	느림(습도조건에 민감)
조건	비교적 영향이 적음	주변 환경에 영향을 받음
색상	차이가 비교적 적다	도장 방법에 따른 색상 차이
은폐력	낮은 안료 함유량으로 양호	높은 안료 함유량으로 우수
세척	시너 세척	정세정척(수용성 세척)
가격	낮음	높음

【표 4-17】 물 & 유기용제의 차이점

구 분	물	유기용제	비 고
비중	1	약 0.9	g/cm², 25℃
BP(Boiling Point)	100	118~128	℃
증발형	5527	250~55	j/g
표면장력	72.0	29.0	mN/M
화재위험성	낮다	높다	

4.6.2 도장 공정에 따른 비교

수용성 도료는 용제형 도료에 비하여 은폐력이 우수하여 도장 횟수가 적으며 수용성도료의 지건성 건조로 인해 메탈릭 얼룩의 결함도 적게 발생한다. 따라서 도료의 변화에 따라 다소 숙련의 시간이 필요하지만 유용성 도료의 도장 방법과 다른 점은 크게 없으며 [표 4-18]과 같이 제조사의 도료 특성에 따른 추천 방식에 따라 스프레이 방법과 적용 장비 및 부재료를 올바르게 적용하면 양질의 제품을 생산할 수 있다.

【표 4-18】 도장 공정에 따른 비교

구분	용제형 도료	수용성 도료
추천 도장	1회 mist 도장(후레쉬타임 : 1~2분)	1회 wet 도장(후레쉬타임 : 1~2분)
	2회 wet 도장(후레쉬타임 : 3~4분)	2회 wet 도장(후레쉬타임 : 1~2분)
	3회 wet 도장(후레쉬타임 : 3~4분)	3회 mist 도장
	4회 mist 도장	

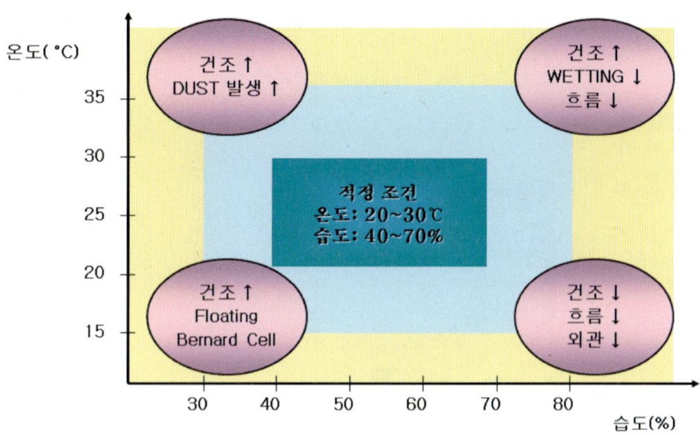

[그림 4-76] 온도 및 습도의 영향 비교

4.6.3 도료의 보관 및 사용시 유의사항

① 항상 5~35℃를 유지할 수 있는 실내에 보관하여야 한다.

② 밀봉상태로 보관시 상온에서 1~2년 사용이 가능하다.

③ 플라스틱 용기 보관하며 금속용기에 사용을 금지하여야 한다.

④ 유성에 비하여 더욱 세밀한 교반이 필요하다.

⑤ 유성에 비하여 표면장력이 높으나 수용성 전용 표면 처리제를 사용하여 소지면의 탈지가 필요하다.

⑥ 도장의 조건이 주변 환경에(표면처리, 먼지, 유분, 온도 등) 민감하므로 청결한 작업환경을 유지한다.

⑦ 에어 드라이 시스템을 통한 강제 건조가 반드시 필요하다.

4.6.4 수용성 도료 도장 설비 및 재료의 조건

① 수용성 도료의 적용 설비

[표 4-19]와 같이 수용성 도료의 도장 설비 조건을 비교해 보자.

【표 4-19】 수용성 도료의 도장 설비 조건

구분		내 용
도장부스		수용성 전용 스프레이부스 (풍향, 풍속, 온도, 습도)
스프레이 건		수용성 전용 스프레이 건 (스테인리스 또는 특수 코팅 건)
건 세척기		스프레이 건 세척 및 오염된 물속의 페인트를 응고시키기 위한 설비
에어 블로우잉 건		건조를 돕기 위한 보조 설비
수용성 도료 에어필터		압축공기의 오염 물질을 최대한 여과하여 도장 품질을 향상시키는 장비

② 수용성 전용 도장 재료

수용성 도료의 특성인 물의 반응에 대비한 마스킹 테이프, 마스킹 페이퍼, 여과지, 먼지 제거포, 탈지제, 폐 도료 응고제 등의 전용 제품을 사용해야 한다.

(a) 마스킹 테이프

(b) 마스킹 페이퍼

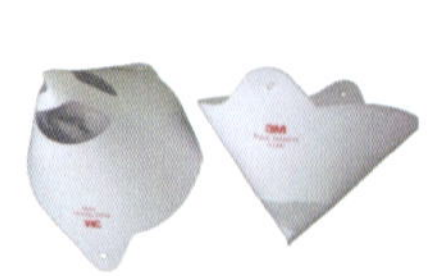

(c) 여과지

(d) 먼지 제거포

[그림 4-77] 수용성 전용 도장 재료

4.7 패널 도장의 실제

(1) 전체 도장

① 지붕을 먼저 도장하고 그림번호 순으로 작업을 진행한다.

② 바디 도장 시 차체하단부 가장자리 등 도장하기 어려운 부분을 먼저 도장한다.

③ 쿼터패널을 도장할 때는 리어 도어를 열어 놓은 상태로 작업하며 리어 도어부는 내부 마스킹을 한다.

④ 전, 후 범퍼부위를 도장한다.

⑤ 스프레이 더스트가 먼저 도장되어 건조된 면에 날려 앉으면 투명도장을 하더라도 광택이 저하되어 외관이 떨어지므로 주의한다.

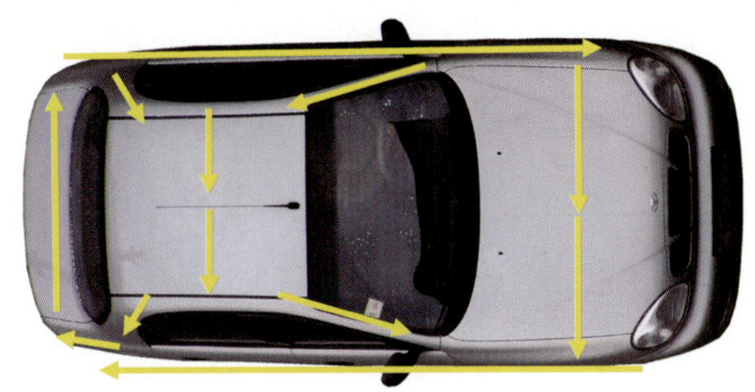

[그림 4-78] 전체 도장 순서

(2) 도어(door) 도장

①

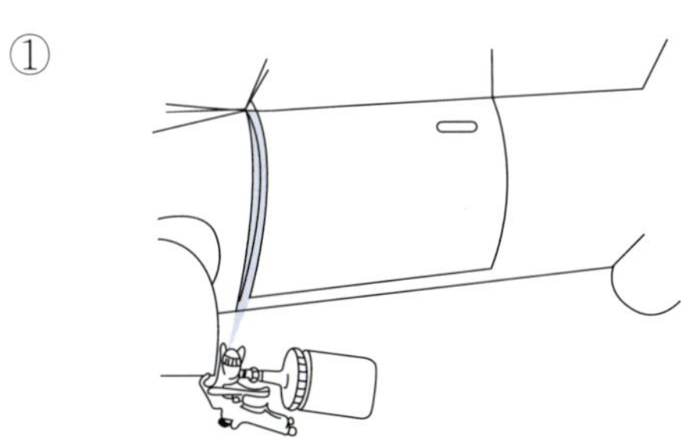

왼쪽의 가장자리를 도장한다.

②

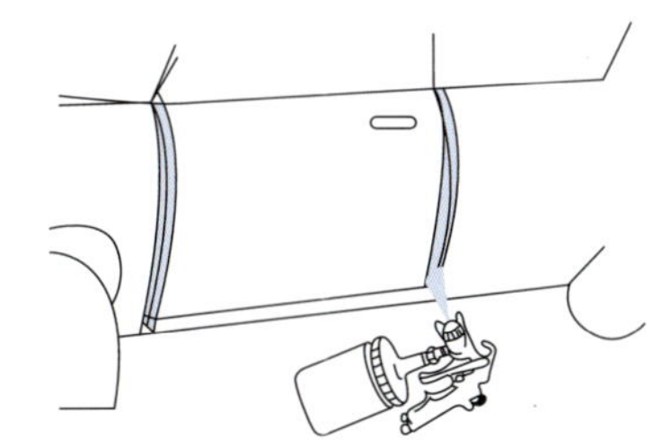

그런 후 오른쪽의 가장자리를 도장한다.

③

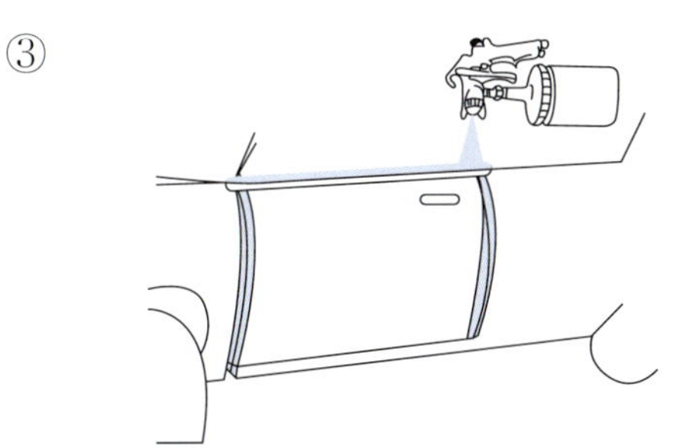

위의 몰딩을 따라 가장자리를 도장한다.

④

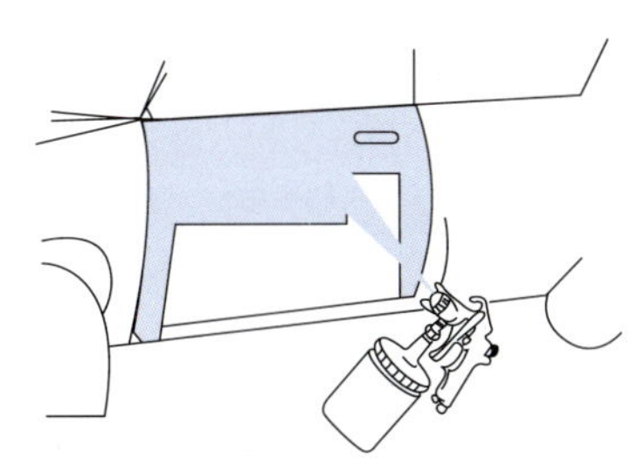

패널 전체를 위에서 아래로 도장한다.

⑤

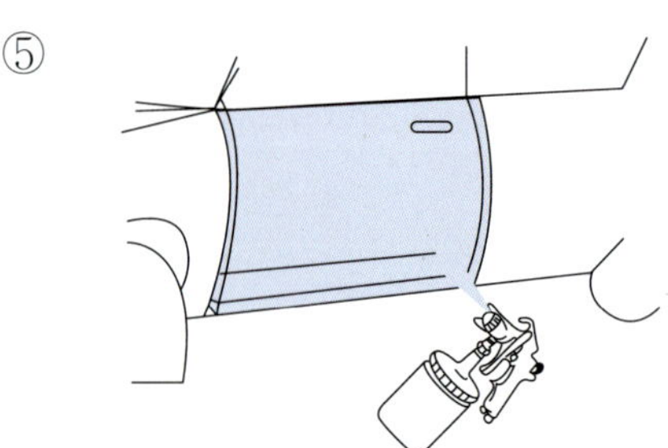

마지막으로 아래의 가장자리를 도장한다.

[그림 4-79] 도어 도장 순서

(3) 휀더(fender) 도장

①

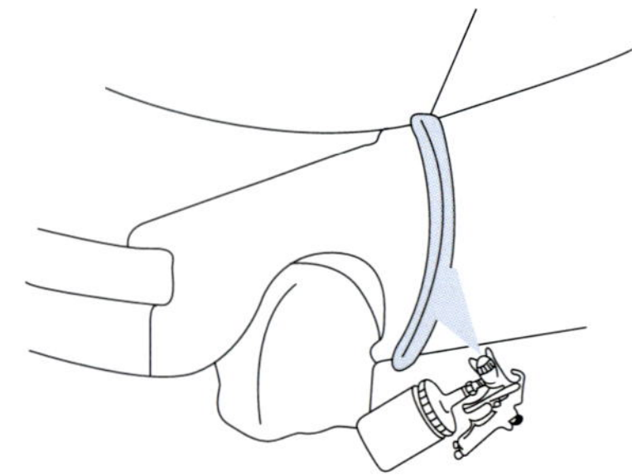

앞문짝과 경계인 가장자리를 도장한다.

②

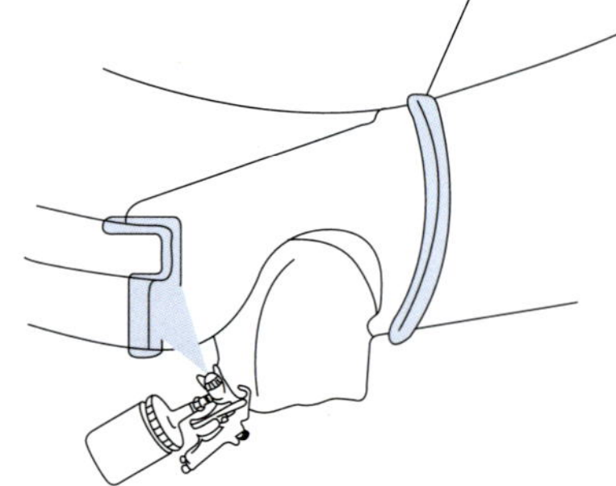

휀더 앞쪽의 가장자리를 도장한다.

③

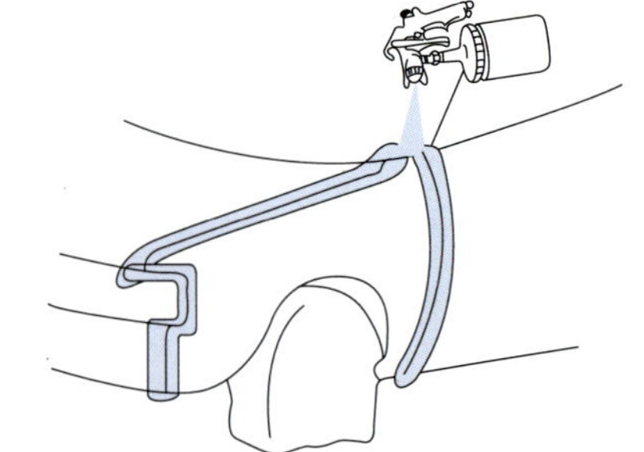

윗부분의 가장자리부터 도장한다.

④

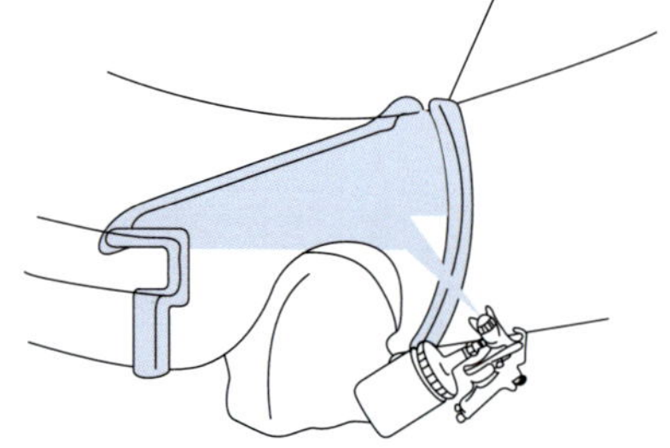

윗부분부터 아래쪽으로 휠하우스까지 도장한다.

⑤

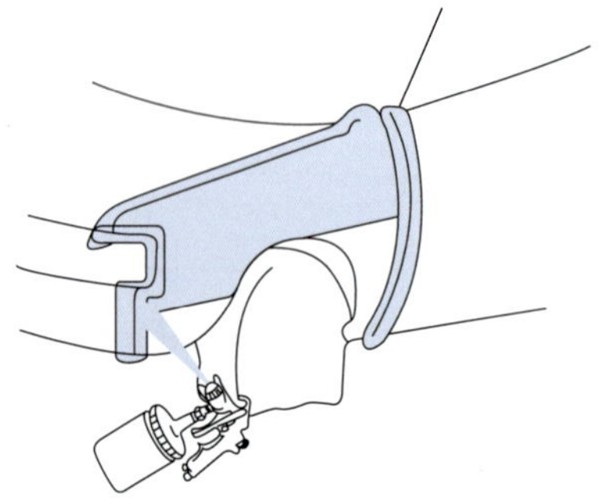

휀더를 휠하우스 기준으로 앞쪽을 도장한다.

⑥

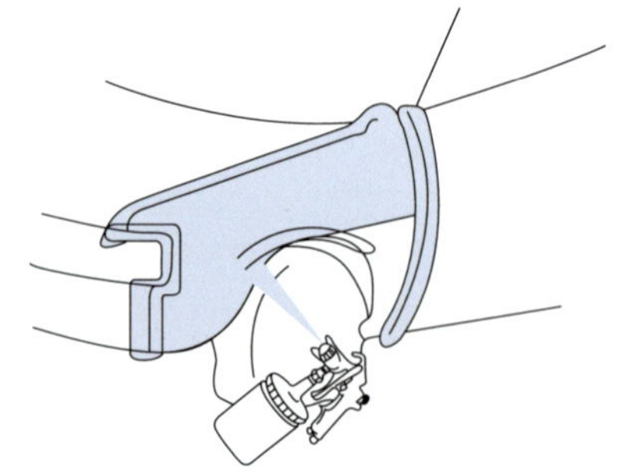

휠하우스의 안쪽을 도장한다.

⑦

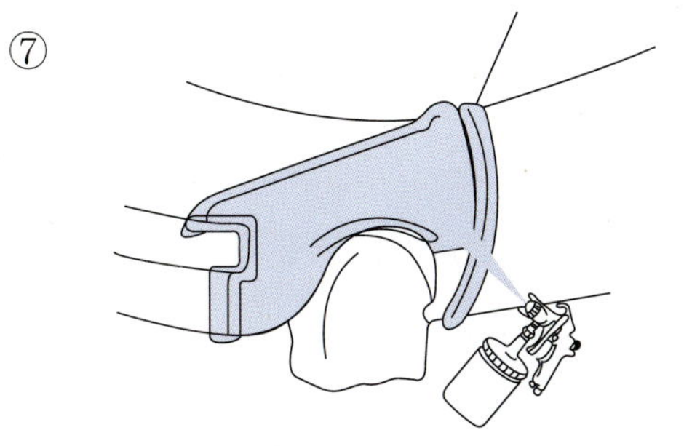

휀더의 뒤쪽을 도장한다.

⑧

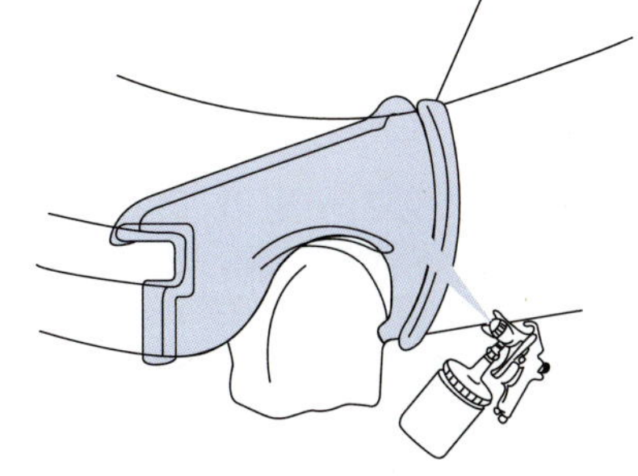

휀더의 아래쪽을 도장한다.

[그림 4-80] 휀더 도장 순서

(4) 후드(hood), 루프(roof), 트렁크(trunk-lid) 도장

①

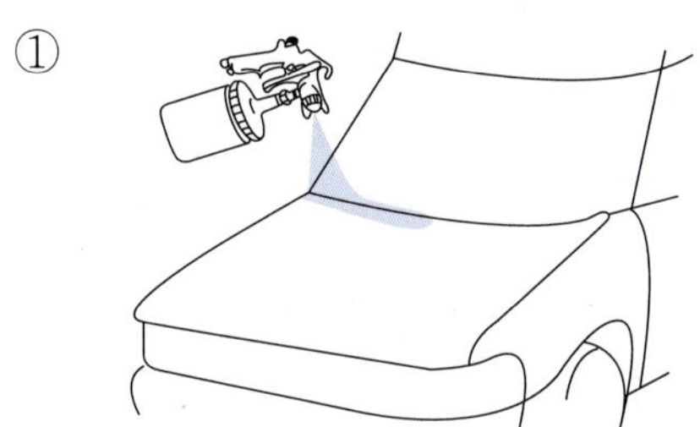

왼쪽의 가장자리를 도장한다.

②

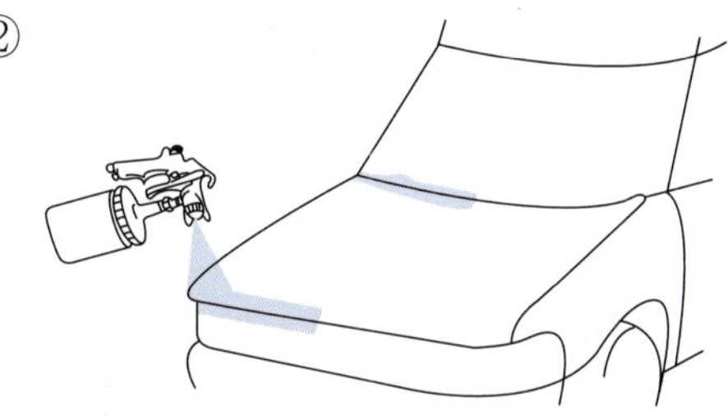

그런 후 오른쪽의 가장자리를 도장한다.

③

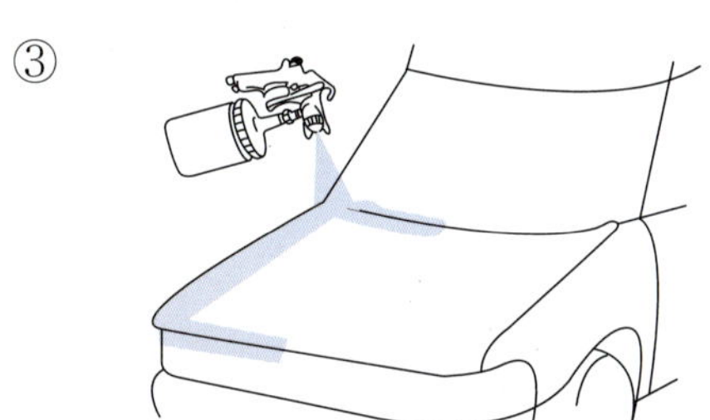

위의 몰딩을 따라 가장자리를 도장한다.

④

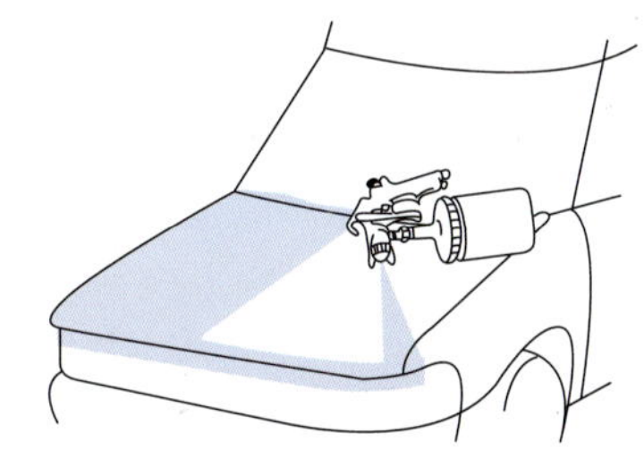

패널 전체를 위에서 아래로 도장한다.

⑤

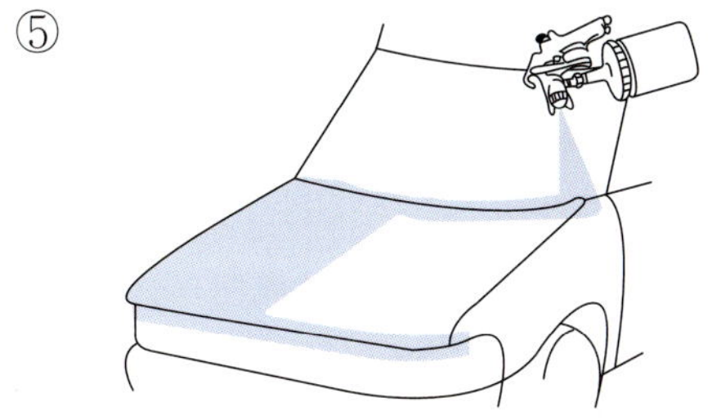

마지막으로 아래의 가장자리를 도장한다.

⑥

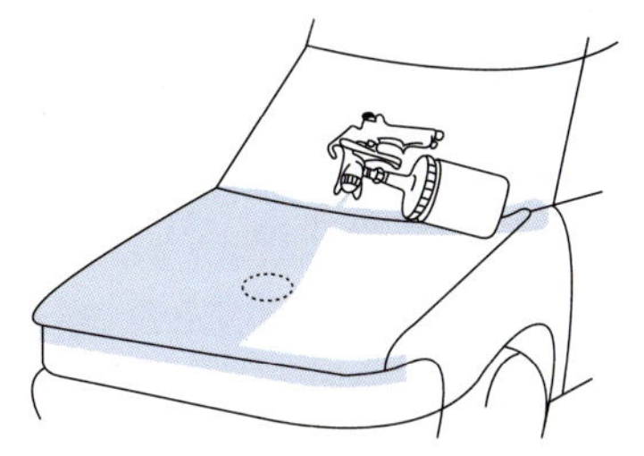

후드의 나머지 반을 도장하고 가장자리까지 도장하여 마친다.

[그림 4-81] 후드 도장 순서

4.8 상도 도장 시 주의 사항

① 스프레이 건의 도료는 항상 도료 컵에서 흘러나올 수 있다. 도료 컵이 완전히 닫혀있는지 확인하고 컵의 공기구멍의 위치를 확인한다.

② 스프레이 건에 연결된 에어호스가 도장면에 닿거나 밟히지 않도록 주의한다.

③ 초벌 도장 시 미세한 크레타링의 현상을 방지하기 위하여 얇게 드라이 스프레이 도장한다.

④ 경계부위 도장 시에는 너무 두껍게 도장되지 않도록 드라이 도장한다.

⑤ 후레쉬 타임을 충분히 부여한다.

⑥ 바디측면 등의 넓은 부위를 도장하는 경우 같은 위치에서 연속 도장하면 오버랩하여 도료가 흐를 수 있으므로 스프레이 겹침 위치를 조절하여 도장한다.

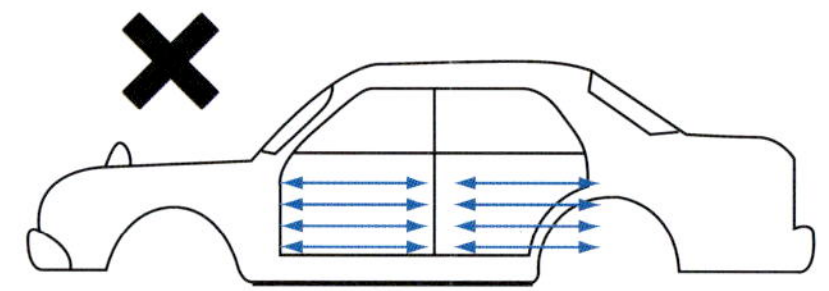

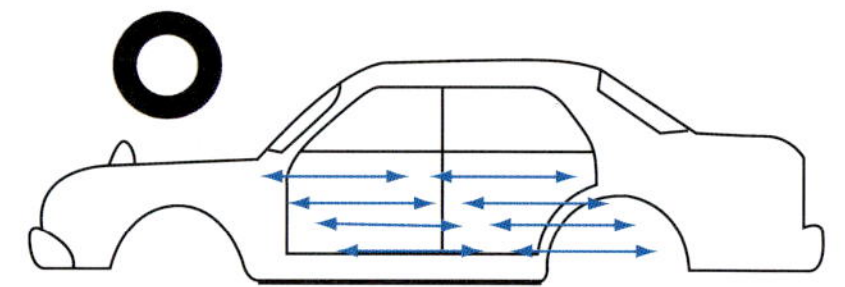

⑦ 각진 부분, 모서리, 가장자리 부분에 먼저 도장한다.

⑧ 흐름, 두막 두께에 차이가 없도록 균일하게 도장한다.

5. 부분 도장(blending) 작업

5.1 부분 도장이란?

① 부분 도장에서는 보수도장 부위의 색상과 원 차체의 색상 차이가 육안으로 나타나지 않도록 하기 위한 작업이다.

② 도장 부위를 블렌딩 전용신너를 다량 혼합한 도료와 블렌딩 전용신너를 분출시켜 보수부분과 구도막과의 관계를 자연스럽게 하는 기술이다.

③ 블렌딩 스프레이기법은 건으로 원을 그리면서 이동시켜 보수 부분에서 멀어지면 멀어질수록 도막이 얇아지도록 분출시키는 방법을 사용한다.

④ 도막의 두께가 얇아지면 분사시킨 도료의 밀착력이 저하되고 은분 입자의 배열이 나빠져 얼룩이 발생할 수 있으므로 사전에 P1500~P3000번 연마지로 조착 연마 및 미트코트를 적용하는 등 고도의 기술이 요구된다.

⑤ 동일한 의미로 숨김 도장, 스폿 도장, 보카시 도장으로 사용한다.

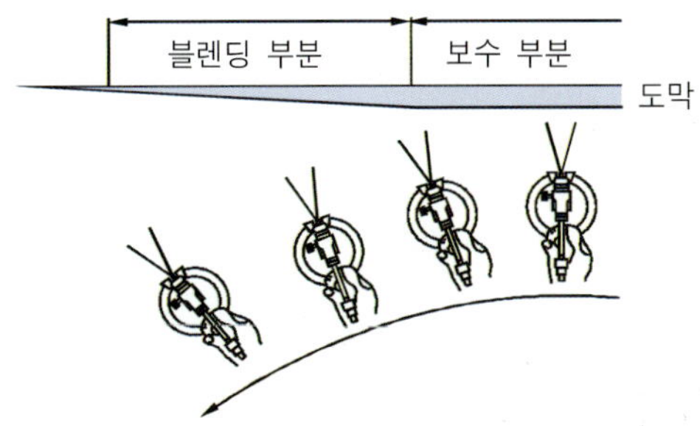

[그림 4-82] 부분 도장의 범위

5.2 도장의 범위

① 적은 범위를 선정한다.
② 정밀도 높은 조색 작업을 시행한다.
③ 동일 색상의 패널에도 면이 새로 바뀌면 색상이 달라 보이는 착시현상을 이용하여 프레스 라인이나 패널의 연결된 부분을 작업한다.

5.3 도장 작업하기

(1) 하도 작업

① 손상된 도막부위를 [그림 4-83]과 같이 P60~P80번 연마지를 사용하여 단 낮추기 작업을 한다.

  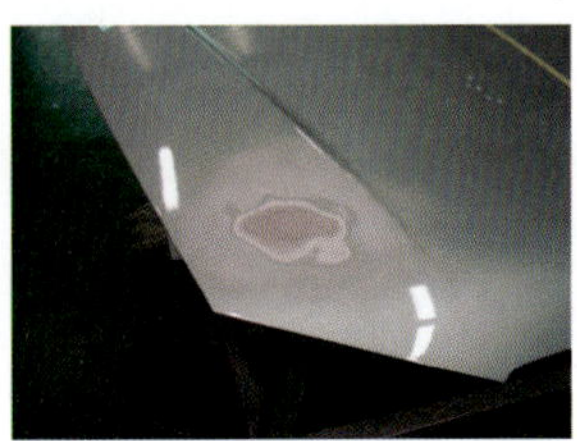

[그림 4-83] 숨김 도장 부분 단 낮추기 작업하기

② 도막의 스크래치 손상의 경우
- 낮추기 작업 후 노출된 철판을 워시 프라이머로 방청작업을 진행한다.
③ 패널의 철판 부분 손상된 경우
- 단 낮추기 작업 후 퍼티작업을 진행한다.

(2) 중도 작업

① 도장 패널 면을 [그림 4-84]와 같이 뒤집기 마스킹을 하고 프라이머-서페이서를 사용하여 하도 작업 부분을 스프레이 도장한다.

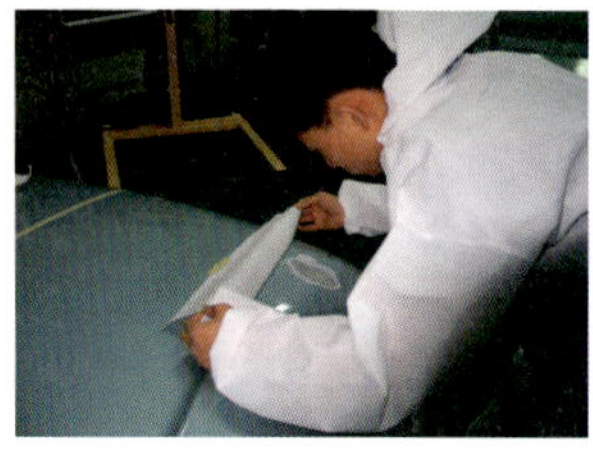

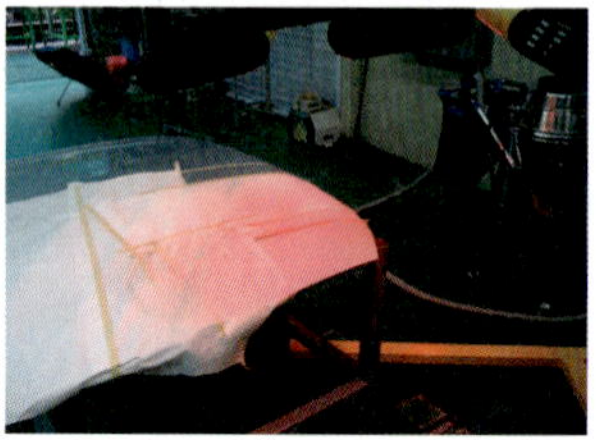

[그림 4-84] 마스킹 및 프라이머-서페이서 작업하기

② 강제 건조 후 [그림 4-85]와 같이 P600번 연마지로 중도 도장 패널 면을 연마한다.

③ P1200~P1500번 연마지를 사용하여 상도 도료의 적용면을 부착력 부여를 위해 스크래치 작업한다.

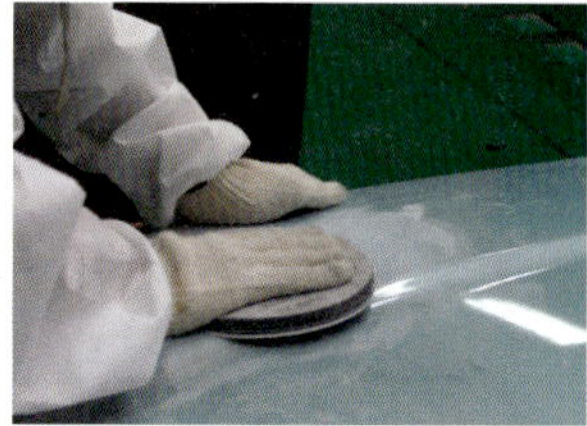

[그림 4-85] 프라이머-서페이서 도장면 연마 작업하기

(3) 상도 작업

① [그림 4-86]과 같이 전자저울을 이용하여 베이스, 크리어, 블렌딩 전용시너를 준비한다.

[그림 4-86] 상도 도료(칼라 베이스, 크리어, 블렌딩 전용 시너) 준비하기

② [그림 4-87]과 같이 칼라 베이스 도료를 단차를 부여하여 숨김 도장한다(2코트 타입 메탈릭 & 솔리드 타입 도료를 적용시).

㉠ 에어 블로우잉 및 표면 세정제를 사용하여 탈지작업을 한다.

㉡ 먼지 제거포로 먼지를 제거한다.

㉢ 베이스 도료를 A(a-b) 부위에 2회 도장한다.

㉣ 후레시 타임 15분 후 A부위보다 넓게 B(b-c)부위를 숨김 도장을 한다.

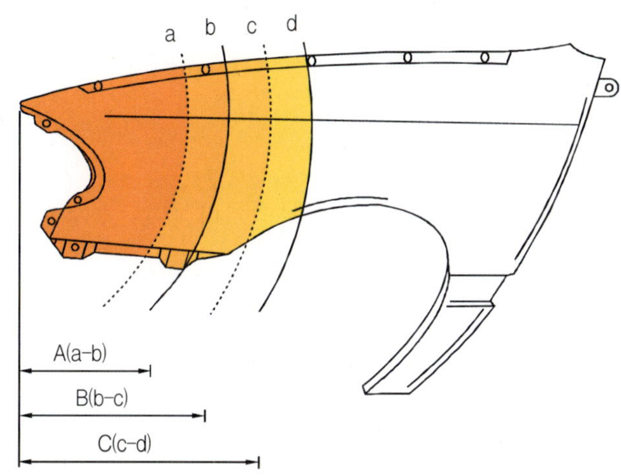

[그림 4-87] 메탈릭-마이카 베이스 도료의 숨김 도장 요령

③ 3코트 타입 마이카-펄 도료를 적용할 때는 후레시 타임 15분 후 B부위보다 넓게 C(c-d)부위를 숨김 도장을 한다.

④ [그림 4-88]과 같이 크리어 도료도 숨김 도장한다.

㉠ 후레시 타임 15분 후 크리어 도료를 패널의 숨김 도장부위 A(a-b)에 2회 도장한다.

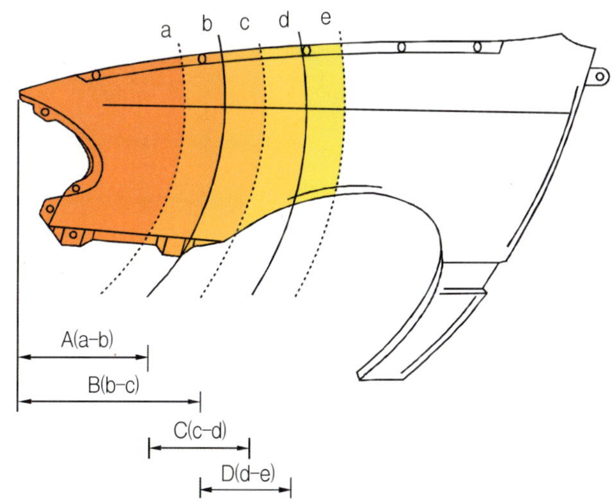

[그림 4-88] 크리어 도료의 숨김 도장 요령

㉡ 5분 정도 건조된 후 스프레이 캔의 잔여 도료와 블렌딩 전용 시너를 1 : 1로 혼합하여 B(b-c) 부위를 2회 도장을 한다.

㉢ 1차 블렌딩 도장 전 남은 도료와 블렌딩 전용 시너를 다시 1 : 1로 혼합하여 C(c-d) 부위에 2차 블렌딩 도장을 한다.

㉣ 마지막으로 블렌딩 전용 시너만을 사용하여 보수 보장의 크리어 코트면 D(d-e) 부위를 가볍게 블렌딩 도장한다.

⑤ 세팅타임을 주고 강제 건조하여 완성한다.

5.4 부분 도장의 광택 작업

① 기존 도장 부위와 광택의 상태를 균일하게 갖추거나 부분 보수에서 표면조정, 불순물이나 먼지의 제거가 필요하다.

② 부분 도장의 도막은 얇고 밀착력도 약해서 표면의 상태로 그다지 양호하지 못하다.

③ 힘을 너무 가하지 않도록 조금씩 보수면에서 구도막 방향으로 일방통행으로 작업한다.

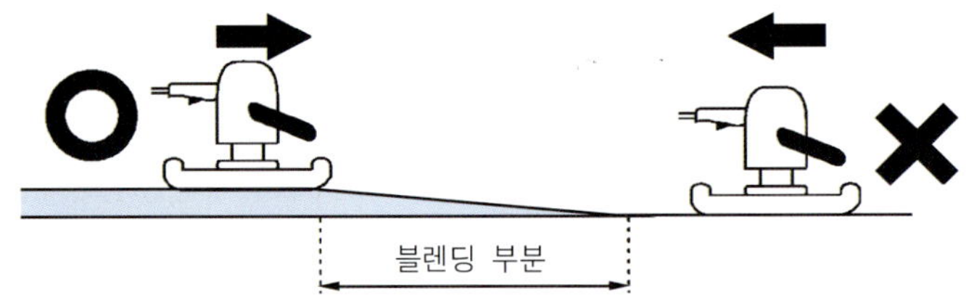

[그림 4-89] 부분 도장면의 광택

V. 자동차 조색

제1절 색상 이론

1. 색을 지각하는 기본원리에 관한 일반 지식

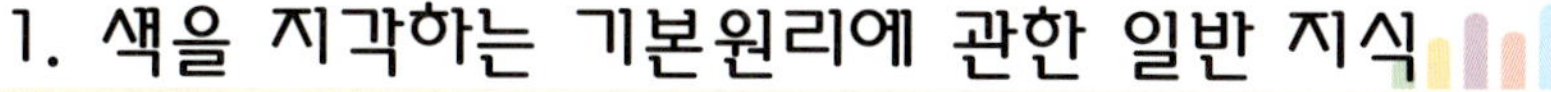

1.1 광선

(1) 광 선

항상 특정 "광원"으로 부터 나오는 것으로 지구상에서 가장 좋은 광원은 태양빛이며, 태양 빛을 관측 시 백광색(색감이 없는 빛)이다.

(2) 색과 파장의 관계

① 가시광선

- 빨강색~보라색까지(780nm~380nm 파장)의 범위로 육안 식별이 가능하다.

※ nm : 나노미터(nanometer) ☞ 1nm = 1/1,000,000mm

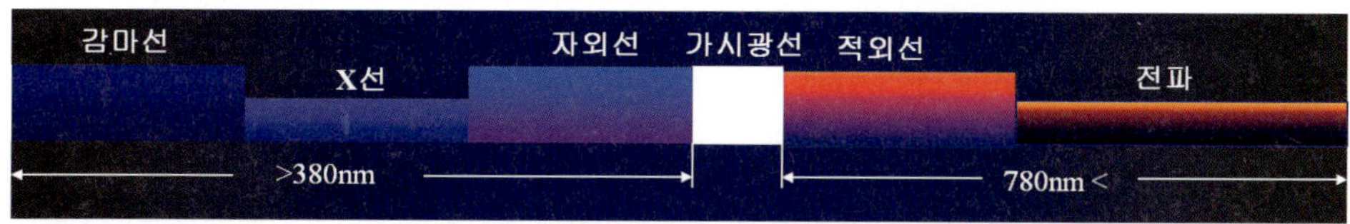

[그림 5-1] 광선 프리즘과 색과 파장

② 불가시광선

- 380nm 보다 짧은 파장 ☞ 자외선, X선 및 우주선
- 780nm 보다 긴 파장 ☞ 적외선과 전파 등이며 육안 감지가 불가능하다.

③ 색을 설명하는 데에는 파장별 방사에너지를 측정하지 않아도 그 빛에 포함되어 있는 스펙트럼의 비율만으로 알 수가 있다.

1.2 물체

① 태양, 전등과 같이 광원에서 나오는 광선을 반사함으로 보이는 것으로 무광원시 관측이 불가능하다.

㉠ 표면색(surface color) : 물체의 표면에서 빛이 반사하여 나타나는 색이다.

㉡ 투과색(transparent color) : 색유리와 같이 빛이 투과하여 나타나는 색이다.

② 물체가 빛의 성분 중 특정 색광선은 반사하고, 다른 색광선은 흡수한다.

㉠ 빨강 : 빨강 파장만 반사하고, 나머지 파장은 흡수한다.

㉡ 노랑 : 노랑 파장만 반사하고, 나머지 파장은 흡수한다.

㉢ 파랑 : 파랑 파장만 반사하고, 나머지 파장은 흡수한다.

㉣ 백색 : 대부분의 파장을 반사한다.

㉤ 흑색 : 대부분의 파장을 흡수한다.

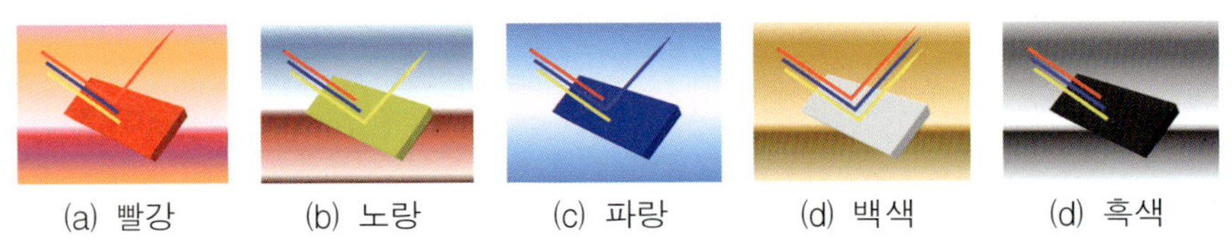

[그림 5-2] 물체의 특정색

1.3 관찰자

① 인간에 있어서 "눈"은 색을 판별하는 색 분석기의 역할을 한다.

[그림 5-3] 인간과 눈의 망막

㉠ 간상체(桿狀體, rod) : 밝고 어두움을 반응하고 감지한다.

- 달빛이나 별빛 등의 약한 빛 아래서도 물체를 볼 수 있는 이유이며, 간상체가 활동하는 어두운 상태에서는 유채색은 지각할 수 없고 무채색의 명암만 지각할 수 있다.

㉡ 추상체(錐狀體, cone) : 색의 차이를 반응하고 감지한다.

- 낮과 같은 밝은 상태에서 활동하며 단순히 명암뿐만 아니라 유채색도 구분하여 볼 수 있다.

② 색맹

㉠ 추상체의 기능 결함 : 빨강, 녹색, 파랑색의 정보전달 추상체에 다른 물질 포함시 색맹이라 한다.

㉡ 전색맹과 부분 색맹, 즉 적록 색맹(적색 색맹과 녹색 색맹)과 청황 색맹으로 나누어진다.

2. 색의 분류 및 색의 3속성

2.1 색의 시각적 전달과정

색채는 물리적인 현상으로 색이 감각기관인 눈을 통하여 지각되거나 그와 같은 지각현상과 마찬가지로 경험의 효과를 가리키는 것이다. 즉, 외적 요인과 내적감각에 의해서 성립하는 시감각의 일종이다.

2.2 색이 보이는 현상

색에는 그 자체에서 빛을 발하는 광원색과 다른 것으로부터 빛을 받아서 색을 나타내는 물체색이 있다.

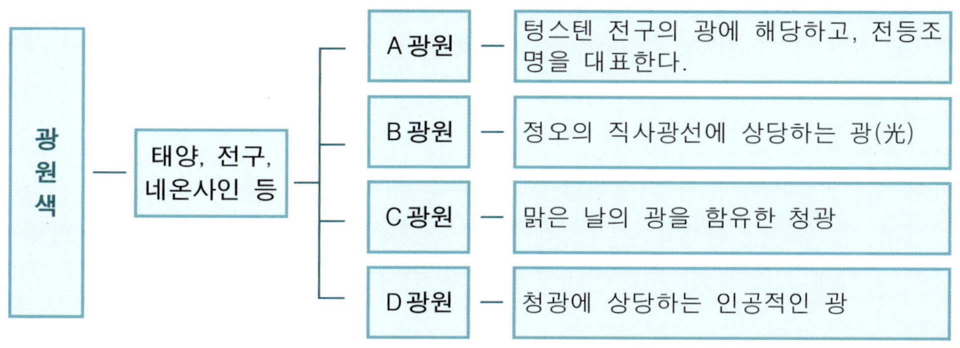

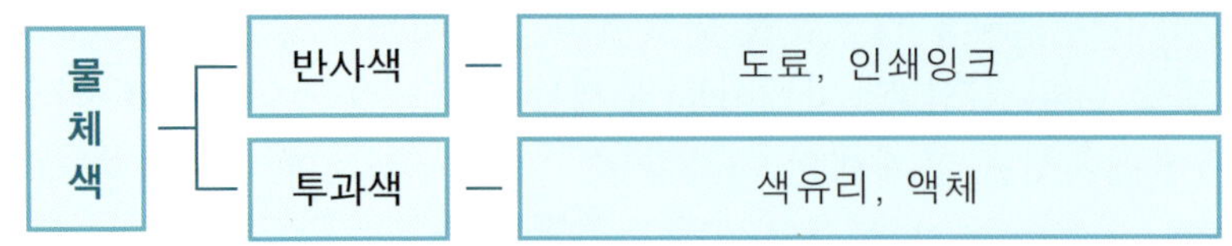

[그림 5-4] 광원색

색채는 채광이나 조도에 따라서 변화된다. 그러므로 오전·정오·오후에 따라 색상이 조금씩 다르게 보이며, 같은 시각이라도 채광의 방향에 따라서 조도가 다르기 때문에 색상의 차이가 생긴다.

또한 광원의 종류에 따라서도 색상이 변화되어 보인다. 같은 조도나 채광조건 아래에서도 명도가 높은 색은 어두운 색보다 빛을 많이 반사하여 밝게 보인다는 것을 실내 환경에서도 쉽게 볼 수 있다.

2.3 색의 3요소

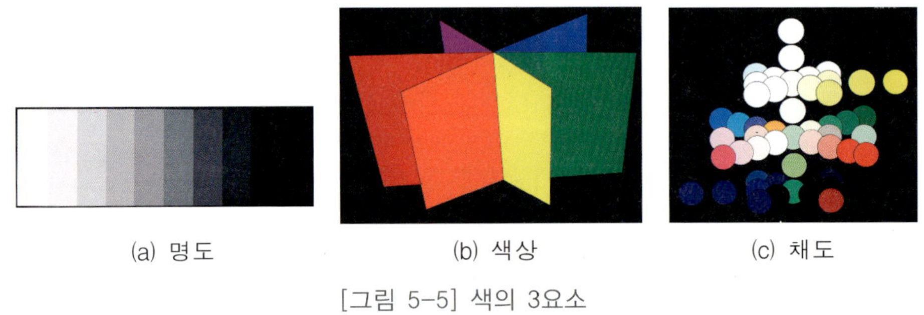

(a) 명도 (b) 색상 (c) 채도

[그림 5-5] 색의 3요소

(1) 명도(lightness)

① 색상의 밝고 어두운 정도를 말한다.

② 백색을 명도 "10", 검은색을 명도 "0", 중간 회색을 "9" 단계로 한 전체 "11" 단계

(2) 색상(hue)

① 유채색의 구분을 빨강계통, 노랑계통, 녹색계통 등 색의 종류에 따라 계통을 구별하는 색채의 속성

② 색의 구분

㉠ 유채색 : 순수한 무채색을 제외한 모든 색을 유채색이라 한다.

㉡ 무채색 : 무채색은 흰색에서 검정까지의 사이에 들어가는 회색의 단계를 만들어, 그 명암의 차이에 의하여 차례대로 배열할 수가 있다.

(3) 채도(saturation)

① 색의 강약, 또는 색의 맑기이고 선명도를 말한다.

② "1"에서 "14"까지의 구분이 있으며 채도 "14"가 가장 선명하다.

③ 순색에 무채색의 포함량이 많아질수록 채도가 낮아지고, 포함량이 적어질수록 채도가 높아진다.

㉠ 순색(full color) : 색광에 있어 스팩트럼의 단색광, 물체색에서는 어떤 하나의 색상에서 무채색의 포함량이 가장 적은 색

㉡ 맑은색(clear color) : 가장 깨끗하고 채도가 높은 색

㉢ 탁색(dull color) : 탁하거나 색상이 선명하지 못하고 채도가 낮은 색

2.4 색입체(color solid)

색의 3속성을 3차원의 공간 속에 계통적으로 배열한 것을 색입체(color solid)라고 한다.

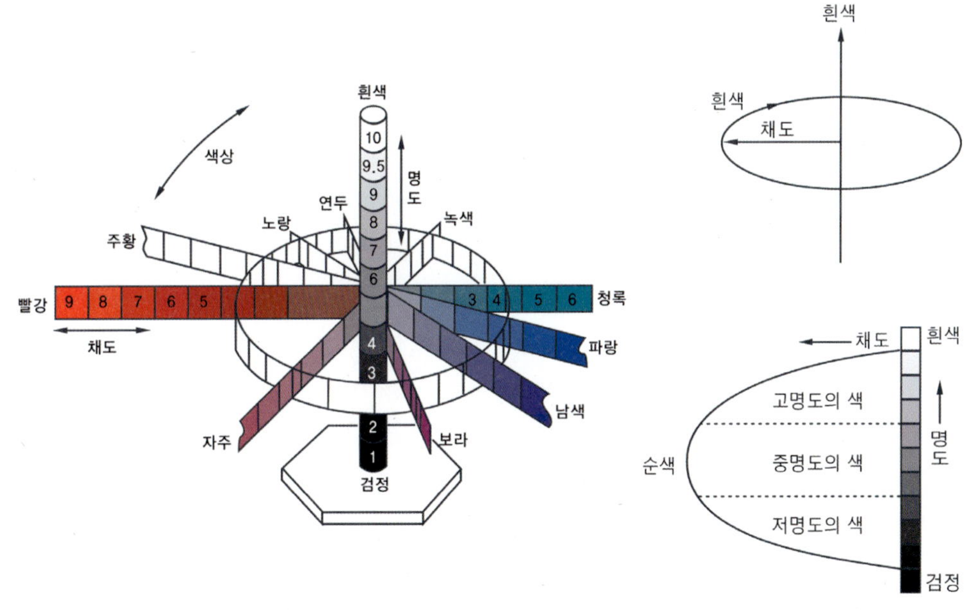

[그림 5-6] 색입체

제 2 절 색의 혼합

1. 원 색

① 다른 색의 복합으로 만들 수 없는 색의 근원이 되는 기본색을 말한다.

☞ 원색들을 혼합해서 다른 색상들을 만들 수는 있으나 반대로 다른 색들을 혼합해서 원색을 만들 수는 없다.

② 색료의 3원색 : ㉠ 자주(M, magenta), ㉡ 노랑(Y, yellow), ㉢ 청록(C, cyan)

③ 색광의 3원색 : ㉠ 빨강(R, red), ㉡ 녹색(G, green), ㉢ 파랑(B, blue)

2. 색의 혼합

2.1 색료 혼합 : 감법혼색/감색혼색(subtractive color mixture)

① 색채의 기본색 혼합시 기본색 보다 어두워지고 탁해지는 혼합

② 기본 혼합

㉠ 자주(M) + 노랑(Y) = 빨강(R, red)

㉡ 노랑(Y) + 청록(C) = 녹색(G, green)

㉢ 자주(M) + 청록(C) = 파랑(B, blue)

㉣ 자주(M) + 노랑(Y) + 청록(C) = 검정(BL, black)

③ 빨강, 녹색, 파랑의 2차 색들은 1차 색보다 명도와 채도가 낮고 3원색을 모두 합치면 검정(회색)에 가깝다.

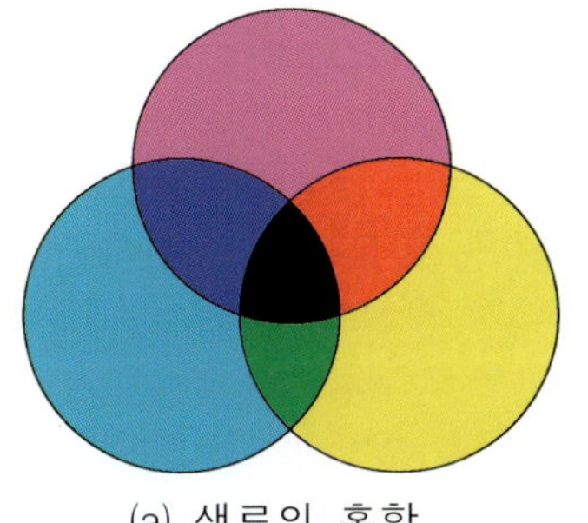

(a) 색료의 혼합

(b) 색광의 혼합

[그림 5-7] 색의 혼합

2.2 색광 혼합 : 가법혼색/가색혼색(additive color mixture)

① 색광의 기본색 혼합시 기본색 보다 밝아지고 맑아지는 혼합

② 기본 혼합

㉠ 빨강(R) + 녹색(G) = 노랑(Y, yellow)

㉡ 녹색(G) + 파랑(B) = 청록(C, cyan)

㉢ 파랑(B) + 빨강(R) = 자주(M, magenta)

㉣ 빨강(R) + 녹색(G) + 파랑(B) = 흰색(W, white)

③ 노랑, 청록, 자주의 2차 색들은 1차 색보다 명도는 높아지고 채도는 낮아지고, 3원색을 모두 합치면 흰색에 가깝다.

④ 색광 혼합의 2차 색들은 색료 혼합의 3원색과 같다.

2.3. 중간 혼합

(1) 병치 혼합

여러 색이 조밀하게 병치되어 있기 때문에 혼색이 되어 보이는 경우 즉, 각기 다른 색을 서로 인접하게 배치하여 놓고 본다.

예 인상파 화가의 점묘화, 텔레비전의 영상화면

(2) 회전 혼합(계시 가법혼색, 순차 가법혼색)

혼색은 서로 다른 색자극이 차례대로 눈에 들어올 때 생기는 것으로, 자극의 교체가 매우 빠른 경우에는 망막상에서 그들의 흥분이 혼합된다는 이론

예 계시 가법혼색의 회전 혼합은 원판회전 혼합

맥스웰 : 맥스웰 회전판 - 회전원판 혼색

2.4 보 색

① 색상환에서 서로 마주보는 색으로 두 색을 회전판에 부어 놓고, 1분간에 1,200회 이상의 회전속도로 돌리면 무채색이 되는 상호간의 2가지색을 보색이라고 한다.

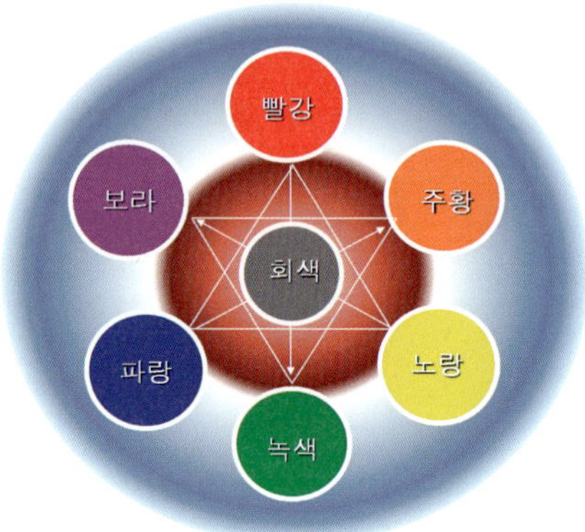

[그림 5-8] 보색

㉠ 색료혼합(감색혼합) : 빨강 – 청록, 녹색 – 자주, 파랑 – 노랑
㉡ 색광혼합(가색혼합) : 노랑 – 파랑, 청록 – 빨강, 자주 – 녹색

② 보색은 대조도가 매우 높다. 예를 들면 빨강은 청녹과 보색관계가 있기 때문에 따른 어떤 색보다도 대조를 나타낸다. 보색은 서로 예민하게 움직이며, 주의력을 끄는 까닭에 포스터나 간판 등의 글씨나 배색에 많이 응용된다.

제 3 절 색의 표시

1. 표색계의 종류

1931년, 국제 조명 위원회(C.I.E : Commission International de l'Eclairage)는 총회를 열어 눈의 표준이 되는 표준 관측자와 조명의 표준이 되는 표준 조명 A, B, C 등을 정하고, 관측 시야의 거리와 크기(2° 시야) 등을 모두 정했다(단위와 체계 정립).

- 색 감각 - 일정한 관측 조건 밑에서 정확하게 받아들이는 것
- 색 지각 - 조건 없이 평상시에 무의식적으로 색을 보는 것과 같이 모든 영향을 그대로 받아들이는 것

(1) 혼색계

혼색계는 색광을 표시하는 표색계로, 심리적이고 물리적인 빛의 혼색 실험 결과에 그 기초를 두는 것으로, 현재 측색학의 대종을 이루고 있다.

(2) 현색계

현색계는 색채(물체색)를 표시하는 표색계로서, 특정한 착색 물체, 즉 예를 들어 색표 같은 것을 미리 정하여 놓고, 그것에 번호나 기호를 붙이고 측색하고자 하는 물체의 색채와 비교하여 물체의 색채를 표시하는 체계이다.

이 현색계의 가장 대표적인 표색계는 먼셀 표색계와 오스트발트 표색계이며 색채 조절에는 "먼셀표색법"이 이용된다.

① 먼셀 표색계(Munsell renotation system)

㉠ 1905년 미국의 화가 먼셀(Munsell, Albert Henry : 1858-1918)이 창안

㉡ 한국산업규격(KS A 0062-71 색의 3요소에 대한 표시 방법) 채택

㉢ 교육용(교육부 고시 제312호) 채택

㉣ 색상(Hue), 명도(Value), 채도(Chroma)로 분류하고 표기 순서는 HV/C

예 빨강색 : 5R 4/14로 적고, 5R 4의 14라고 읽으며, 5R은 색상, 4는 명도, 14는 채도를 표시한다.

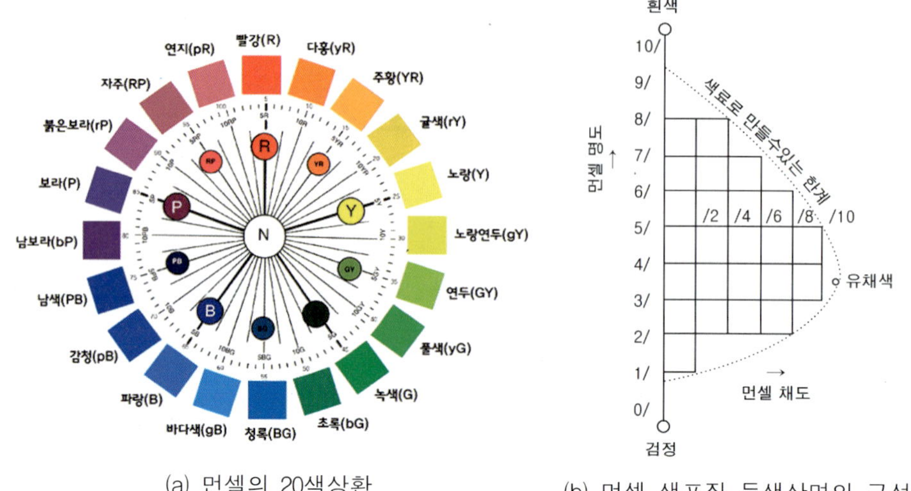

(a) 먼셀의 20색상환

(b) 먼셀 색표집 등색상면의 구성

[그림 5-9] 먼셀의 색상환

② 오스트발트 표색계(Ostwalt system)

㉠ 1923년 독일의 화학자이자 과학 철학자 오스트발트(Ostwalt, Friedrich Wilhelm 1853~1932)가 창안

㉡ 색의 3요소에 의한 지각적인 고른 감도를 가진 체계적인 배열이 아닌 색량의 많고 적음에 의하여 만들어진 것으로, 혼합하는 색량의 비율에 의한 분류법이다.

㉢ 기본색채 - 모든 파장의 빛을 완전히 흡수하는 이상적인 검정 : B

- 모든 파장의 빛을 완전히 반사하는 이상적인 흰색 : W
- 완전한 색(full color) : C

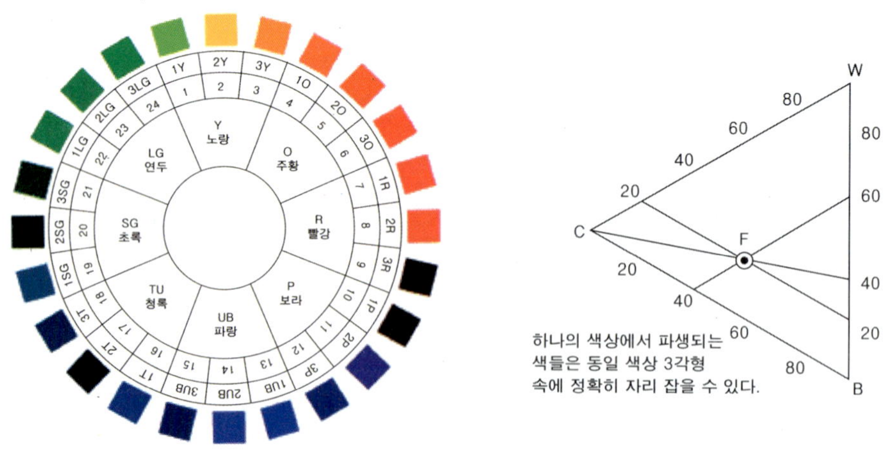

(a) 오스트발트의 24색상환

(b) 단색상 3각형 내의 유채색

[그림 5-10] 오스트발트의 색상환

【표 5-1】 20색상환의 색명 및 먼셀 기호

색상번호	우리말 색명	먼셀 기호	계통 색명 기호(교육부)	한난감
1	빨강	5R 4/14	R	난색계 (따뜻한 색)
2	다홍	10R 6/10	yR	
3	주황	5YR 6/12	YR	
4	귤색	10YR 7/10	rY	
5	노랑	5Y 9/14	Y	
6	노랑연두	10Y 7/8	gY	중성색계 (중성색)
7	연두	5GY 7/10	GY	
8	풀색	10GY 6/10	yG	
9	녹색	5G 5/8	G	
10	초록	10G 5/6	bG	한색계 (차가운색)
11	청록	5BG 5/6	BG	
12	바다색	10BG 5/6	gB	
13	파랑	5B 4/8	B	
14	감청	10B 4/8	pB	
15	남색	5PB 3/12	PB	중성색계 (중성색)
16	남보라	10PB 3/10	bP	
17	보라	5P 3/12	P	
18	붉은보라	10P 4/10	rP	
19	자주	5RP 4/12	RP	
20	연지	10RP 5/10	pR	

③ 우리나라의 표색계

현재 우리나라에서 교육용으로 사용하고 있는 표색계는 종전에 사용하던 24색상환 체계(구 일본 색채 연구소 체계)를 폐지하고, 1967년도에 채택하여 발표한 먼셀 표색계를 표준으로 하여 교육용 색채 체계로 사용하고 있다.

④ 색의 속성에 따른 소질적 분류

㉠ 유채색 : 색상을 가진 색. 즉, 빨강, 노랑, 파랑 등(무채색을 제외한 것)

㉡ 무채색 : 색상을 갖지 않은 색. 즉, 백색, 회색, 검정 등(밤에도 보이는 색)

㉢ 순도 : 동일계의 색중에서 채도가 높은 것, 순색이라고도 한다.

㉣ 탁색 : 순색에 회색이 혼합된 색

㉤ 암색 : 명도가 낮은 어두운 색

㉥ 한색 : 차가운 느낌을 주는 색(청색, 청녹, 청자색)

㉦ 난색 : 따스한 느낌을 주는 색(빨강, 노랑, 주홍색)

㉧ 중성색 : 한색과 난색과의 중간색(황색, 보라색)

2. 색명법

색명이란 색 이름에 의하여 색을 표시하는 것으로, 예로부터 현재 이르기까지 많이 사용해 왔고, 또 앞으로도 사용될 것이다.

녹색과 파랑을 잘 구별하여 사용하지 못하고 푸른 하늘, 푸른 바다, 푸른 들과 같이 애매하게 색에 대한 명칭이 사용되었다.

현재는 정확하게 표시할 수 없기 때문에 혼색계, 현색계 등의 많은 표색계가 만들어져 있지만, 우리의 일상생활에서 없어서는 안 될 중요한 색의 표시 방법인 것이다.

2.1 관용 색명

예로부터 전해 내려오면서 습관상으로 사용하는 색 하나하나의 고유 색명(tradition color name)을 말하는 것으로서, 동물, 식물, 광물, 자연 현상, 땅, 사람 등의 이름을 따서 불렀다.

① 예로부터 사용해 온 고유 색명
② 식물(성)의 이름에 따온 색명
③ 동물(성)의 이름에서 따온 색명
④ 광물이나 원소의 이름에서 따온 색명
⑤ 땅이나 사람의 이름에서 따온 색명
⑥ 음식의 이름에서 따온 색명

2.2 일반 색명

일반 색명은 계통 색명(systematic color name)이라고도 하는데, 색상, 명도, 채도를 표시하는 색명이다.

예를 들면, 노랑, 새빨간 색, 노랑 기미의 어두운 녹색, 녹색 기미의 밝은 회색 등 과 타이 기본 색명에다 색명, 명도, 채도를 나타내는 수식어를 붙인 색명으로 되어 있다.

2.3 한국 산업 규격의 색명

한국 산업 규격으로 광공업품 표면색에 대한 규정을 정하였다. 이를 KS A 0011규정 색명이라 한다. 한국 산업 규격에서의 색명을 일반 색명과 관용 색명으로 구분하였으며, 일반 색명으로 나타내기 어려운 경우에는 관용 색명을 쓰도록 하였다.

제 4 절 색의 시지각적인 효과

1. 색의 대비

1.1 동시 대비

서로 근접한 두 색 이상을 동시에 관찰할 때 생기는 색채 대비

- 예 초록과 빨강 대비 : 빨강은 더욱 선명한 빨강, 초록은 더욱 선명한 초록
- 예 빨강과 주황 대비 : 빨강에는 노란색이 나타나고, 주황에는 초록이 나타남

[그림 5-11] 동시 대비

(1) 색상 대비

색상이 서로 다른 색끼리의 영향으로 원래의 색보다 색상의 차이가 더욱 크게 느낌

- 예 빨간색 위에 노란색 : 빨간색은 연지색 기미가 많은 빨강, 노란색은 연지색 기미가 많은 노랑으로 변하는 현상

[그림 5-12] 색상 대비

(2) 명도 대비

명도가 다른 두 색이 서로의 영향으로 인한 대비

예 밝은 색은 더 밝게, 어두운 색은 더 어둡게 보이는 현상(명도차가 클수록 대비 현상이 크다.)

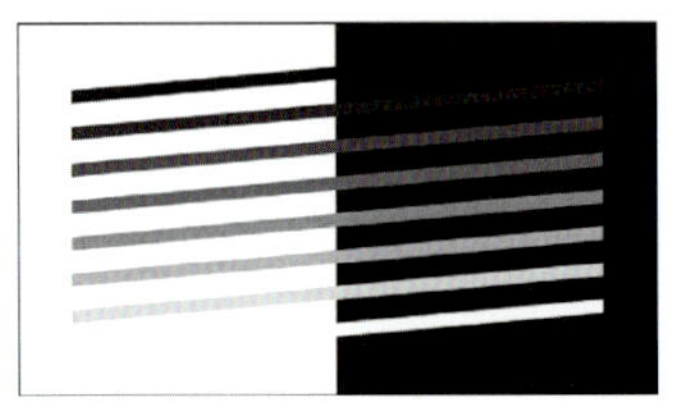

[그림 5-13] 명도 대비

(3) 채도 대비

채도가 다른 두 색이 서로의 영향으로 인한 대비
- 채도가 높은 색은 더 높게, 낮은 색은 더 낮게 보이는 현상

예 빨강과 보라 : 빨강은 더욱 선명, 보라는 더욱 탁하게 보이는 현상

[그림 5-14] 채도 대비

(4) 보색 대비

색상환에서 보색관계인 두색이 서로의 영향으로 인한 대비
- 각각의 채도가 더 높아 보이는 현상

예 외과 수술 벽, 수술복 색 : 청록색(수술 중 흰벽과 흰옷에서 오는 잔상으로 인한 흥분 예방)

[그림 5-15] 보색 대비

1.2 계시 대비(연속 대비, 계속 대비)

어떤 색을 보고 잠시 후 다른 색을 보았을 때 먼저 본 색의 영향으로 나중에 본 색이 다르게 보이는 현상

예 빨강 물체를 보다가 노랑 배경을 보면 연속되는 상은 연두
보라의 물체를 보다가 노랑배경을 보면 노랑색은 더욱 노란색으로 보이는 현상

[그림 5-16] 연속 대비

1.3 기타 대비

(1) 한란 대비

색의 차고 따뜻한 느낌에 따른 대비 현상

예 중성색인 연두, 초록, 또는 보라 자주계통의 색 옆에 차가운 색을 놓으면 더욱 차게, 따뜻한 색을 놓으면 더욱 따뜻하게 느껴지는 현상

(2) 면적 대비

면적의 크고 작음에 따른 대비 현상

예 메스효과 : 큰 면적이 명도와 채도가 높아져 실제의 면적보다 밝고 선명하게 보이며 작은 쪽은 반대의 현상이 나타난다.

예 같은 색상의 도형에서 윤곽이 선명한 쪽이 채도는 높게, 명도는 약간 낮게 보이는 현상

[그림 5-17] 면적 대비

(3) 연변 대비

임의 두색이 근접한 경우 그 경계 부위가 멀리 있는 부분보다 색상, 명도, 채도 대비가 더욱 강하게 발생되는 현상

예 명도 대비가 일어나는 연변 대비로 정사각형 사이의 흰 부분이 교차하는 지점에만 회색점이 발생하는 현상

[그림 5-18] 연변 대비

1.4 명도 단계

서로 인접반한 색 사이에는 동시 대비가 생기지만, 이 대비효과는 어느 부분에서나 같은 것이 아니라, 서로 인접하는 부분이 가장 강하고 멀어질수록 약하게 된다.

예 검정과 흰색으로 분리된 원판 회전 : 무채색의 단계 발생 이때 명도가 높은 회색과 접하고 있는 부분이 더 밝게 보인다.

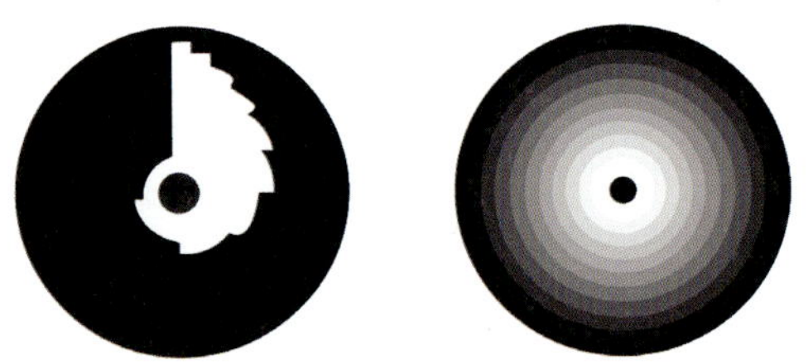

[그림 5-19] 명도 단계

1.5 색의 대비와 형태

- 게슈탈트의 지각현상 : 대비 현상은 색과 밝기에 대한 눈의 작용이 아니고 형과 면적의 조건 등에 의해 지배되는 현상이다.

2. 색의 지각적 효과

2.1 색의 동화

주변 색의 영향으로 인접 색에 가깝게 느껴지는 현상 : 대비 현상과 반대

예 "헤링의 색각설"
적록물질 동화 - 녹색감각, 황청물질 동화 - 청색감각
적록물질 동화 - 빨강감각, 황청물질 동화 - 노랑색감각

2.2 잔상

어떤 자극의 색각이 생긴 뒤에 그 자극을 제거해도 흥분이 남아 원자극과 같거나 또는 반대성질의 상이 보이는 현상

(1) 정의 잔상

원 자극을 제거해도 흥분이 남아 원자극과 같은 성질의 상이 보이는 현상

예 어두운 곳에서 빨간 불꽃을 빙빙 돌리면 길고 선명한 빨간 원이 보이는 현상

(2) 부의 잔상

- 원 자극을 제거해도 흥분이 남아 원자극과 반대 성질의 상이 보이는 현상
- 일반적으로 우리가 많이 느끼는 잔상이며 명암관계가 자극의 반대되는 것과 색상이 자극의 보색이 되는 경우도 있다.

예 TV화면의 투시인물이 사라진 후 검은 상이 잠시 보이는 현상

예 천정의 전등을 본 후 다른 곳을 보면 전등의 형태가 잠시 보였다가 사라지는 현상

2.3 명시도와 주목성

(1) 명시도

주변 색을 볼 때 확실히 잘 보이는 색을 명시도가 높다고 표현

【표 5-2】 명시도

바 탕	문 자	확인할 수 있는 최대거리(m)
노 랑	검 정	113.8
백 색	녹 색	111.4(최근의 칠판 색과 백목 글씨)
백 색	빨 강	110.6
백 색	파 랑	110.5
검 정	노 랑	106.4
빨 강	백 색	103.0
검 정	백 색	103.0(흑판 색과 백목 글씨)
녹 색	빨 강	88.4

(2) 주목성

- 색이 우리의 시선을 끄는 힘 : 명시도가 높은 색이 주목성이 높음
  - 고명도(빨강), 고채도의 색, 또 차가운 색보다 따뜻한 색이 주목성이 높다.

2.4 진출, 후퇴, 수축, 팽창

① 진출 : 배경보다 앞으로 진출하는 느낌 : 검은색 바탕에 노란색

② 후퇴 : 배경보다 뒤로 후퇴하는 느낌 : 검은색 바탕에 파란색

[그림 5-20] 색의 진출과 후퇴

③ 수축 : 명도가 낮아 수축, 축소의 느낌 : 검은색 바탕에 파란색, 초록색(한색계)

④ 팽창 : 명도가 높아 팽창, 확산의 느낌 : 검은색 바탕에 노란색 빨강색(난색계)

[그림 5-21] 색의 수축과 팽창

제 5 절 색의 감정적인 효과

1. 색채와 감정

1.1 온도감

따뜻함과 차가움 - 색상에 의한 효과 크다.

- 난색 : 빨강, 주황, 노랑 등 장파자의 색(팽창과 진출성, 여유감)
- 한색 : 청록, 파랑, 청자 등 단파장의 색(수축과 후퇴성, 긴장감)

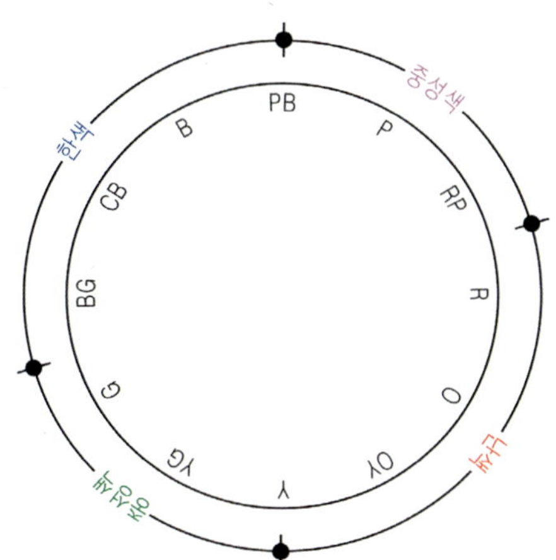

색명	온도감	자극 작용
R	따뜻하다	자극적
YR	따뜻하다	자극적
Y	약간 따뜻하다	약간 자극적
YG	중성	안정됨
G	중성	안정됨
BG	약간 차다	약간 가라앉은 느낌
B	차다	가라앉은 느낌
BP	약간 차다	약간 가라앉은 느낌
P	중성	안정됨
RP	중성	안정됨

[그림 5-22] 색의 온도감

1.2 중량감

무거움과 가벼움 - 명암에 의한 효과 크다.

- 무거운 색상순 : 검정, 파랑, 보라, 빨강, 주황, 초록, 노랑, 흰색
- 난색계통은 가볍게, 한색계통은 무겁게 느껴진다.

1.3 강약감

강함과 약함의 관계로 채도에 의한 효과 크다.

- 밝은, 선명한, 아주 강한 : 엷은, 선명하지 못한, 회색 기미

1.4 경연감

단단함과 부드러움 - 채도와 명도에 의한 효과

- 따뜻한 색은 부드러워 보임 : 분홍색, 연두색등 흰색을 많이 혼합

1.5 흥분과 침정

흥분과 침착성 - 채도에 의한 효과 크다.

- 흥분 : 난색계통으로 채도가 높은 색
- 침정 : 한색계통으로 채도가 낮은 색

1.6 시간의 장단

시간의 길고 짧음

- 장파장(붉은색 : 시간 길게)과 단파장(푸른색 : 시간 짧게)
- 비렌 효과 : 식당에는 식욕과 빠른 흐름을 위한 빨간 계통의 색
대합실, 병원에는 지루함을 막아주는 파란 계통의 색

1.7 계절

계절의 감각 표현

- 봄의 색 : 나무의 떡잎색(초록색 기미의 연두)

2. 색채의 공감각

2.1 맛

미각과 관계

- 빨간색 과일이 푸르스름한 색의 과일보다 미각을 더 느낀다.

2.2 냄새

냄새의 감정 표현

- 라일락꽃의 색 : 은은한 향기

2.3 음(색청)

색과 음과의 공감

① 소리의 높고 낮은 : 명도(높은 소리 : 밝은 색)
② 말하는 스타일 : 채도(똑똑한 말소리 : 선명하고 높은 채도)
③ 말할 때의 감정 : 색상(다정한 대화(속삭임) : 붉은 계통의 색)

2.4 촉감

- 평활 광택감 : 밝은톤의 색
- 윤택감 : 깊은톤의 색
- 경질감 : 은회색은 딱딱하고 냉정하며 찬 느낌
- 거친감 : 진한 색조의 회색 기미색
- 유연감 : 파스텔톤은 부드러움 효과
- 접착감 : 중성 난색계통으로 광택의 색이 접착감이 강함

3. 색의 연상과 상징

3.1 연상

특정색을 관찰하였을 때 색을 보는 사람의 경험과 기억, 지식 등에 영향을 받아 색과 관계된 연상하게 된다.

① 구체적 연상 : 빨강 – 불(어린이)

② 추상적 연상 : 빨강 – 정열적인 색(어른)

【표 5-3】 색의 연상과 상징

색상	연상과 상징	치료와 효과
마젠타(자주) B+R	애정, 연모, 성적(性的), 코스모스, 복숭아, 술, 발정적, 창조적, 심리적	우울증, 저혈압, 노이로제, 월경 불순
홍(연지, 紅) R+1/3G	열정, 정열, 요염함, 입술 연지, 핑크, 열애, 감미, 환희, 우애, 루비	반혈, 황색의 피부, 황달, 정력 부족, 자극제, 발정제
빨강(적, 赤) R	태양, 열렬, 피, 불, 위험, 혁명, 크리스마스, 분노, 소방차, 적기, 일출, 활력적, 어버이날	노쇠, 빈혈, 무활력, 방화, 정지
오렌지(주황) R+1/2G	원기, 적극, 희열, 활력, 만족, 풍부, 유쾌, 건강, 광명, 따뜻함, 가을, 약기, 약동, 하품, 초조, 감, 감사제, 오렌지	강장제, 무기력, 저조, 공장의 위험 표시, 철골물의 하도색(下塗色)
노랑(황, 黃) R+G	희망, 광명, 팽창, 접근, 가지, 금, 금발, 명랑, 유쾌, 대담, 바나나, 경박, 천박, 냉담	신경질, 염증, 신경제, 완화제, 고독을 위로하는 데, 주의색(공장, 도로), 방부제, 피로 회복
황록(黃綠) 1/2R+G	지성, 위안, 친애, 젊음, 따뜻한 포옹, 신선, 생장, 초여름, 야외, 자연, 유아, 새싹, 수풀, 신록, 목장, 초원	위안, 피로 회복, 따뜻함, 강장, 방부, 골절
초록(綠) G	엽록소, 안식, 안정, 평화, 안전, 천기, 이상, 평정, 지성, 건실, 질박, 여름	안전색, 중성색, 해독(解讀), 피로 회복
청록(靑綠) G+1/2B	이지, 냉정, 유령, 죄, 심미, 바다, 깊은 삼림, 질투, 찬 바람	이론적인 생각을 추진시키는 데, 기술 상담실의 벽
시안 1/2G+B	서늘함, 하늘, 물색, 터키옥, 인애, 우울, 소극, 계속, 냉담, 고독, 투명, 비오는 날, 차가움, 불안, 불신용, 얼음	격정을 식히는 데, 침정 작용, 종기, 마취성
청(靑) B	차가움, 심원, 명상, 냉정, 영원, 성실, 추위, 바다, 깊은 물, 호수 푸른 눈, 푸른 옥, 푸른 새	침정제, 눈의 피로 회복, 신경의 피로 회복, 맥박을 낮추는 데, 염증, 피서

색상		연상과 상징	치료와 효과
청자(靑紫) PB		숭고, 천사, 냉철, 심원, 천사의 사랑, 철리(哲理), 무한, 유구, 영원, 신비	정화, 살균, 출산
자(紫) B+1/2R		창조, 우미(優美), 신비, 예술, 우아, 고가(高價), 위엄, 공허, 실망, 부활제, 상품, 신전, 신앙, 신성	중성색, 예술감, 신앙심을 유발시키는 데
흰색(백, 白) R+G+B		순수, 청결, 소박, 순결, 신성, 정직, 백의, 백지, 눈, 설탕, 흰 모래, 구급차, 천사, 이(爾), 흰구름, 흰 백합	세면대의 흰 벽, 고독감 유발
회(灰) 약1/2 (R+G+B)		겸손, 우울, 중성색, 점잖음, 무기력, 비, 공해, 비극적, 코끼리	우울한 분위기를 만드는 데
검정(흑, 黑) R=G=B≒0		허무, 절망, 정지, 침묵, 건실, 부정, 죄, 주검, 암흑, 불안, 밤, 흑장미, 장례식	예복, 상복

3.2 상징

색의 연상은 다수 사람에게 공통성을 가지게 하며, 전통과 결합되어 일반화된 하나의 색은 특정한 것을 뜻하는 상징성의 표현이다.

예 빨강 – 정서적 반응(정열, 불), 사회적 규범(위험신호)
- 등급을 상징 : 복식에 색채를 사용
- 방위를 상징 : 미국 – 검정은 동쪽, 노랑은 서쪽, 파랑은 남쪽, 회색은 북쪽
- 부문을 상징 : 책의 상징–빨강은 시, 노랑은 일반교양, 초록은 전문도서

3.3 기억

구체적인 대상과 관련하여 기억하는 색

예 사과, 토마토, 딸기 – 빨간색

3.4 기호

사람은 특정 색채에 대해서만 좋아하는 감정을 가진다.
- 연령, 성별, 사회적 집단, 유행, 시대적 배경에 따라 기호색이 달라진다.

제6절 색채 응용

1. 색채의 조화

1.1 유사 조화

선, 형태, 색채가 같은 성질이나 흡사한 성질로 어울릴 때

① 명도에 따른 조화
- 단계 조화 : 하나의 색상에 무채색을 소량 혼합하여 명도차이를 단계적으로 배색하여 얻어지는 조화

② 색상에 따른 조화
- 색상 조화 : 명도가 비슷한 인접색상을 동시에 배색했을 때 얻어지는 조화

③ 주조색에 따른 조화
- 주조색의 조화 : 여러 색 중 한가지 색이 주조를 이룰 때 얻어지는 조화

1.2 대비 조화

틀린 성질이나 반대되는 성질로 어울릴 때

① 명도 대비에 따른 조화 : 동일 색상에서 명도차이를 이용한 배색했을 때 조화

② 색상 대비에 따른 조화 : 색상차이를 크게 배색했을 때 조화

③ 보색 대비에 따른 조화 : 보색끼리 배색했을 때 조화

1.3 색채 표현

① 개인의 선호도 고려
② 시각의 크기 고려
③ 면적의 고려
④ 디자인의 변화 고려
⑤ 일정한 규칙 고려

1.4 색채 조화의 이론

① 슈브럴 : 색의 대비 현상 발견 이를 기초로 조화 이론 정립
② 오스트발트 : 오스트발트 표색계에 근거한 색채조화
③ 문-스펜서 : 조화, 면적, 미도에 관한 색채조화(색의 3속성에 대한 지각적 감도)
④ 비렌 : 심리적인 연구를 통한 색채조화

2. 배 색

2.1 배색의 효과

① 기능과 용도를 고려한 배색 - 사물의 기능, 용도에 부합된 배색
② 심리적 작용을 고려한 배색
③ 인간을 고려한 배색
④ 유행을 고려한 배색
⑤ 현실을 고려한 배색
⑥ 생활을 고려한 배색
⑦ 이미지를 고려한 배색
⑧ 색채기능을 고려한 배색
⑨ 재질을 고려한 배색
⑩ 연상색을 고려한 배색
⑪ 면적을 고려한 배색
⑫ 색체 조형의 기능적 계획을 위한 원리
㉠ 목적요인 ㉡ 필요요인 ㉢ 용도요인
㉣ 방법요인 ㉤ 연상요인 ㉥ 미적요인

2.2 배색의 기법

① 색의 3속성에 의한 배색
② 면적에 의한 배색
- 채도와 면적 : 고채도를 넓게 저채도를 낮게 하면 매우 화려한 배색

- 한난색과 면적 : 난색을 넓게, 한색을 좁게 하면 자극적인 배색
- 명도와 면적 : 고명도의 색을 좁게 하고 저명도의 색을 넓게 하면 명시도 높음

2.3 배색에 따른 색상환 적용

① 보색에 의한 배색
② 유사색에 의한 배색
③ 근접 보색에 의한 배색

2.4 배색방법과 색상·색조

① 감각적인 배색방법 : 무채색, 인접색, 보색, 동색, 중간색 근접보색, 3원색 등의 배색
② 색상과 색조
- 색조(톤) : 순수 색상은 흰색, 검은색, 회색, 반대색등이 혼합됨에 따라 다양한 채도와 명도를 지닌 색으로 변화되는 현상
- 색채의 채도가 낮아지면 순색이 본래 지니고 있던 이미지 변화
- 순색에서 멀어 질수록 색상의 이미지는 사라지고 색조(톤)의 이미지가 주조를 형성

제 7 절 자동차용 도료의 특징

1. 개 요

자동차용 도료의 색상은 일반 도료의 색상과는 다르게 실버와 마이카 안료가 혼합되어 있어서 조색을 할 경우에도 많은 어려움이 따른다. 하지만 이렇게 색상이 나날이 다양하게 변해 가고 소비자들의 취향이나 칼라에 대한 인지도가 높아지고 있기 때문에 칼라의 다양성은 한층 더 해져 가고 있다.

자동차 보수용 도료에서 공정을 보면 하도, 중도, 상도로 크게 나눌 수 있다. 여기서 상도만 보면 유색 안료만 혼합되어 있는 도료를 솔리드 색상이라 하고 유색 안료와 실버가 혼합되어 있는 도료를 메탈릭 색상이라 한다. 그리고 유색 안료와 마이카 안료가 혼합되어 있는 도료를 펄 색상이라 한다.

최근에는 유색 안료, 실버, 마이카 등이 모두 혼합된 도료인 마이카릭 색상도 출시되고 있기도 하다.

2. 솔리드(Solid) 색상

솔리드 색상에서만 볼 수 있는 유색 안료만 혼합이 되어 있는 도료이다.

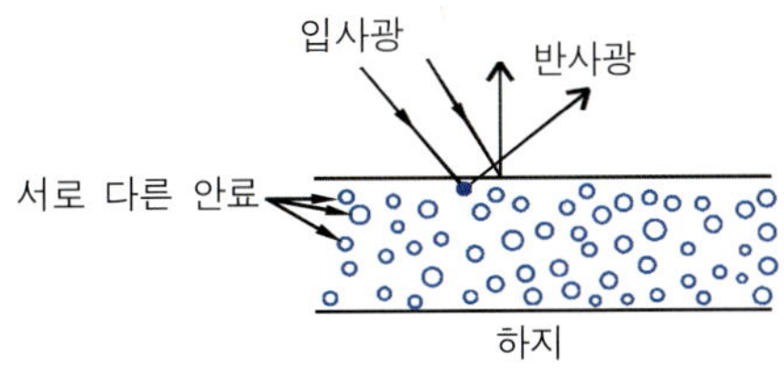

[그림 5-23] 솔리드 색상 원리

최근에는 솔리드 시스템에서도 2번 도장하고 1번 열처리하는 타입의 도료를 병행하여 공급하고 있다. 솔리드의 경우 1Coat-1Bake에 비해 2Coat-1Bake가 외관이 좋고 도장 작업 중에 발생되는 결함을 미리 베이스에서 수정하여 투명을 도장할 수 있기 때문에 결론적으로 도막 결함 등이 많이 발생되지 않고 도장 중에 수정이 가능하기 때문에 편리한 부분이 있다. 하지만 2번 도장을 해야 하기 때문에 도장횟수에 따른 작업시간이 많이 걸리기 때문에 기피하는 작업자도 있다. 따라서 이런 불편 때문에 한번 도장하고 한번 열처리하는 시스템을 선호하고 있다.

3. 메탈릭(Metallic) 색상

3.1 개요

메탈릭 도료는 반투명의 에나멜에 은분(알루미늄)이 함유된 것으로 도막의 아래층에 은분이 가라앉고 반투명의 에나멜층을 통해서 금속특유의 빛을 발생하게끔 만든 도료이다.

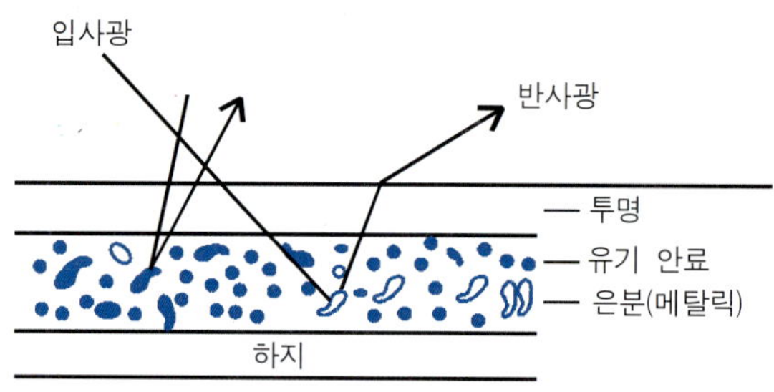

[그림 5-24] 메탈릭 색상 원리

3.2 메탈릭 입자의 역할

① 거의 모든 광선을 반사시키는 도막 내에서 작은 거울로서의 역할을 한다.

② 색상의 명도를 조정한다(메탈릭 입자 첨가량으로 색상의 명암을 조절).

③ 메탈릭 입자의 종류

㉠ 메탈릭 입자의 성분 : 주로 사용되는 것은 "알루미늄"이다.

㉡ 메탈릭 입자의 크기

ⓐ 미세하고 불규칙적인 메탈릭 입자

- 반짝임과 빛의 반사량이 약하며 은폐력이 양호하다.

ⓑ 거칠고 불규칙적인 메탈릭 입자

- 반짝임과 빛의 반사량이 양호하며 은폐력이 약하다.

ⓒ 입자가 둥근 메탈릭 입자

- 반짝임과 빛의 반사량이 강하며 은폐력이 우수하다.

(a) 미세한 입자

(b) 큰 입자

(c) 둥근 입자

[그림 5-25] 메탈릭 입자

3.3 메탈릭 입자에 의한 특수 효과

① 도막 내 메탈릭 입자의 영향에 의해 관찰하는 각도에 따라 색상 및 그 밝기가 달라진다.

② 정면에서 관찰

색상이 가장 밝게 나타나며 이러한 효과를 「플 립」이라 한다.

③ 측면에서 관찰

색상이 가장 어둡게 나타나며 이러한 효과를 「플 롭」이라 한다.

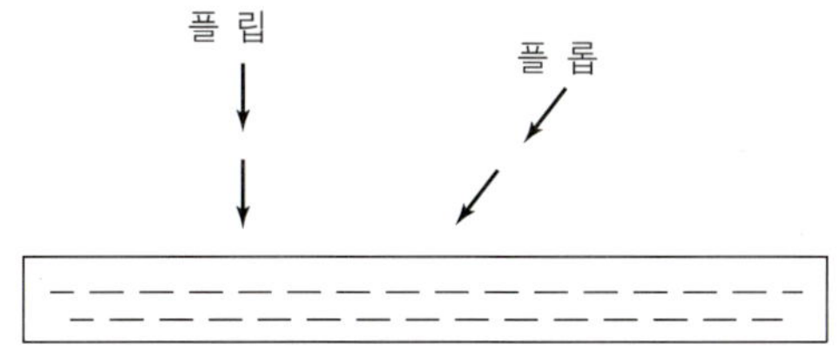

[그림 5-26] 플립-플롭

3.4 메탈릭 입자의 배열 비교

(1) 알루미늄 안료 입자 분포량에 따른 분광 현상

① 알루미늄 안료 입자가 많을 시

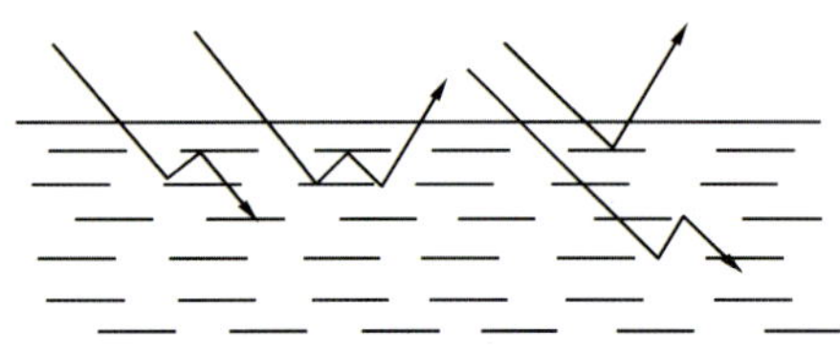

반사각이 차단됨으로서 색상이 어둡게 보임

② 알루미늄 안료 입자가 적을 시

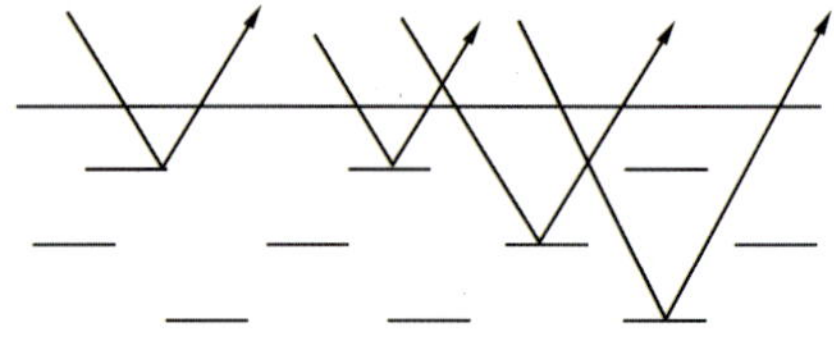

반사각이 전부 표면에 나타나기 때문에 밝게 보임

[그림 5-27] 메탈릭 입자의 분광 현상

(2) 도료의 건조 속도와 알루미늄 입자의 배열

① 건조 속도가 늦을 때

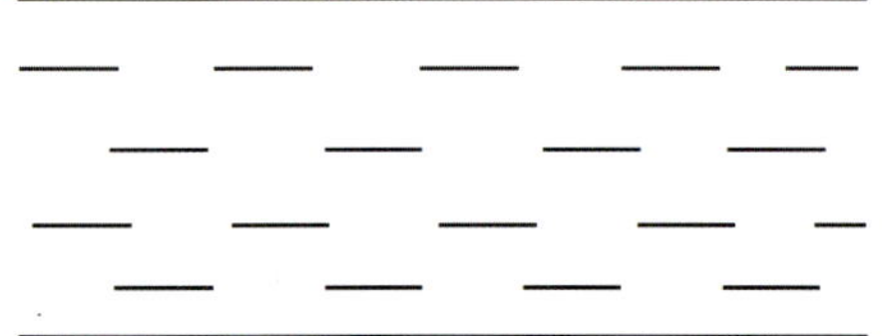

입자가 일정하게 배열

② 건조 속도가 빠를 때

도장되는 즉시 건조되어 입자의 배열이 일정하지 않음

[그림 5-28] 건조 속도에 따른 메탈릭 입자의 배열

3.5 메탈릭 색상의 스프레이 방법에 따른 영향

【표 5-4】 스프레이 방법에 따른 메탈릭 입자의 배열

구 분	눌러뿌림 (Wet coating)	표준뿌림 (Standard coating)	날려뿌림 (Dry coating)
도장 방법	도료를 과도하게 분사 도장	건조 조건에 따라 적당량을 분사	분사량을 최대한 줄여 날려서 도장
도막 두께	과 도막 형성	정상 도막 형성	얇은 도막 형성
외 관	흐름 현상	외관 양호	"오렌지필" 현상
건 조	느 림	정 상	빠 름
도막 내에서 메탈릭 입자 배열 상태	입자가 하부에 편중된 상태	입자가 균일하게 분포된 상태	입자가 상부에 편중된 상태

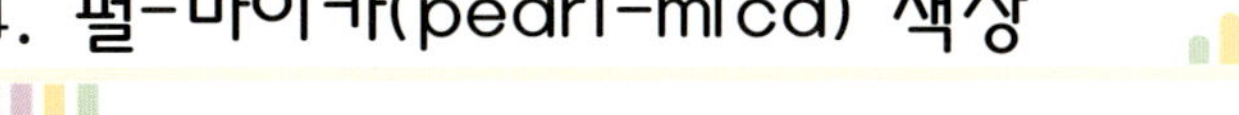

4. 펄-마이카(pearl-mica) 색상

4.1 개요

'펄'은 진주를 말하며 진주는 여러 겹의 나이테를 형성하여 각 층마다 빛의 반사 각도가 틀리기 때문에 색이 매우 다양하게 표현된다.

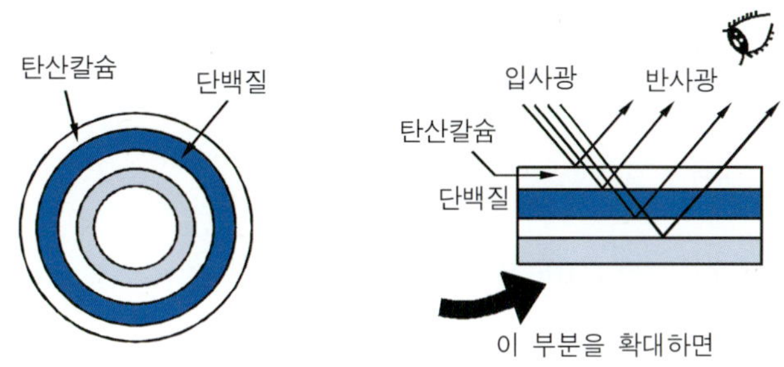

[그림 5-29] 천연 진주의 발색 원리

4.2 마이카(mica) 도료란?

① 인조 펄로서 운모를 잘게 쪼개어 표면을 산화티탄이나 산화철 등 빛의 굴절률이 높은 금속 산화물로 코팅해 안전한 무기펄 안료를 만들어 낸 것이다.

② 굴절률이 높은 산화 티탄층과 낮은 마이카 그리고 주변 매개체와의 경계에서 반사된 빛이 진주와 같은 광택을 발하게 된다.

③ 입자자체에 색감이 있어 색상에 영향을 주고, 반사감이 크며 정면과 측면에 색상과 명암의 변화를 준다.

④ 빛이 투과되기 때문에 은폐가 되지 않으며 바탕칼라를 보여준다.

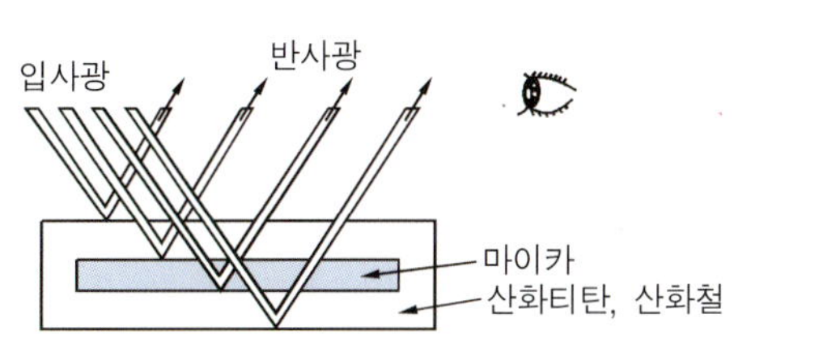

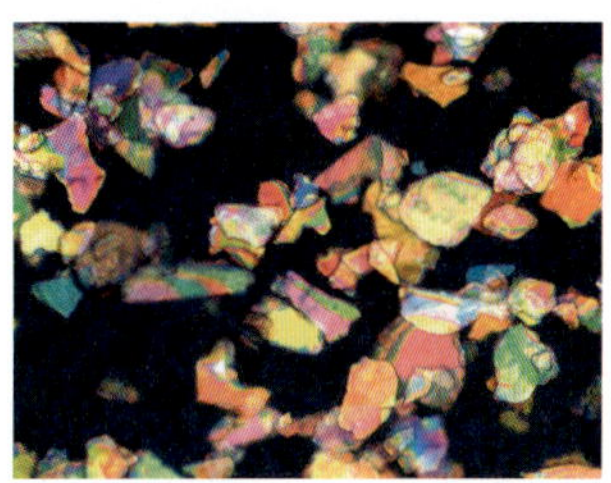

[그림 5-30] 마이카의 반사

4.3 마이카(mica)의 원리

① 마이카는 은색, 황색, 적색, 청색, 녹색 등 여러 가지 색을 나타낼 수 있다.
② 태양광선 중 눈에 보이는 부분(가시광선)은 각 파장의 색, 즉 녹색, 청색, 감색, 보라색이 합성광을 이루고 있다.
③ 합성광이 펄이나 마이카 속에 들어가면 펄, 마이카의 두께에 따라 여러 색 중 특정색이 중첩되면서 반사한다.
④ 메탈릭과 솔리드 도료의 안료와 달리 색의 반사 광선을 내는 것이 아니라 안료 속에 투과하든지 간섭하여 도막의 선명도를 높여준다.

4.4 마이카(mica)의 종류

4.4.1 실버(화이트) 마이카(silver mica)

① 운모 입자의 표면에 이산화티탄(TiO_2)을 얇게 코팅한 것으로 은백색의 반투명이며 은폐력이 낮다.
② 백색계에 이용되고 있으며 다른 마이카 및 메탈릭 안료와 혼합해서 2코트 도장용 도료로 사용되고 있다.

4.4.2 간섭 마이카(interference mica)

① 운모 입자의 표면에 이산화티탄(TiO_2)의 두께를 변화시키면 굴절률이 달라져 색상이 다른 펄 광택이 난다.
☞ 실버 마이카 보다 조금 두껍고 정밀하게 코팅되어 있다.
② 간섭 마이카는 이산화티탄(TiO_2)의 코팅막 두께를 정확하게 제어시킴으로서 빛의 간섭 효과를 내고 마이카의 발색을 여러 가지로 변화시켜서 색을 나타낸다.
③ 이는 비눗방울을 만들면 비눗물이 색을 내는 것과 같은 것으로 3코트 타입의 도장이 대부분이나 색 조합에 의해 2코트 타입의 도장을 하는 것도 있다.
④ 백색 안료(이산화티탄(TiO_2))
㉠ 다이아몬드형 구조이므로 굴절률이 일정하지 않다.
㉡ 따라서 색이 다양하게 나타나며 이러한 특성 때문에 운모 코팅 안료로 가장 보편화되어 있다.

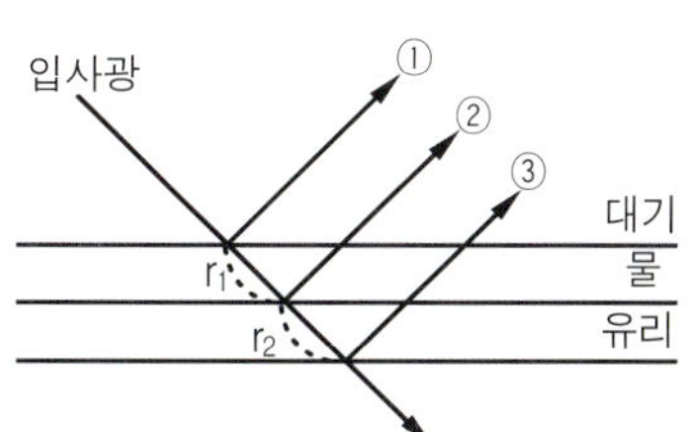

(a) 간섭 마이카 발색

TiO_2의 코팅막 두께(nm)	반사광	투과광
100~150	펄(실버)	
210	황색	청색
250	적색	녹색
310	청색	황색
360	녹색	적색

(b) 간섭 마이카 두께에 따른 발색 변화

[그림 5-31] 간섭 마이카의 발색 및 발색 변화

(a) 백색 마이카　(b) 황색 마이카　(c) 청색 마이카

(d) 바이올렛 마이카　(e) 적색 마이카　(f) 녹색 마이카

[그림 5-32] 여러 가지 마이카의 입자

4.4.3 착색(레드) 마이카(metallic mica)

① 마이카 입자에 산화철(Fe_2O_3)을 코팅한 것으로 밤색계(maron), 빨강계(red), 브라운계(brown)가 있다.

② 레드, 브라운 운모의 표면에 직접 이산화티탄(TiO_2)을 코팅한 후에 산화철(Fe_2O_3)을 코팅한 것으로 마이카로부터 나온 반사광은 브라운(골드), 레드색을 지닌 반투명의 선명한 색을 내며 2코트 도장에 이용되고 있다.

4.4.4 콤비네이션 마이카(combination mica)

① 실버 마이카와 같이 운모 입자의 표면에 이산화티탄(TiO_2)을 코팅한 마이카 표면 위에 금속 산화물을 한번 더 코팅한 것이다.

② 간섭 마이카보다 칼라가 진하다.

4.4.5 팔리오 크롬(palio chrome)

알루미늄에 산화철(Fe_2O_3)을 코팅한 안료

4.5 마이카릭(micalic)

마이카릭 도료는 베이스 도료에 메탈릭, 펄과 유색 안료가 포함된 2C-1B 타입 도료를 말한다. 은폐가 부족한 펄 도료에 은폐력을 향상시키기 위해 입자가 고운 실버를 첨가한 도료이다. 물론 색상을 만들 때 약간 탁한 느낌을 주기 위해 첨가하는 경우도 있지만 은폐력을 향상시킬 목적으로 실버를 첨가한다. 도장방법이나 취급요령은 메탈릭 색상의 도료와 같다.

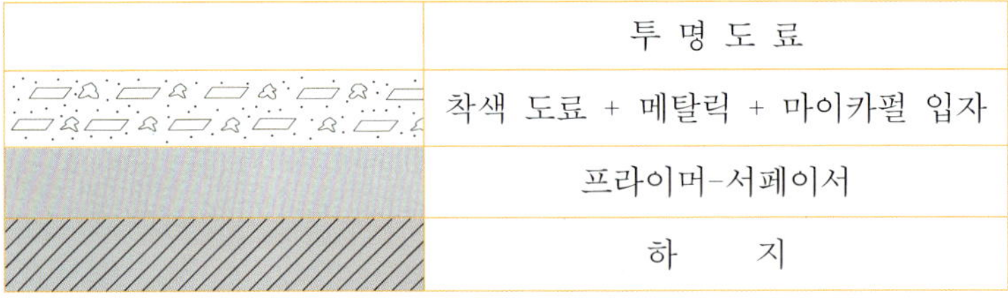

	투 명 도 료
	착색 도료 + 메탈릭 + 마이카펄 입자
	프라이머-서페이서
	하 지

[그림 5-33] 마이카릭의 구조

4.6 코트펄 도장

베이스 코트 안료중에 펄 단독적인 색상은 존재하지 못했다. 펄은 은폐력이 매우 부족하여 서페이서 등의 중도색상이 비추어 보이게 되어 적용할 수 없었다. 그리고 메탈릭이나 펄이 포함된 백색계통의 색상도 존재하지 않는다. 백색안료는 비중이 매우 무겁고 안료 자체의 사이즈가 매우 크므로 메탈릭이나 펄과 함께 섞이면 메탈릭이나 펄의 감이 나타나지 않아 백색계통의 메탈릭과 펄 색상은 존재하지 않았다. 따라서 백색계통의 메탈릭 색상을 만들기 위한 노력의 결과로 3코트펄이라는 도료를 만들게 되었다. 이것은 펄 도료는 은폐가 안된다는 점을 착안하여 백색계통의 솔리드를 먼저 도장한 후 건조시키고 그 위에 은폐력이 떨어지는 펄을 도장하여 바탕색인 백색의 솔리드 색상이 비추어 보이게 하는 효과를 이용한 도료이다.

4.7 마이카-펄 도료(3코트 펄) 적용 시 주의 사항

4.7.1 도장기법에 의한 차이

① 서페이서를 칼라베이스로 완전히 은폐시켜야 한다. 칼라베이스로 은폐되지 못하면 후속 펄 베이스의 은폐능력이 없어서 서페이서가 비추어 보일 때 펄이나 크리어를 아무리 잘 도장해도 색상의 차이가 발생한다.

② 칼라베이스의 눌림(wet)도장기법을 적용한다. 칼라베이스 표면의 레벨링이 잘 잡히도록 기존의 솔리드 색상을 도장할 때보다 약간 눌러(wet)서 스프레이해야 한다.

③ 펄 베이스의 눌림(wet)도장기법을 적용한다. OEM도장은 자동기기에 의해 촉촉하게 눌림(wet)도장하여 펄의 입자배열이 좋지만 보수도장에서는 얼룩현상 등을 방지하기 위해 날림(dry)도장에 익숙해져 색상접근에 어려움이 있다.

4.7.2 도료 건조 조건에 의한 차이

① 보수도장의 칼라베이스, 펄 베이스, 크리어는 젖은 도장(wet on wer)시스템으로 펄 베이스를 도장하기까지 충분한 후레쉬타임이 없어 칼라 베이스의 건조가 충분하지 않다면 펄 베이스가 칼라베이스를 녹여 색상에 영향을 준다.

② 펄 베이스 도장 전 크리어 도장 전까지 충분한 건조가 매우 중요하다. 펄 베이스의 도료의 구조는 수지에 비하여 안료의 성분이 적어 건조도 늦을 뿐 아니라 건조가 되지 않을 경우 발생되는 결함도 많다.

③ 도료의 건조 속도에 의한 펄의 배열이 달라 색상이 다르다. 펄 베이스를 도장할 때는 펄의 입자 배열이 일정하게 되어야 신차라인의 조건과 유사하게 조색할 수 있다.

4.7.3 도료 및 도장기기에 의한 차이

① 백색계통의 도료는 자외선 흡수제가 첨가된 크리어 제품을 3코트 펄 작업에 적용해야 장시간 경과 후 황변(yellowing)을 예방할 수 있다.

② 신차용 펄 베이스의 도료는 매우 지건성이므로 펄의 배열이 매우 좋으나 보수용 도료는 상대적으로 매우 속건성타입의 도료이므로 펄의 입자배열이 매우 나쁘다. 이러한 조건을 맞추기가 매우 어렵다.

③ 스프레이 건은 입자의 미립화가 잘되고 패턴 폭이 넓은 것이 펄 입자의 배열을 좋게 하고 얼룩을 방지할 수 있다.

4.7.4 기타 조건에 의한 차이

① 펄 베이스 자체는 은폐가 안되므로 두께에 따라서 색상의 차이가 생기기 때문에 도막을 균일하게 분사해야 한다.

② 출고되는 신차의 색상이 생산일자별로 일관성 없어 보수현장에 입고되는 차량마다 색상이 달라 작업의 이력화 및 조색 데이터화에 어려움이 있다.

③ 칼라베이스 작업 시 먼지, 티 등 이물질의 유입으로 베이스를 건조시킨 후에 연마하는 경우, 연마 과다 시 연마 자국 및 칼라 이색이 생길 수 있으므로 주의한다.

④ 펄 베이스는 은폐가 안되므로 스프레이 작업 시 얼룩 발생에 주의해야 한다. 한번 얼룩이 발생되면 다시 스프레이를 해도 없어지지 않는다.

제 8 절 조색 이론

1. 조색 이론 개요

1.1 조색이란?

단일 안료를 사용한 도료를 원색이라 하고 각종 원색을 혼합하여 원하는 색으로 배합하는 행위를 조색이라 한다.

1.2 조색 방법

1.2.1 목측 조색법

육안 조색법. 일반적인 조색 방법으로서, 손으로 하는 조색이라 고도의 경험과 숙련을 필요로 한다. 먼저, 어느 원색을 기본으로 사용할 것인가를 결정하고 보조색으로는 몇 가지 원색을 얼마나 넣을 것인가 등 자료, 조색비 등을 충분히 숙지하고 유의해서 만든다.

1.2.2 계량 조색법(현장 조색법)

(1) 개요

정비현장에서 직접 배합표를 보면서 차체의 색상과 비교하면서 조색을 해 가는 방법으로 한 가지 안료만 혼합되어 있는 원색 도료를 공급하게 된다. 용량식, 중량식, 또는 두 방법을 병용하는 방식도 있다.

칼라의 수에 따라 계량(현장) 조색 시스템의 가능여부가 결정이 된다. 다시 말해서 색상의 수가 적을 경우에는 계량(현장) 조색 시스템의 운영이 힘들기 때문에 색상의 수가 적어도 1000칼라 이상은 돼야 적용하는데 큰 무리가 따르지 않는다고 한다.

근래에 도료회사를 불문하고 계량(현장)조색 시스템의 관심이 많아져 조색기 설치에 대한 관심이 높아지고 있는 실정이다. 하지만 정비 현장에서의 계량(현장)조색 시스템의 인식이 아직도 낮아서 그 사용정도는 떨어지고 있다.

(2) 계량 조색의 특징

① 도료 공급 시간에 구애를 받지 않는다.
② 조색 작업에 따른 계획 수립이 용이하다.
③ 다양한 색상에 능동적으로 대처할 수 있다.
④ 색상차이에 따른 소비자 불만감을 해소할 수 있다.
⑤ 색상별 비축 재고에 대한 고정 비용 부담을 줄이고 관리가 효율적이다.
⑥ 원색 40~50종으로 모든 색상의 생산이 가능하다.
⑦ 필요량만 계량 배합 사용으로 도료의 손실이 적다.
⑧ 경화제, 신너량을 정확히 측정하여 혼합할 수 있다.

(3) 시스템 구성

【표 5-5】 시스템의 구성

SOFT WARE	HARD WARE
- 교반기 - 전자저울 - 조색 배합표 - 조색 가이드 - 조색 색상칩 - 조색 테스트시편 - 교반봉, 여과지, 점도계 - 데일라이트	- 원색 도료 1) 우레탄 타입 　: 솔리드용 2) 베이스 코트 타입 　: 메탈릭, 마이카용

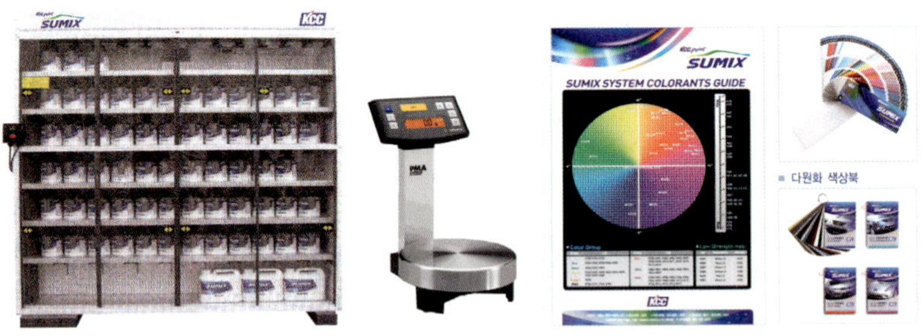

[그림 5-34] 계량 조색 시스템

1.2.3 컴퓨터 조색법

각 원색의 특성치를 컴퓨터에 입력시켜 놓고 원하는 색상 견본의 반사율을 측정해서 원색의 배합율 계산을 컴퓨터로 하는 조색이다.

(1) Optical data 산출

① 도료의 반광반사율 측정, 저장
② 도료의 광학 상수 산출, 저장

(2) 배합비 산출

① 기존 도료의 분광반사율 측정
② 배합에 적합한 도료의 광학 상수와 기준 시편의 분광 반사율로부터 각 도료의 필요한 농도 계산 및 배합비 결정

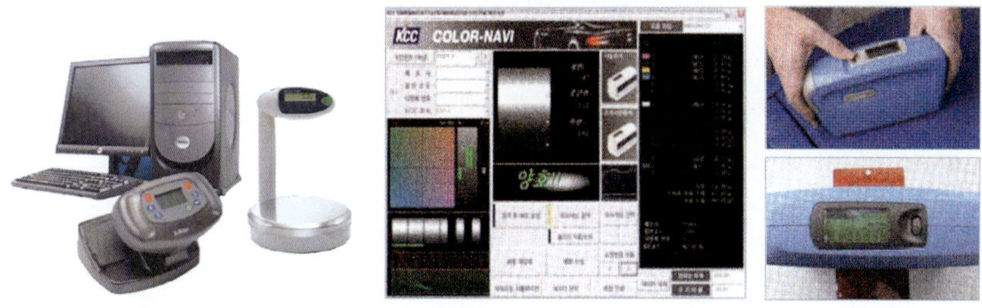

[그림 5-35] 컴퓨터 조색 시스템

1.3 베이스 코트 도료의 공급방식

1.3.1 현장 조색 시스템

미리 만들어져 있는 조색 데이터를 토대로 해서 원색을 계량하여 현장에서 조색하는 방식으로 이러한 현장 조색의 필요성은 자동차의 색상이 다양화되어 도료의 재고관리 애로가 발생하고 있으며 최근 새로운 안료가 지속적으로 개발되고 있고 도료 제조사의 공급 과정에서 생산 일자에 따른 색상차와 자동차의 생산일자에 따라 색상차가 발생하므로 한다.

이 시스템을 잘 활용만 한다면 업체의 재고 부담을 줄이고 다양해져 가고 있는 차량의 색상에 유기적으로 대처해 나갈 수 있는 좋은 방식이라 생각된다.

1.3.2 사전 조색 시스템

도료제조업체에서 색상에 대한 완제품으로 도료를 사전에 조색해서 현장에 공급하는 방식으로 정비현장에서 손쉽게 많이 사용되고 있는 추세다.

하지만 도료업체에서의 생산되어져 나오는 도료와 운행을 하고 있던 차량의 색상과는 차량의

운행정도에 따라 차이가 발생되며 공장에서 도료가 생산될 때 LOT별로 생산을 하고 있기 때문에 칼라차이가 발생된다.

이때 차체와 비교하여 칼라차이가 발생된다면 약간의 조색제를 이용하여 미조색 작업을 해야 한다.

1.4 조색 기술자의 조건

① 조색하려는 색을 자신의 눈으로 측정하여 그 차이나 정도를 판단한다.
② 자기 두뇌 속에 기억되어 있는 색깔의 혼색에 관한 지식이나, 과거의 경험에 입각하여 목표로 한 색과 가까운 색채를 판단하여 보충 수단을 강구한다.
③ 이 정도 색이 맞으면 좋겠다, 또는 안되겠다는 판단을 한다.
④ 위의 세 작업을 할 줄 아는 사람을 조색 기술자라 한다.
⑤ 조색 기술자는 정교한 계측기적 재능이 있어야 하며, 색채의 지각량(知覺量)을 도료의 물리량(物理量)으로 환산할 수 있는 전산기적(電算機的) 능력의 보유자로서 결재를 할 수 있는 관리자이어야 한다.
⑥ 이러한 능력은 일조일석(一朝一夕)에 구비되는 것이 아니며 오랜 경험과 기술을 필요로 한다.

2. 색상 비교

2.1 색상시편의 상태

조색을 하는 과정에서 보수차에 도장을 하기 전에 조색시편(종이, 철, 필름 등)에 미리 도장을 해서 보수차와 비교를 한 후에 최종적으로 칼라가 매치가 되었다고 판단이 되었을 때 비로소 보수차에 도장을 해야 하는 것이 가장 이상적이라 할 수 있다. 하지만 현장의 여건상 이런 조색에 있어서의 기본적인 방법을 무시하고 젖은 도료 상태에서 조색을 하는 기술자들이 상당수에 이른다. 따라서 조색은 도장을 하는 과정에서 가장 민감한 부분이기 때문에 조그만 실수를 하면 재작업을 해야 하는 결과를 초래하므로 최종적으로 도장을 하기 전에 조색시편(종이, 철, 필름 등)으로 미리 보수차와의 칼라 조색을 충분히 조정한 후에 도장에 들어가는 것이 바람직하다.

이때, 실버 및 펄의 배열이 엉키거나 크게 다른 영향을 받지 않기 때문에 가능한 한 철시편을 사용하는 것이 바람직하다.

정확한 색상 비교를 하기 위해서는 색상 비교용 시편은 동일한 광택을 가져야 하고 오염이 되어 있어서는 안된다. 표면상태가 좋은 것으로 색상을 비교한 것과 표면의 상태가 나쁜 것으로 색상 비교한 것은 색상 차이가 분명히 발생될 수 있다. 도장된 시편이 오염되어 있거나 많은 스크래치 등으로 표면이 손상되어 있다면 폴리싱 작업으로 표면을 연마하여 손상된 층을 제거해야 한다.

2.2 조색용 시편의 크기

조색용 시편의 적당한 크기는 너무 커도 너무 작아도 색상을 비교하는데 어려움이 따른다. 만약에 시편이 너무 클 경우에는 시편 제작을 하는데 소비되는 도료가 너무 많아서 도료를 너무 많이 낭비할 수 있고 또 너무 작을 경우에는 도료의 손실은 적지만 면적이 작아서 색상을 정확하게 비교할 수가 없다. 이것은 그 색상이 가지고 있는 나름대로의 칼라 특성을 이해하기가 어렵다. 따라서 적당한 색상 비교용 시편의 크기는 16cm × 26cm 정도가 가장 적당하다 할 수 있다.

【표 5-6】 조색용 시편의 크기 미국 재료시험 협회(ASTM : D1729)

구분	개략 비교	비슷한 비교	일반 비교	정밀 비교
크기	4 × 4cm	4 × 7cm	12 × 12cm 9 × 16cm	16 × 26cm

2.3 조색 시 필요한 조명

2.3.1 조명 조건

조색을 할 경우에 빛의 종류에 따라서 동일한 칼라일 경우에도 다른 색상이 연출되어 나오므로 적당한 빛을 선택하여 조색을 하는 것이 무엇보다도 중요하다.

광원에 따라 나오는 빛의 파장은 서로 다르기 때문에 동일한 시편일지라도 광원의 종류에 따라 색상이 달라져 보인다. 예를 들면 형광등 아래에서 칼라를 보는 것과 태양광원에서 칼라를 비교하는 것은 형광등 아래에서 비교한 것이 푸른빛이 더 강하게 나타난다.

따라서 가장 좋은 광원은 태양빛이다. 작업자가 색상을 감지하는 것은 눈에 도달하는 빛의 파장 분포에 의해 결정되기 때문에 파장의 분포가 다르다면 다른 색상으로 보일 수 있다.

비가 오는 날이나 눈이 내리는 날 그리고 안개가 많이 낀 날에는 햇빛이 없기 때문에 정확한 칼라 비교를 할 수가 없게 된다. 이때는 옥내에서 햇빛의 조건과 거의 유사한 데일라이트(Daylight)를 사용하면 된다.

[그림 5-36] 광원의 종류에 따른 색상의 변화도

앞서 언급하였듯이 조색 작업이 어두운 곳에서나 야간에 또는 조명이 나쁜 곳에서 이루어진다면 태양빛과 가장 유사한 조건의 상태에서 조색을 하는 것이 가장 바람직하다.

2.3.2 조 도

채광은 빛의 특성 때문에 색상 비교 시 매우 중요하다. 색상을 비교할 때에는 너무 밝은 곳에서 또는 너무 어두운 곳에서 색상을 비교하면 안된다. 여기서 적당한 조도는 1500~3000룩스(LUX) 정도이다. 명암이 낮은 색상의 경우 높은 명암의 색상보다 더 밝아야 한다.

맑은 날 햇빛이 직접 노출되지 않는 창가에서의 적당한 조도는 2000룩스 정도 되며 창문에서 약 50cm 정도 떨어진 곳에서의 약 1000룩스 정도 된다.

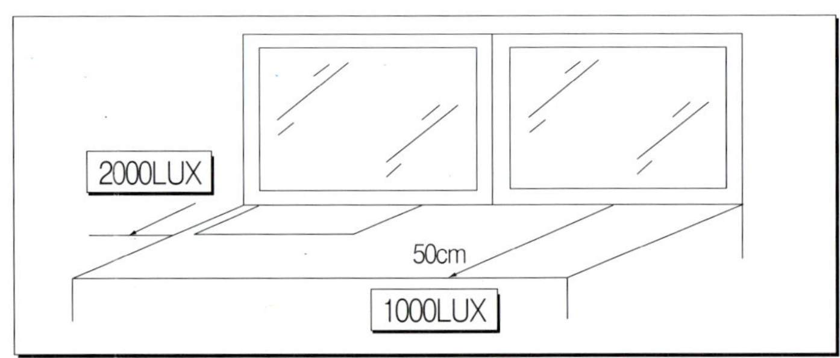

[그림 5-37] 조색용 시편의 크기, 실내에서의 적당한 조도

2.3.3 조색 시간

맑은 날의 북쪽 창가에서 50cm 정도 떨어진 곳에서 조색시간은 일출 3시간 후부터, 일몰 3시간 전까지가 최적의 시간이다.

2.4 조색실 내벽 색상

조색실 내의 색상은 조색을 하는 과정에서 조색시편에 영향을 줄 수 있다. 색을 비교할 때는 조색실 내의 색상으로 인하여 영향을 주지 않는 장소에서 비교해야 한다. 따라서 조색실의 벽면은 무채색으로 도장되어야 한다. 회색계통의 색상이 무난하다. 색상에 영향을 주지 않아야 하기 때문에 무채색 계통이 적당하다.

2.5 색상을 비교하는 각도 및 거리

메탈릭 색상인 경우에는 보는 각도와 거리에 따라 색상차이가 많이 발생된다. 이것은 정면톤과 측면톤이 서로 다르게 나타나 보이는데 정면에서 볼 때와 측면에서 볼 때의 각도에 따라 빛의 반사가 서로 다르기 때문에 보이는 색상의 정도도 달라져 보인다. 색상을 비교하는 가장 적당한 거리는 보통 3~5m의 거리에서 다각도로 색상을 비교해야 한다. 좋은 결과를 얻기 위해서는 광원을 안고, 등지고 색상을 비교해야 한다.

(1) 시편 비교

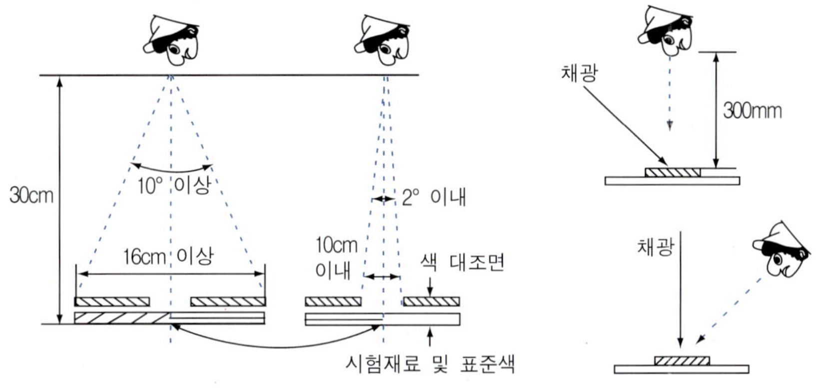

[그림 5-38] 조색용 시편의 비교

(2) 차체 색상 비교

(a) 광원을 안고

(b) 광원을 등지고

(c) 정면에서 비교한다.

[그림 5-39] 차체 색상의 비교

3. 색상의 변화

3.1 색의 바탕

① 원색은 눈으로 보는 것만으로는 색상의 특징을 정확히 판단하기 어렵다.

② 백색이라도 푸른색을 띤 백색, 노란색을 띤 백색 등이 있고, 빨강에도 푸른색을 빨강, 노란색을 띤 빨강이 있다.

③ 이때 빨강 원색에다 백색을 적당히 넣어 희석시키면 그 원색의 고유 색상을 명확하게 파악할 수 있기 때문에 이러한 목적으로 희석된 색깔을 원색의 바탕이라고 한다.

④ 조색을 시작할 때 먼저 원색을 사용하여 그 견본색과 가장 근접한 기본 색상을 구한다. 이때 기본 색상을 기조색이라고 한다.

⑤ 도료는 착색 안료의 종류에 따라 여러 가지가 있다. 단일 안료를 사용한 도료를 원색이라 한다.

⑥ 원색에 대한 짙은 색, 엷은 색의 분별, 원색의 바탕, 은폐력, 번짐 정도, 내산성, 내알칼리성 등의 특성을 이해해야 한다.

3.2 주요 색상의 특징

【표 5-7】 주요 색상의 크기

구 분	색 상 특 징
백 색	빛을 모두 반사하거나 아주 소량 흡수하여 생긴 색상으로 명암을 밝게 한다.
흑 색	빛을 모두 흡수하거나 아주 소량 반사하여 생긴 색상으로 명암을 어둡게 한다.
자연회색	백색과 흑색을 혼합하여 생긴 색상으로 혼합비율에 따라 명암이 다르다.
파스텔색	여러 가지 색상에 아주 소량의 백색을 혼합하여 생긴 색상으로 명암이 밝다.
베이지색	순도가 탁한 노란색 또는 오렌지색 계통이다.
브라운색	순도가 탁한 빨간색 계통이다.
마룬 색	순도가 탁한 빨간-보라색 계통이다.

3.3 계통별 색상 차이

【표 5-8】 계통별 색상 차이

구분	색 상	색 상 의 차 이
1	청색, 노란색, 베이지색, 골드색 계통	녹색·적색중 하나에 가깝다.
2	녹색, 빨간색, 밤색 계통	황색·청색중 하나에 가깝다.
3	브론즈색, 오렌지색	황색·적색중 하나에 가깝다.
4	남색, 청색	녹색·청색중 하나에 가깝다.
5	자주색	청색·적색중 하나에 가깝다.
6	흰색, 회색, 검정, 은색	어떤 색이든지 나타낼 수 있음

3.4. 조건에 따른 색상의 변화

도료는 젖어 있는 상태와 건조되는 과정, 그리고 완전건조가 된 상태에서 모두 색상이 다르게 보인다. 이것은 젖은 생태와 건조된 상태에서의 안료입자들의 배열이 서로 다르고 이에 따라 빛의 반사되는 정도도 다르게 되는 것이다.

특히 비중 한 가지만 보면 비중이 큰 안료와 비중이 작은 안료를 혼합한 도료의 경우 젖은 상태 즉, 도장을 한 후의 도료의 거동과 건조가 된 후의 입자의 거동은 크게 차이를 보인다. 도료는 건조되면서 무거운 안료는 도막의 표면으로 부상하기 때문이다.

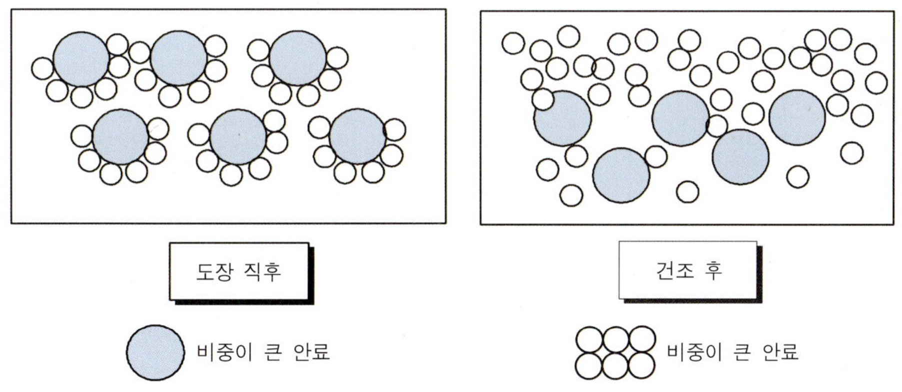

[그림 5-40] 건조에 따른 색상의 변화

따라서 무거운 안료가 대부분을 차지하는 젖은 상태에서의 칼라와 가벼운 안료가 대부분을 차지하는 건조된 상태에서의 칼라는 크게 차이 나게 되는 것이다.

일반적으로 건조된 도료와 건조되지 않은 도료의 경우 타입에 따라 차이가 있는데 솔리드 색상의 경우는 건조되면서 어두워 보이는 반면에 메탈릭 색상의 경우에는 건조가 되면서 밝게 보인다.

그러므로 칼라를 비교할 때는 건조가 된 상태에서 비교하는 것이 중요하다.

도료는 칼라베이스 위에 클리어가 도장되고 난 뒤에 색상이 더욱 밝고 진하게 보인다. 이것은 어두운 색상에서는 더욱 명백히 나타나는데 메탈릭 색상의 경우 클리어가 도장되기 전까지는 정확한 조색 작업을 하기가 어렵다.

특히 메탈릭 색상의 경우 희석량에 따라 에어압력에 따라 색상이 변할 수 있다. 도막 내에서 알루미늄 조각들은 도달되는 빛을 거의 모두 반사하기 때문에 도장을 할 경우에 알루미늄의 배열에 중요성을 가져야 한다.

이것은 알루미늄 조각들의 배열에 따라 정면에서의 톤과 측면에서의 톤이 크게 차이 가 나기 때문에 도장할 대의 테크닉이 중요하다. 알루미늄 조각에 도달되는 빛의 반사량이 많아야 색상이 밝게 보인다.

그러면 스프레이 조건에 따라 발생되는 색상 변화를 보면 다음과 같다.

【표 5-9】 스프레이 조건에 따른 색상 변화도

구　　분	정면을 밝게 하고 측면을 어둡게 할 경우	정면을 어둡게 하고 측면을 밝게 할 경우
도장 및 건조 온도	높 게	낮 게
도 장 실 습 도	낮 게	높 게
도 장 실 통 풍 량	증 가	감 소
건 의 공 기 압	상 승	하 강
도 료 토 출 량	적 게	많 게
스 프 레 이 패 턴	넓 게	좁 게
패 턴 겹 침	적 게	많 게
노 즐 크 기	작은 노즐 사용	큰 노즐 사용
건 에어캡 보조 구멍	많은 캡 사용	적은 캡 사용
건 과 의 거 리	멀 게	가 깝 게
도 장 속 도	빠 르 게	느 리 게
도 장 횟 수	감 소	증 가
후 레 쉬 타 임	길 게	짧 게
도 료 점 도	낮 게	높 게
희 석 제	건조가 빠른 것	건조가 느린 것
마 무 리 도 장	최종 블렌딩 도장	투명 도료 도장

4. 조색의 규칙

4.1 조색 전 준비 사항

① 색의 3요소를 명도 → 색상 → 채도 순으로 체크한다.

② 차체의 원색과 보수도장용 페인트의 색상 차이를 비교할 때는 항상 "차체를 페인트와 비교한다."

㉠ 명 도 : 그 차체의 색이 페인트 보다 어둡다/밝다

㉡ 색 상 : 그 차체의 색이 페인트 보다 빨갛다/파랗다/노랗다

㉢ 채 도 : 그 차체의 색이 페인트 보다 맑다/탁하다

4.2 조색의 기본 원칙

① 조색 시는 계통이 다른 도료의 혼용을 가급적 피한다. 또한 도료를 혼합하면 일반적으로는 명도, 채도가 낮아지며 혼합되는 수가 많을수록 채도는 낮아진다.

② 도장 방법에 따라 색이 달라지므로 붓칠된 것은 붓칠로, 스프레이된 것은 스프레이로 도장하여 색 대비를 한다.

③ 착색력이 큰 원색을 다른 색에 넣어 혼합시킬 때, 양이 많으면 색조절이 어려우므로 소량씩 넣는다. 그러나 원색 도료 투입량은 배합표 비율에서 많은 양을 차지하는 원색 도료는 많은 양을 첨가하고 그렇지 않은 도료는 적게 첨가하는 것이 바람직하다.

④ 희망하는 색이 만들어지지 않을 때, 그것과 보색관계가 있는 원색을 이용하면 그 색상을 없앨 수 있다. 그러나 이 경우에는 색이 탁해지므로 주의하여야 한다(보색 관계에 있는 색들을 혼합하면 회색이 된다.).

⑤ 모든 도막은 건조되어 도막이 형성되기까지는 안료들이 떠오르는 경향이 있기 때문에 진해지는 경우가 많다. 따라서 이를 감안하여 엷게 조색한다.

⑥ 색상을 변화시킬 때에는 색상환에서 인접한 색을 사용하여야 채도가 높은 색을 나타낸다.

⑦ 색의 2가지 특성(색상이나 명도, 채도 중 2가지)을 한꺼번에 맞추려고 하지 말고 명암, 색상, 채도의 순으로 조색한다.

⑧ 사전에 혼합된 도료는 가능한 한 사용을 피하고 잘 혼합된 원색 도료만을 사용한다.

⑨ 색상비교는 가능한 한 햇빛아래에서 여러 각도로 실시되어야 하며 도료는 젖어 있는 상태와 건조가 완료된 후의 상태와는 색상변화의 차이가 많이 발생된다는 것을 명심하면서 조색을 해야 한다.

⑩ 조색 시 한번에 한가지의 원색만을 첨가해야 한다. 만약에 한번에 두 가지 이상의 원색 도

료를 투입하면 도장 전에 어느 원색 도료가 어떻게 색상을 변하게 했는지 알 수가 없기 때문에 한번에 두 가지 이상의 원색 도료를 첨가하지 않도록 해야 한다.

⑪ 조색 작업을 진행하는 과정에서 필요한 원색 도료 및 그 양을 결정하는 것이 무엇보다도 중요한데 이것은 오랜 시간의 숙련과 많은 경험을 요구하는 부분이다.

⑫ 가능하면 조색된 도료의 절반만 사용하고 나머지 절반은 보관하여 나중에 기본 도료로 사용하고, 조색 후 시험편은 조색 순서와 색상비를 다음에 똑같은 색상을 조색할 때 유용하게 활용할 수 있도록 기록 보관하여 두는 습관을 가지는 것이 좋다.

4.3 메탈릭 조색 시 주의 사항

① 메탈릭의 경우에는 우선 알루미늄(은분)의 입자 크기를 결정하고 메탈릭 원색에는 투명도가 높은 것이 필요하므로 사용할 수 있는 원색이 제한된다.

② 메탈릭에는 백색이나 흑색은 대체로 사용하지 않는데 원색의 보색관계를 이용하여 색의 채도가 변하게 되므로 주의하여야 한다.

③ 색 견본과 동일한 원색을 사용하지 않으면 색이 잘 맞을 때에도 보는 각도와 조명이 다르게 되면 색이 다르게 보일 때가 있다.

④ 메탈릭의 바탕색을 깊게 할 때

㉠ 투명성이 큰 원색의 비율을 증가한다.

㉡ 은색의 배합량을 적게 한다.

㉢ 은분의 입자를 큰 것으로 한다.

㉣ 흑색의 종류를 바꾼다.

㉤ 메탈릭의 바탕색을 옅게 할 때

- 깊게 할 때의 반대로 처리하지만 소량의 백색을 넣어서 조정한다.
- 백색의 사용은 색상이 탁해지기 쉽고 메탈릭감을 저하시키므로 주의가 필요하다.

5. 색상의 이색 요인

5.1 자동차 생산업체의 원인

(1) Batch별로 칼라 차이 발생

칼라를 조색하는 과정에서 표준시편과 생산 도료의 칼라가 정확하게 조색되지 않은 상태의 도료를 신차의 생산라인에서 Lot별 출고가 되고 있기 때문에 Batch별로 칼라 차이가 발생하고 있다.

(2) 신차 도료의 납품업체가 변경된 경우

여러 도료 회사들 중에서 계약하고 있던 업체가 변경이 되어 도료의 납품이 변동이 생길 때에 기존의 도료 업체와의 색상차이가 발생하게 된다.

(3) 새로운 타입의 상도 도료가 적용된 경우

기존의 도료 타입에서 타입이 다른 도료로 상도 도장에 적용이 될 경우에 색상의 차이가 발생된다.

(4) 도장 설비, 특히 스프레이 장비가 변경된 경우

자동차 생산라인에서 사용되고 있는 스프레이 도장 설비의 교체 및 사양변경에 따른 도료의 색상차이가 크게 발생한다.

(5) 강제 건조 온도가 적절하지 않은 경우

신차 생산라인에서 사용되는 도료의 타입들은 소부건조를 기본으로 하는 타입의 도료들이기 때문에 고온(120℃ 이상에서 30분 정도)건조를 시키지 않고 저온건조를 하든지 아니면 너무 열처리를 오랜 시간동안 했을 경우에는 도료의 색상차이를 유발시키는 결과를 초래한다.

(6) 차량의 부품이 서로 다른 도장 라인에서 도장되는 경우

플라스틱 범퍼의 경우 자동차 도장 라인 도료와 다르며, 자동차 부품 제조사의 납품을 받아 조립라인에서 조립되어 나온다. 따라서 도료의 타입이 다르고 건조 조건의 차이에 의해서도 색상차가 발생될 수 있다.

5.2 도료 제조업체의 원인

(1) 표준색과 상이한 도료를 출고된 경우

Lot생산방식에 따른 조색이 정확하게 되지 않은 상태에서 출고가 되었을 경우에 도료와 차량의 칼라차이가 많이 발생된다.

(2) 도료제조용 안료가 변경된 경우

기존에 납품이 되던 안료가 안료를 납품하는 회사로부터 변경이 되어 납품되었을 경우에는 같은 색상이라 하더라도 색상 차이를 나타낼 수 있다.

(3) 제조공정에서 교반이 불충분한 경우

도료 제조 공장에서 수지와 첨가제, 용제를 균일하게 혼합하고 점도 및 색상을 조정하는 과정에서 도료의 교반이 충분하지 않을 경우에는 정확한 색상이 나오지 않게 된다.

5.3 현장 조색 시스템 관리 도료 대리점의 원인

(1) 색상 혼합을 잘못했을 경우

현장 조색 시스템의 경우 현장에서 조색하고자 하는 색상에 대해서 조색제를 이용하여 원하는 색상을 만들어 공급할 수 있다.

이 시스템을 이용하는 과정에서 색상 혼합을 정확하게 배합표에 있는 그대로 배합이 정확하게 되지 않았을 경우와 배합표 그대로 정확하게 배합을 해도 자동차와 색상차이가 발생하는 경우가 많이 있다. 이것을 해결하기 위해서는 도료 배합표를 자동차 출고 색상과 정확하게 배합하는 것이 중요하다.

(2) 교반이 충분하게 되지 않았을 경우

교반을 한 도료와 하지 않은 도료의 경우 칼라 차이가 많이 발생되기 때문에 필히 사용 전에는 교반기를 30분 이상 교반시킨 뒤에 사용하는 것이 무엇보다 중요하다.

(3) 바르지 못한 조색제를 사용한 경우

배합표에 나와 있는 조색제 외에 다른 조색제를 사용한 경우에 색상 차이를 많이 볼 수 있다.

작업자의 실수로 조색제를 잘못 선택하여 사용하는 경우도 있고 배합표에 나와 있는 그대로 지정된 조색제를 사용하였더라도 조색제의 저장상태가 오래되어 조색제로서의 성능을 발휘하지 못하는 경우에 칼라차이가 많이 발생된다.

5.4 도장기술자에 의한 원인

(1) 현장 조색기의 교반을 충분히 하지 않고 도장하는 경우

도료를 사용하는 사용자인 기술자가 도료를 사용하기 전에 교반기를 충분히 교반시키지 않고 도료를 사용하면 거의 칼라 차이는 발생된다고 할 수 있다. 따라서 도료를 사용하기 전에 교반기를 충분히 교반시켜 주는 것이 필수적이다.

(2) 신너의 희석이 부적절한 경우

신너의 희석량이 너무 많거나 적을 경우에는 색상 차이를 보일 수 있다. 신너의 희석량이 많을 경우에는 색상이 밝아 보이고, 반면에 신너의 희석량이 적을 경우에는 색상이 어두워 보인다. 따라서 신너의 희석량을 적절하게 표준화시켜 사용하는 것이 바람직하다.

(3) 도장 작업 중 적절하지 않은 공기압 사용의 경우

공기압력이 높을 경우에는 색상이 밝게 나온다. 반면에 공기압력이 낮을 경우에는 색상이 어둡게 나온다. 따라서 공기압을 적절히 조절하여 사용하는 것이 색상의 이색 문제를 없앨 수 있는 바람직한 방법이다.

(4) 도장 기술의 부족과 설비가 미비한 경우

같은 색이라 하더라도 숙련자와 미숙련자의 색상의 차이는 크게 나타난다. 색상의 차이가 나타나는 데에는 여러 가지 요인들이 있겠지만 모든 조건을 만족시킨다 하더라도 최종적인 요인은 기술자이기 때문에 기술자의 숙련도에 의해 조색 결과로 발생되는 색상 이색문제가 많이 발생할 수 있다 하겠다.

또한 도장 설비의 미비로 인해 미립화 등이 되지 않아 얼룩이 발생하며 색상차이로 이어지는 것이다.

(5) 도막이 너무 얇거나 두껍게 도장되었을 경우

도장 작업을 부적절하게 하여 도막 두께가 너무 두껍다든지 너무 얇을 경우에 색상의 차이가 발생된다. 도장횟수를 2회 도막과 3회 또는 4회 그 이상으로 도장한 도막은 도막 두께가 서로 다르기 때문에 같은 색상을 도장횟수에 따라 달리 하더라도 색상차이는 당연하게 난다는 것은 모두 알고 있을 것이다. 따라서 일정하게 도장횟수를 설정하고 적절하게 도장하는 것이 도장기술이라 할 수 있다.

(6) 색상코드, 색상명 오인으로 인한 제품 사용 시

직접 도장 작업을 하는 기술자가 색상코드 및 색상명을 잘못 인식하여 작업을 하였을 경우에

색상 차이가 발생한다.

5.5 기타 요인

(1) 자동차의 색상이 오래되어 변색되어 있을 경우

신차가 나와서 자동차를 운행하기 시작하여 1년, 2년, 3년 그 이상으로 운행을 하다 보면 칼라의 종류에 따라 약간의 차이는 있지만 모든 칼라들은 자외선(UV)에 의해 색상이 변색 또는 퇴색하게 된다. 색상에 따라 그 진행되는 속도에서 차이가 있을 뿐이지 변화하는 것은 칼라에 상관없이 일어난다. 그러나 최근의 모든 자동차용 도료에는 자외선 흡수제(UV-absorber)라는 첨가제가 포함되어 적용하고 있어 변색 등의 문제보다는 도막이 오염되어 있는 현상이 많다.

(2) 색상코드와 다른 색상이 도장된 자동차의 경우

구도막의 색상코드와 도장을 해야 되는 자동차의 색상과 일치하지 않은 상태에서 도장을 했을 경우에 색상이 이색 문제가 많이 발생된다.

(3) 색상코드가 없거나 모를 경우

만약에 색상코드가 없는 상태에서 도장 작업을 선행해야 한다면 고도의 조색기술을 필요로 한다. 이것은 일반적인 문제가 아니라 칼라를 만들어 내는 일과도 같기 때문이다. 도장기술자들의 숙련도에 따라 가능할 수도 있겠지만 많은 시간과 노력이 필요하기 때문에 매우 고도의 기술을 필요로 한다.

VI. 광 택

제1절 광택 작업 일반

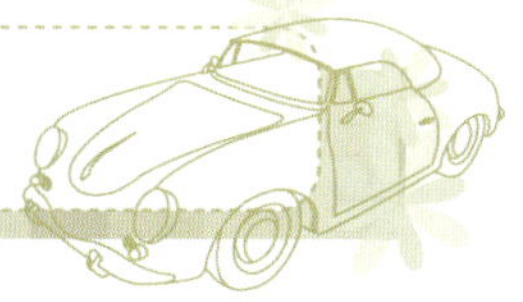

1. 광택 작업의 개요

1.1 광택 작업이란?

도막 위의 광택연마 작업을 폴리싱(polishing)이라 한다. 보수도장에서의 광택 작업은 보수도장 작업 후에 도장 결함을 수정하는 것에서 코팅작업까지 총칭하여 말한다. 즉, 도장면의 품위와 아름다움을 향상시키기 위한 작업으로 보수도장의 결함인 오렌지필(orange peel), 티결함(seeding), 흐름(sagging), 외관불량, 그리고 중고차의 미세한 산화현상(rusting), 미세한 스크래치(scratch) 등을 제거하고, 미세한 굴곡이나 광택의 흐름을 아름답게 보이도록 하는 작업으로 도장 결함 부분을 제거하는 작업부터 외관을 향상시키는 광택 작업까지 자동차 도장의 품질을 향상시키는 도장 공정의 최종 작업으로 가장 중요한 분야중 하나이다.

1.2 작업의 필요성

① 도막 표면에 먼지나 이물질이 생겼을 때
② 상도 도장 시 흐름 현상이 생겼을 때
③ 도막 표면에 오렌지필 현상이 생겼을 때
④ 오버 스프레이(over spray) 현상이 생겼을 때
⑤ 작은 스크래치(scratch)가 생겼을 때
⑥ 부분 도장(Blending)작업 시 작업 부위의 색을 다른 부분과 동일하게 하고자 할 때
⑦ 성공적인 도장 마무리 작업을 위한 핵심은 이러한 결함사항을 감추거나 메워 버리는 것이 아니라 근본적으로 제거하는 것이라 할 수 있다.

1.3 광의 원리

① 광택의 측정은 입사각과 반사각이 같을 때를 정반사라고 하고 입사각과 반사각이 다를 때 난반사라 한다.

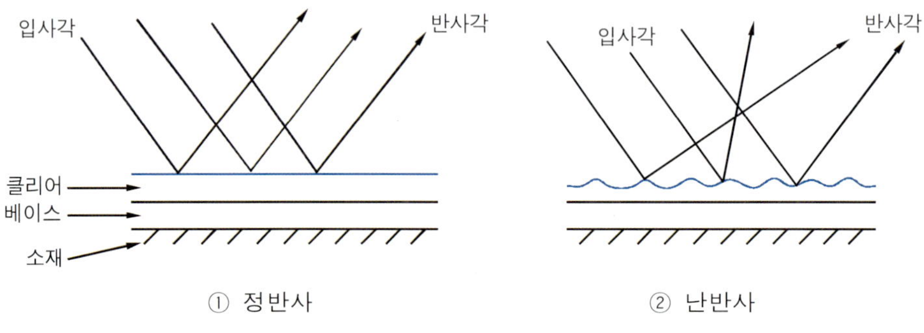

[그림 6-1] 정반사와 난반사

② 물체의 표면에 반사된 빛이 사람의 육안으로 감지하여, 물체의 표면이 깨끗하고, 증발 등의 작용으로 도막을 형성하면서 수축에 의한 표면 장력 차이로 발생하는 오렌지필은 근본적으로 얼마나 제거하여 난반사의 빛을 정반사의 빛으로 유도하느냐에 달려있다. 이러한 광택의 정도는 물체 표면의 매끄러운 상태에 따라 달라지는데, 이는 빛의 입사각과 반사각이 같으며, 서로의 간섭이 없을 때 최상의 광택도를 얻을 수 있게 된다.

1.4 작업 공정에 따른 도장표면의 상태

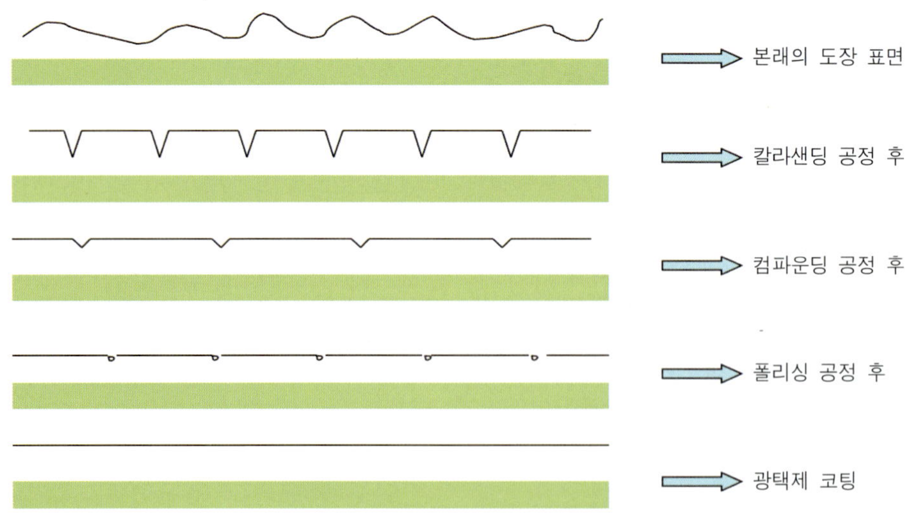

[그림 6-2] 공정별 도장면의 상태

2. 도막 결함에 다른 광택 작업

2.1 도막 결함 감추기와 제거하기

자동차에 왁스작업을 하다보면 도장면의 미세한 스크래치가 거의 또는 완전히 사라지는 것을 볼 수 있다.

그러나, 이러한 스크래치가 세차 후 또는 시간 경과 후 다시 나타난다면, 이는 단지 스크래치를 일시적으로 감추거나 왁스로 메워 버린 것을 의미한다.

올바른 작업은 도장 결함을 실제로 제거하여 세차 후 또는 시간이 경과된 후에도 다시 발생하는 일이 없게 된다.

도장 표면으로부터 도장 결함 사항을 제거한다는 것은 그림에서처럼 결함부위를 가진 도료의 얇은 층을 제거하는 것이다.

그림의 점선 윗 부분을 제거함으로서 결함부위의 제거가 실제로 이루어지는 것이다.

[그림 6-3] 도장 결함 제거

2.2 제거할 수 없는 결함

깊은 스크래치, 심한 산성비 자국, 샌딩자국(베이스까지 침투) 등의 몇 가지 유형의 도장 결함은 제거되지 않을 수도 있다. 즉, 제거하여 베이스 코트까지 드러나면 기계적, 화학적 물성이 저하되므로 크리어 층을 완전히 제거하지 않으면 안된다.

그러나 도장 마무리 작업으로 이러한 깊은 스크래치를 어느 정도 눈에 덜 띄도록 만들 수는 있다.

결론적으로 손톱으로 감지할 수 있는 정도의 깊은 스크래치는 완전히 제거할 수 없다.

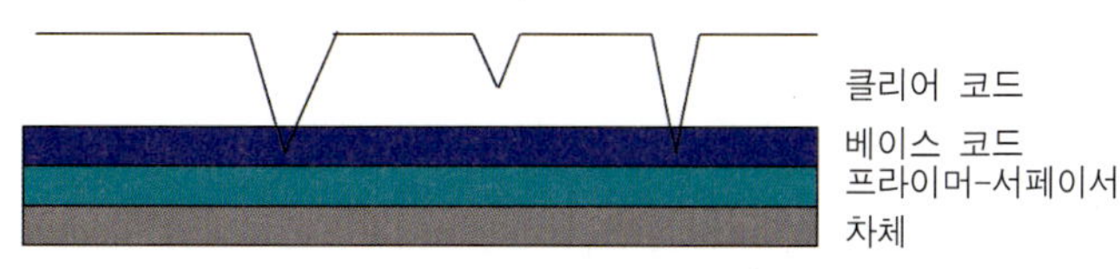

[그림 6-4] 제거할 수 없는 결함

제 2 절 광택 작업 공정

1. 광택 작업의 공정

1.1 개요

현재 사용하고 있는 우레탄 도료는 올바른 도장 작업이 이루어지더라도 최소한 도장 기술자와 작업장의 환경으로 결함이 발생할 수 있다. 이때, 자동차 보수도장의 공정중 마지막 공정인 광택 작업을 실시해야 한다.

광택 작업의 공정은 크게 4단계로 이루어져 있고 각각의 단계는 순차적으로 작업되도록 구성되어 있다.

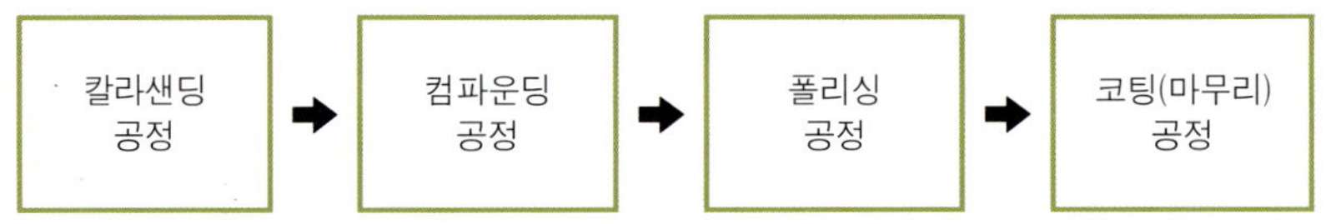

폴리싱의 4단계 표준공정

광택 작업에 필요한 공정이 코팅 공정만의 경우, 단 한번의 공정으로 끝이 난다. 그러나, 도장 표면의 결함을 제거하는데 컴파운딩이 필요한 경우는 폴리싱 작업과 손작업을 단계적으로 거쳐야 원하는 외관을 얻을 수 있다.

1.2 칼라샌딩 공정

칼라샌딩 작업은 주로 재도장 차량의 거친 표면을 연마하여 표면을 평활하게 하는데 적용한다. 즉, 보수도장 전 심한 오렌지필이나 흐른 부위, 큰 먼지 결함 등을 신속하게 제거해 준다. 칼라샌딩 작업할 때 연마 자국이 발생하는데 이는 컴파운딩 작업으로 제거한다.

① 작업부위를 선정한다. 흐른 자국, 큰 먼지는 색연필로 칠하거나 표시하고 작업을 시작한다.

② 1차 연마 - 더블액션(Φ10) 샌더기에 과다한 연마를 방지하며 고운 스크래치를 유도하는 중

간패드(interface pad)를 부착하고 홀이 없는 P1500번 연마지 위에 물을 분무하여 연마할 부위에 무리한 힘을 가하지 않고 연마를 한다. 이 작업으로 도장 결함부분을 완벽히 제거해야 한다.

③ 2차 연마 – P3000번 연마지에 분무기로 물을 뿌려가며 마무리 연마 작업을 진행한다. 이 작업은 P1500 연마지의 샌딩 스크래치를 완화하여 컴파운드 작업의 효율성을 제고한다.

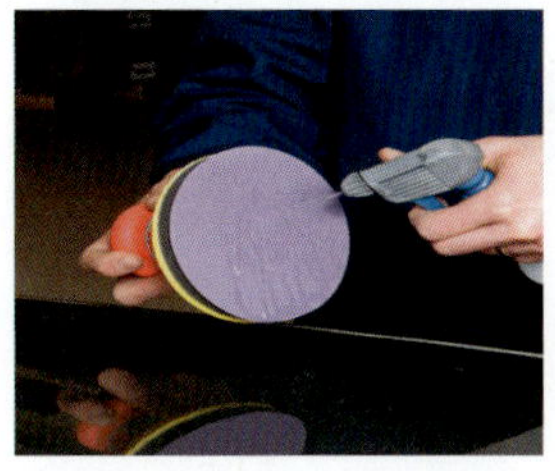

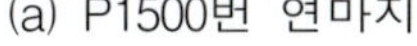
(a) P1500번 연마지

(b) P3000번 연마지

(c) 더블액션 샌더

[그림 6-5] 칼라샌딩 공정

④ 수정부위 면을 먼저 샌딩하고 도장표면의 전체 오렌지필을 주의하면서 연마한다.

⑤ 무리한 힘을 가하면 크리어 층이 제거되어 베이스 층이 나타나므로 주의한다.

⑥ 샌드페이퍼는 다음과 같이 적용하는 것이 바람직하다.

㉠ 재도장 차량중 오렌지필이 심한 경우에는 손작업(핸드파일) 대신 더블액션 샌더기를 써서 오렌지필을 제거하며 연마지는 홀(hol)이 없는 것을 사용해야 칼라샌딩 시 발생되는 연마 자국이 발생하지 않는다.

㉡ 연마 입자의 순도가 높고 연마력이 좋아 빠른 시간 내에 오렌지필 등을 제거하여 다음 공정인 컴파운딩 작업시간을 대폭 줄일 수 있다.

1.3 컴파운딩 공정

칼라샌딩 작업은 거친 면을 평활하게 한다면 컴파운딩 공정은 칼라샌딩 작업으로 발생되는 연마 자국(스크래치)을 제거할 수 있고 어느 정도의 광택을 살려주는 역할을 한다.

도장 표면을 액상 연마제로 연마하여 도장 결함을 제거하는 작업이다(거친 스크래치, 심한 산화상태, 산성비 자국).

① 폴리셔에 양털패드(컴파운딩 작업용 패드)를 부착시킨다.

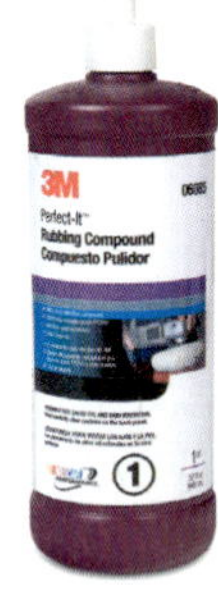

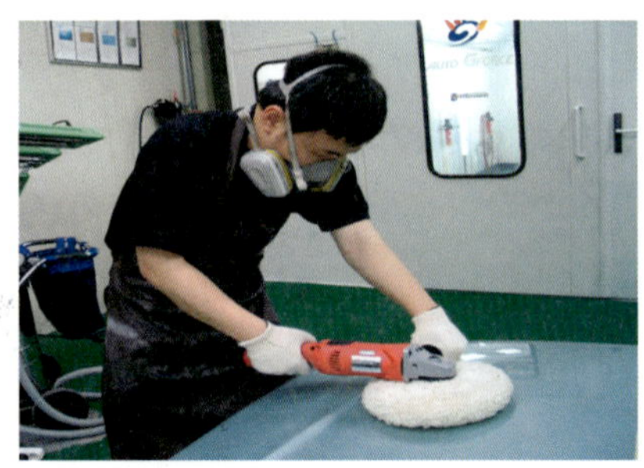

[그림 6-6] 컴파운딩 공정

② 작업 면에 컴파운드를 골고루 묻힌다.

③ 폴리셔 구동 전에 양털패드로 작업면에 컴파운드가 골고루 묻도록 해준다.

④ 무리한 힘을 가하지 않으면서 폴리셔를 구동시킨다.

⑤ 연마제를 너무 많이 묻히면 폴리셔의 구동이 잘 되지 않으므로 적정량을 사용하고 구동이 잘되지 않을 때는 표면에 분무기로 비눗물을 뿌려주면 구동이 쉽게 된다.

⑥ 칼라샌딩에 의한 연마 자국이 없어질 때까지 수시로 확인하면서 작업한다.

⑦ 연마 자국을 완전히 제거하지 않으면 폴리싱 작업공정에서 제거가 어려우므로 연마 자국을 완전히 제거한다고 생각하면서 작업한다.

⑧ 컴파운드로 칼라샌딩 자국이 없어지면 컴파운딩 자국(스월마크)을 없애는 작업을 한다.

⑨ 동일한 작업으로 거친 스월마크를 없앤다.

⑩ 한 곳을 너무 집중적으로 컴파운딩 작업하면 도장표면의 베이스 층이 드러날 수 있으므로 주의하여 작업한다.

⑪ 프레스 라인(press line) 부위, 가장자리 부위, 부분 도장(Blending) 작업 부위는 도막이 얇아 벗겨지기 쉬우므로 좁은 테이프로 마스킹을 하고 주의하여 작업한다.

⑫ 컴파운딩 작업이 완료되면 깨끗한 융걸레로 흩어진 컴파운드를 닦아낸다(종이 타월은 작은 스크래치가 발생되므로 사용하지 않는다.).

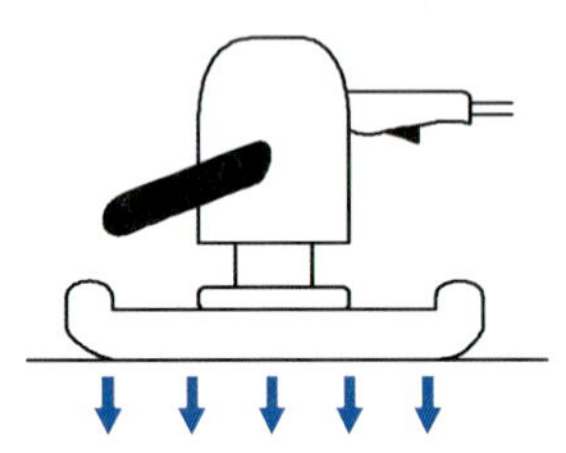
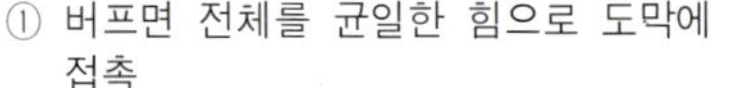

① 버프면 전체를 균일한 힘으로 도막에 접촉

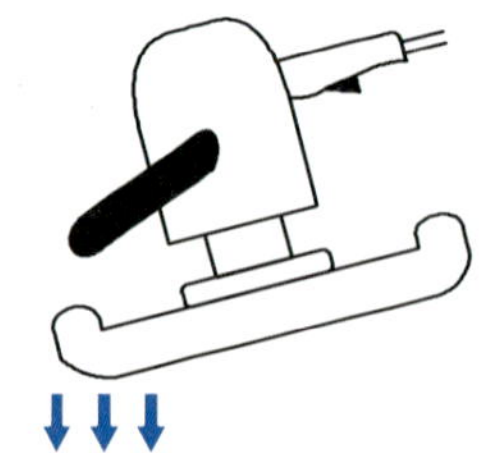

② 주의하지 않으면 과다 연마

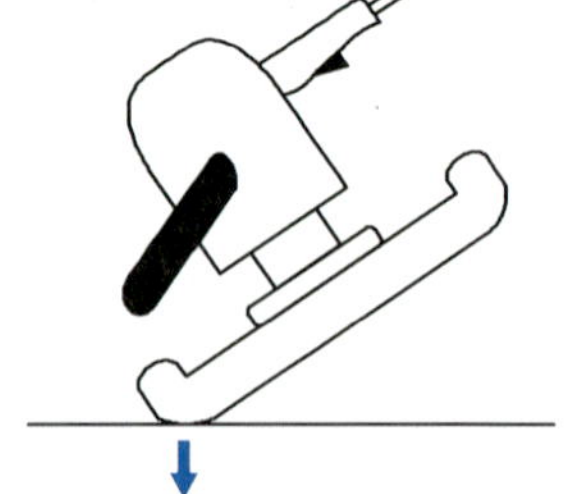

③ 버프를 세우면 깊은 스크래치 발생

[그림 6-7] 올바른 폴리셔 운용 요령

1.4 폴리싱 공정

컴파운딩 작업에서 발생된 스월마크를 폴리싱 작업에서 완전히 없애주는 작업이다. 또는 도장표면의 매우 얇은 층을 제거한다(미세한 스크래치, 가벼운 산화물, 세차 후 물방울이나 빗물 자국).

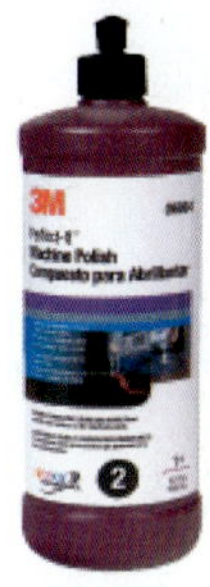

[그림 6-8] 폴리싱 공정

① 폴리셔에 스펀지패드를 부착한다.

② 작업면에 폴리싱 연마제를 골고루 묻힌다.

③ 구동시키지 않은 상태로 스펀지 패드를 이용해 연마제를 골고루 작업면에 발라준다.

④ 무리한 힘을 가하지 않은 상태에서 폴리셔를 구동시켜 전체를 작업한다.

⑤ 라인부위나 가장자리, 블랜딩 부위는 도막이 얇아 벗겨져 베이스 코트가 드러나기 쉬우므로 힘을 가하지 않고 가볍게 작업한다.

⑥ 폴리싱 공정에서 없앨 수 없는 칼라샌딩 자국은 다시 컴파운딩을 해야 한다.

⑦ 폴리셔가 구동되지 않을 때 분무기로 비눗물을 뿌려주면서 작업하면 쉽게 구동이 되고 도장면도 매끄럽게 된다(연마제가 많을수록 폴리셔 구동이 잘되지 않으므로 소량씩 사용한다.).

1.5 코팅 공정 - 미세 스월마크 제거하기

폴리싱 작업까지 끝난 후 미세 스월 마크를 제거하여 광택 작업을 하며 동시에 도장 면을 보호하여 광택을 높여준다.

[그림 6-9] 마무리 공정

① 도장면에 광택제를 스펀지 패드를 이용하여 중간의 힘으로 가볍게 누르면서 미세한 스월 마크를 제거한다. 이때 광택제가 마를 때까지 폴리싱하지 않는다.

② 광택제가 건조되기 전 깨끗한 광택전용 타월을 이용하여 전면을 잔유물이 없어질 때까지 골고루 닦아준다.

③ 광택전용 타월에 먼지, 티가 있다면 도장면에 스크래치를 낼 수 있어 깨끗이 털어서 사용한다.

④ 광택제의 종류는 왁스성분이 포함된 것과 포함되지 않은 것으로 나눌 수 있는데 이는 도막의 건조상태에 따라 나누어진다.

외국의 경우 통상 보수도장 전 90일이 지나기 전에는 왁스성분이 포함된 제품을 광택제를 사용하지 않는다. 일반적인 경우 페인트의 완전건조에는 약 90일 정도가 소요되며, 이때까지는 페인트가 완전히 경화되지 않아 신너의 성분이 계속 증발되고 있는 상태이므로 이때 왁스성분이 포함된 제품을 사용했을 경우 도장면 위에 왁스막이 형성되어 신너가 증발하지 못해 수개월 뒤 도막에 하자가 발생 할 확률이 매우 높다.

2. 광택 작업 시 주의 사항

2.1 작업 전 주의 사항

① 광택 작업 시 직사광선을 피해야 하며, 도장면이 뜨거울 때는 식혀서 작업해야 하며, 도막의 용제가 약 90% 정도 증발되어 건조되었을 때 작업한다.

㉠ 완전건조 시 : 도막이 너무 견고하여 작업시간 과다 소요

㉡ 불완전건조 시 : 일시적 광택을 획득할 수 있으나 단기간 광택저하

② 모든 광택제는 상온(20℃)에서 보관해야 하며 작업 전 광택제를 충분히 흔들어준 다음 사용한다.

③ 작업 전 도장면에 묻어 있는 이물질을 제거하고 광택 작업을 하지 않는 부분은 마스킹 작업 후 실행한다.

④ 작업 중에는 마스크와 보안경을 항시 착용해야 한다(계속 흡입 시는 중독의 가능성이 있다.).

⑤ 부분 도장(Blending) 작업 시 가장자리는 얇은 도막으로 부착력이 매우 약하다. 이때, 역방향으로 움직이거나 강한 힘을 주면서 작업하게 되면 가장자리의 도막이 깨지거나 떨어지게 된다.

2.2 작업중 주의 사항

① 폴리셔의 작동은 반드시 도막면에 버프를 밀착시키고 한다. 그리고 폴리셔 사용중 버프가 부착된 상태에서 바닥에 놓을 때는 버프면이 위로 향하도록 하여 버프에 이물에 의한 도장면의 손상을 방지한다.

② 과다한 컴파운드의 사용은 버프의 구동을 방해하므로 적정량을 사용한다. 이때 폴리셔의 작업 범위는 50×50cm 정도의 넓이로 나누어 작업한다.

③ 도막의 표면에 컴파운드를 장시간 방치할 경우 컴파운드의 용제에 의하여 화학적 영향을 받을 수 있으며 또한 굳어져 도막에 손상을 줄 수 있다.

④ 고운 연마재를 사용 중에 거친 연마재를 사용하게 되면 다시 고운 연마재로 재작업을 해야 한다.

⑤ 폴리셔를 한 곳에서만 장시간 작업하지 말아야 한다.
  ㉠ 버프에 의해 베이스 도막손상
  ㉡ 심한 경우 열에 의한 철판의 손상유발

⑥ 패널의 가장자리나 프레스 라인은 손상되기 쉬우므로 힘을 가하면 안된다.
  ㉠ 도막이 상대적으로 얇으므로 폴리싱 작업에 의해 손상되기 쉽다.
  ㉡ 얇고 가는 플라스틱 테이프로 마스킹을 하고 폴리싱 작업한다.
  ㉢ 가장자리는 안쪽에서 바깥쪽으로 폴리셔를 작동한다.

⑦ 패드도 연마재의 종류에 따라 나누어 사용하며 어두운 색상은 버프 자국이 더욱 선명하므로 부드러운 버프와 고운 컴파운드로 작업한다.

2.3 작업 후 주의 사항

① 컴파운드의 용제는 폴리싱 후에도 즉시 증발되지 않으므로 왁스성분의 광택제를 코팅하면 막을 형성하여 용제의 증발을 막게 되며 이는 칼라변색, 크랙, 황변의 원인이 된다.

② 버프는 사용 후 항상 깨끗이 씻어서 관리해야 하며, 양털 및 스펀지 패드를 세척할 때는 중성세제를 사용하지 말고 미지근한 물로만 세척을 한다.

VII. 플라스틱 도장

제1절 자동차의 플라스틱

1. 플라스틱의 성질

1.1 가소성

굳어진 물질에 외력이나 열을 가하여 변형시키면 그 물질의 내부에 변형이 생겨 가하여진 힘을 제거하여도 원래의 모양으로 되돌아가지 않는 성질을 말한다.

* 가소성의 물질 = 플라스틱 = 합성 수지

1.2 열 가소성 플라스틱

상온에서는 가소성은 나타나지 않고 적당한 온도로 가열 시 가소성이 발생하며 우레탄, 폴리프로필렌, 아크릴, 폴리카보네이트, 폴리에틸렌 등으로 분류되며 현재 플라스틱 생산의 약 80%가 열가소성 플라스틱이다.

1.3 열 경화성 플라스틱

가열에 의해 고분자 화합물 사이에 복잡한 반응이 진행, 3차원적인 구조로 변하며 페놀(베이클라이트), 멜라민, 에폭시 등으로 분류된다.

2. 자동차 소재의 플라스틱 부품

1915년 자동차 중량의 2%이던 플라스틱 소재의 점유율이 1990년 12%, 2000년 16% 증가로 점차 증가 추세에 있다. 그러나 손상된 플라스틱 부품의 후속 처리가 산업 폐기물로 환경오염의 원인을 제공하고 있고, 플라스틱 보수 기법의 연구가 미비하여 플라스틱의 미보수로 인한 경제적 자원이 손실이 문제점으로 대두되고 있다.

2.1 자동차의 플라스틱 부품화 목적

① 경량화 : 고중량의 감소화로 연비 절감의 효과가 있다.
② 내부식성 및 내구성 : 녹 발생이 없는 방청성으로 차량의 수명 연장이 가능하다.
③ 안전성(충격 흡수) : 경충돌 시 손상 없이 원형대로의 복구가 가능하며 충격흡수로 인한 안전성을 제공한다.
④ 디자인성 : 강판으로 성형 불가능한 형상의 디자인이 가능하다.
⑤ 성형성 : 다수의 부품을 일체성형으로 부품의 개수를 감소할 수 있어 제작공정을 단축할 수 있다.
⑥ 방음성 및 흡음성 : 차내·외의 소음규제 대책이 될 수 있다.
⑦ 성형설비 투자비 적으며 다품종 소량 생산이 가능하다.

2.2 자동차용 플라스틱 수지별 사용 비율

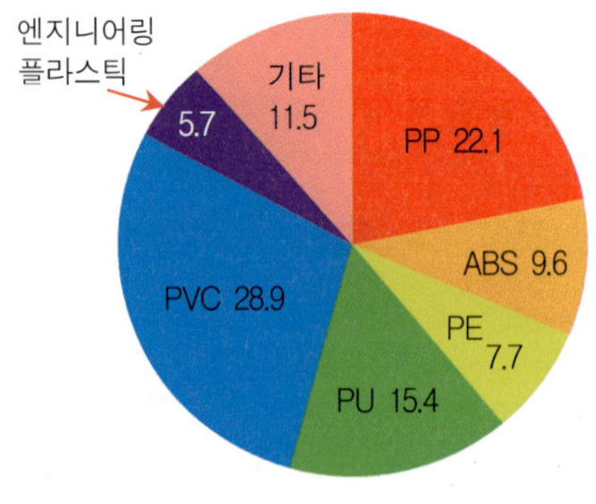

[그림 7-1] 자동차에 적용되는 플라스틱 수지 비율

2.3 플라스틱의 처리

① **재사용 방법** : 손상 정도에 따라 수리하여 재사용하며 이 같은 방법이 가장 유용한 활용 방법이다.

② **자원으로 재활용하는 방법** : 다른 자원으로 순환하여 사용한다.

③ **폐기하는 방법** : 매립 또는 소각 처리한다.

3. 자동차용 플라스틱 용도

【표 7-1】 자동차에 적용되는 플라스틱 사용 부위

구 분	명 칭	주된 사용 부위	보수시 주의사항
ABS	아크리로니트릴부탄 스틸렌 공중합체	그릴, 오너 먼트, 피니쉬	- 내용제성이 약하기 때문에 청소 시 알코올/가솔린을 사용 - 접착은 전용 접착제 사용
PC	폴리카보네이트	범퍼, 그릴	
PPO	폴리페릴렌 오키사이드	패널, 휠캡	
PMMA	아크릴	램프, 렌즈, 피니셔	
PVC	폴리염화비닐	트림이나 시트의 표피, 몰딩, 메트 가드	- 청소 시 탈지제 사용 가능 - 유연성이 높아 취급 주의 - 접착은 전용 접착제 사용 - 내용제성이 강하지만 도료와의 밀착성이 나쁘기 때문에 접착제나 퍼티 도포 전에 전처리제(PP 프라이머 등)가 필요하다.
PUR	열경화성 우레탄	범퍼, 쿠션제, 트림	
TPUR	열가소성 우레탄	범퍼, 스테어링 휠	
PP	폴리플로필렌	범퍼, 트림, 몰딩, 워셔 탱크,	

제 2 절 플라스틱 도장

1. 개 요

최근 플라스틱 도장의 중요성이 점점 증대되는 동시에 플라스틱 성형제품의 표면보호, 도막의 물성 요구수준도 높아지고 있다.

플라스틱 부품은 그 자체로 착색이 가능해 금속제품과 같이 도장이 필요한 것이 아니지만 범퍼 등의 대형부품의 채용 및 자동차의 고급 지향화 수반에 따르는 도장이 시행되고 현재는 외장부품 대부분이 도장이 실시되고 있다.

2. 도장의 목적

2.1 외관 장식효과

① 조색된 도료의 도장, 메탈릭 등 표면착색이 가능하다.
② 성형상의 왜곡, 상처, 얼룩 등을 외관적으로 은폐하여 표면의 평활성을 부여한다.
③ 광택의 소거, 반광택, 전광택을 조절한다.
④ 마킹, 투톤컬러 및 컬러디자인으로 다색상 이미지를 연출할 수 있다.
⑤ 플라스틱 소재에 메탈라이징의 금속모양으로 마무리가 가능하다.

2.2 방어효과

① 내광성 부여 : 내광성(표면열화, 광택, 색)이 강한 도료 도장으로 내광성을 부여한다.
② 내곰팡이 방지성 부여 : 곰팡이 방지기능이 있는 도료의 도장이 가능하다.
③ 방진성의 부여 : 정전에 의한 먼지의 부착성을 도통성있는 도막으로 방지한다.

2.3 물리적인 효과

① 표면의 경도 및 내마모성, 내충격성을 향상시킨다.
② 내약품성, 내용제성, 내오염성을 향상시킨다.
③ 내후성을 향상시킨다.

2.4 특수 기능의 부여 효과

① 도전성의 부여로 정전 도장 기능을 부여한다.
② 대전방지로 인한 먼지 부착의 방지 기능을 부여한다.

2.5 실용 작업 후의 효과

① 사용중 노화, 열화 등을 보수도장으로 가능하며, 색상의 교체도 가능하다.
② 부분정비 및 마킹으로 플라스틱의 상처보수 및 주의 마크 등을 부여한다.
③ 도료의 색상 교체만으로 대량의 성형 생산이 가능하다.

3. 플라스틱 도료

플라스틱 소재의 특성상 도료에 요구되는 기능, 소재의 내열성이 약하므로 저온 경화형(70~120℃) 도료, 소재의 표면에너지가 약하므로 밀착형 프라이머, 소재의 변형에 추종할 수 있는 유연성 도막의 도료, 전기 전도성을 부여 할 수 있는 도전형 프라이머, 소재를 침범하지 않는 전처리 함유 용제, 신너 등을 사용한다.

3.1 플라스틱 소재의 도장 공정

플라스틱 도장에서 가장 중요한 공정은 소재에 대한 전처리 방법 및 조건이며 그것의 목적은 평활하고 균일한 연속된 도막의 형성과 부착력의 부여한다. 따라서 반드시 소재의 재질이 무엇인가를 알고 용도나 사용되는 조건 등을 숙지해야 한다.

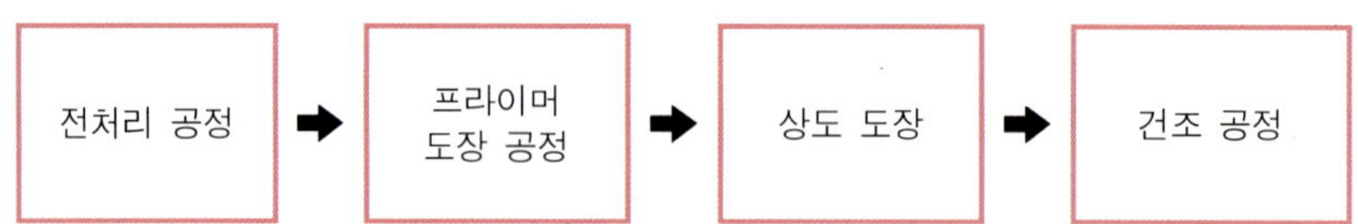

3.1.1 전처리 공정

① 기름, 이형제, 먼지 등의 부착물을 제거한다.
② 변형, 주름, 크랙 등의 표면 결함의 제거한다.
③ 극성의 부여로 도막과의 부착성을 향상한다.
④ 도전막의 형성으로 정전 도장이 가능하도록 도전성을 부여한다.

3.1.2 프라이머 도장 공정

① 부착성 : 소재와의 부착성은 물론 후속 도장의 부착성을 강화한다.
② 소재의 보호 : 소재의 핀홀을 방지하고 소재의 내후성 향상과 상도에 정전 도장할 수 있는 도전성을 부여한다.
③ 물성 : 도막 물성을 향상시켜 충격 등의 흡수성 부여(유연성이 풍부한 도막)하고 두터운 도막으로 소재의 결함 은폐 및 평활한 도막 형성을 제공한다.

3.1.3 상도 도장 공정

① 색상 부여 : 도료의 사용으로 차체의 상도와 동일한 외관의 색상을 부여한다.
② 내광성 부여 : 적외선 및 자외선의 차단 효과로 내광성을 향상한다.
③ 소재의 보호 : 소재에 도막을 형성시켜 마찰로 인한 상처를 방지하여 소재를 보호한다.
④ 도막의 물성 : 상온에서도 건조 가능한 저온 물성과 소재의 변형이 되지 않는 저온 경화형 제품을 사용하며 오랜 시간 경과 후에도 색상의 변화가 없고 내후성, 내오염성을 제공한다.
⑤ 마무리 외관 : 소재의 표면에 영향을 주지 않는 상태에서 소지 은폐성 및 미려한 외관을 부여한다.

3.1.4. 건조 공정

① 자연건조법
② 열풍건조법
③ 적외선건조법
④ 자외선건조법

3.2 플라스틱 도장의 전처리 방법

【표 7-2】 플라스틱 도장의 전처리

구 분	전처리 방법	효 과
화학처리	산화성 산처리	산화에 의한 극성기 도입 및 표면 에칭
	용제세정 증기탈지법 상온탈지법	부착유, 이형제의 제거 및 표면의 부분 팽창이나 에칭
물리처리	가스불꽃	산화불꽃에 의한 극성기 도입
	블라스팅 샌드블라스트 그릿트블라스트	표면의 거칠기 증대 및 표면 부착물의 제거
	표면개질법 자외선 조사법 코로나 방전법 플라즈마법	극성기의 도입 및 표면 저분자 물질의 제거
	연마법	연마에 의한 부착물제거 및 부착성 증진

3.3 플라스틱 도장용 프라이머 분류

플라스틱 성형품은 금속 도장의 경우와 달리 부착성이 부족하다. 그러므로 현재의 도장 작업 방법상 도막의 부착성을 향상시키기 위해서 프라이머를 사용한다.

【표 7-3】 플라스틱 도장용 프라이머

프라이머의 종류	수지계	유형	소부 조건	주요기능	비고
PP용 프라이머	염소화 Polyolefine계	1액형	wet on wet	부착성 저온 물성	Nylon용
PUR용 프라이머	Urethane계	1액형	80℃ × 30분	부착성 저온 물성 메꿈성	
		2액형			
PPO용 프라이머	Urethane계	2액형	wet on wet 혹은 60℃ × 30분	부착성 속건성 소재 보호성	Nylon용
도전성 프라이머	염소화 Polyolefine계	1액형	wet on wet	부착성 도전성	
	Urethane계	2액형	70℃ × 20분		

제3절 부품의 보수 및 도장

1. 보수도장 목적

① 플라스틱 표면 보호
② 내기후성
③ 내용제성
④ 대저 방지

2. 보수도장 문제점

2.1 열경화성 플라스틱(PUR)

부착성이 우수하나 이물질 또는 이형제 제거를 위해 표면 조정 작업이 필요하다.

2.2 폴리카보네이트(PC)

부착성은 양호하나 내용제성이 취약하여 도료선정 시 주의가 필요하다.

2.3 폴리플로필렌(PP)

부착성이 취약하여 플라스틱 전용 프라이머를 도장해야 하나 내용제성은 양호하다.

3. 플라스틱 보수 방법

【표 7-4】 플라스틱 보수 방법 비교

구 분	퍼티 보수 작업	용접 보수 작업	접착제 보수 작업	가열 수정 작업
수리 범위	큰 상처, 깨짐, 균열, 구멍의 복원 작업	큰 상처, 깨짐, 균열의 복원작업	작은 상처, 깨짐, 균열 복원 작업	부분/전체의 가벼운 변형
도구 재료	전처리제, 고정구, 유리섬유 테이프, 롤록샌더, 연마용(더블액션)샌더	열풍/고속팁용접기 용접봉, 고정구, 롤록샌더, 연마용(더블액션)샌더	접착제, 전처리제, 고정구, 커터	도장용 건조기
후속 작업	중도 도장	퍼티 정형 작업 후 중도 도장		

3.1 수지퍼티를 이용한 방법

구멍, 도려낸 흔적, 갈라진 손상부를 수지 퍼티를 바르고 연마하여 복원한다. 이때 사용하는 퍼티는 바디 필러나 폴리 퍼티와 전혀 다른 것으로 수지 또는 에폭시계의 퍼티가 주로 사용된다. 이 방법은 단독으로 시행할 수도 있으며 가열법/접착법/용접법 - 퍼티 보수 작업의 순서로 병행하여 작업할 수도 있다.

(1) 수세 및 탈지 작업

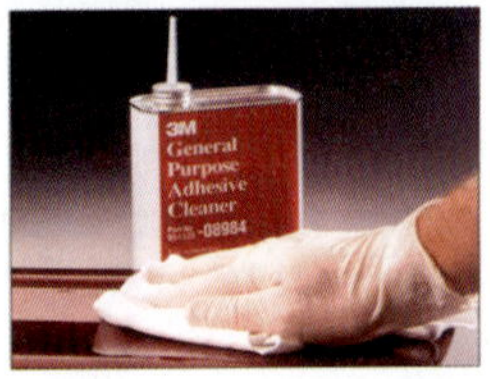

[그림 7-2] 탈지 작업

물을 사용한 수세 작업과 플라스틱 전용 표면 세정제를 사용하여 오염물의 탈지 작업을 한다.

(2) 표면 조정 작업

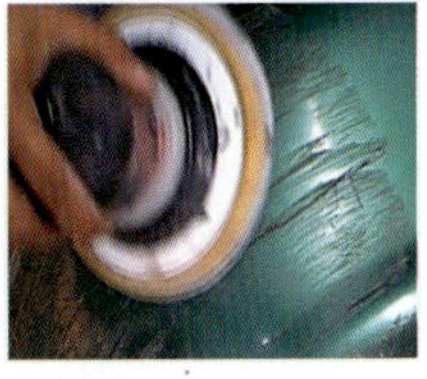

[그림 7-3] 표면 조정 작업

연마지를 사용하여 구도막 제거 및 단 낮추기 작업과 롤록 샌더로 사용하여 파손 부위의 구멍을 넓히면서 V홈 작업을 한다.

(3) 수지 퍼티 작업

수지 퍼티의 주제 : 경화제(1 : 1)를 도료 제조업체의 추천에 따라 혼합하여 도포하며 PP 소재의 경우 퍼티 도포 전에 플라스틱 전용 프라이머를 도장한다. 퍼티 건조 후 연마 작업을 한다. 손상된 보수 부위 내측에 접착면을 보강하기 위해 유리 섬유로 된 그라스 테이프나 구멍의 간격을 메우는 경우 앞쪽을 알루미늄 테이프 등으로 막고 작업하며 퍼티 건조 후 제거한다.

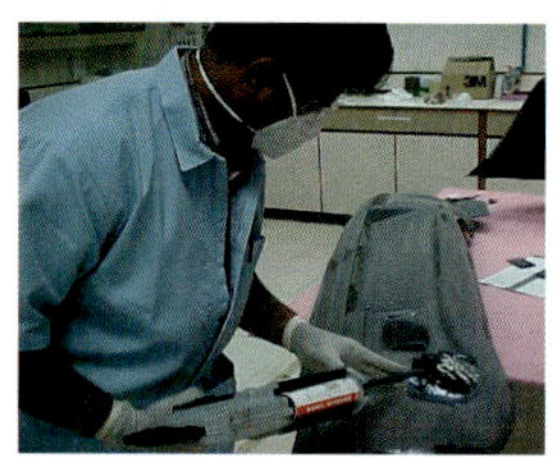
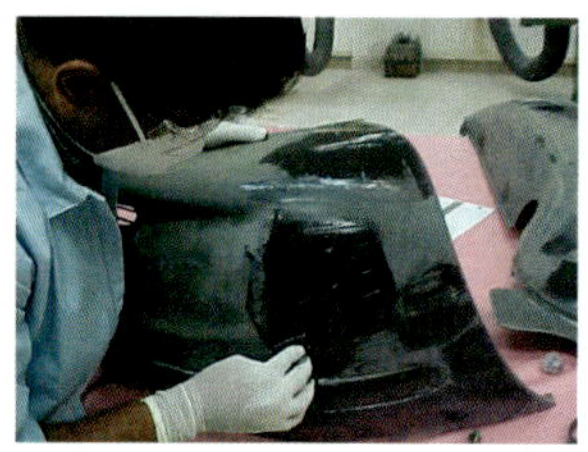

[그림 7-4] 수지 퍼티 바르기

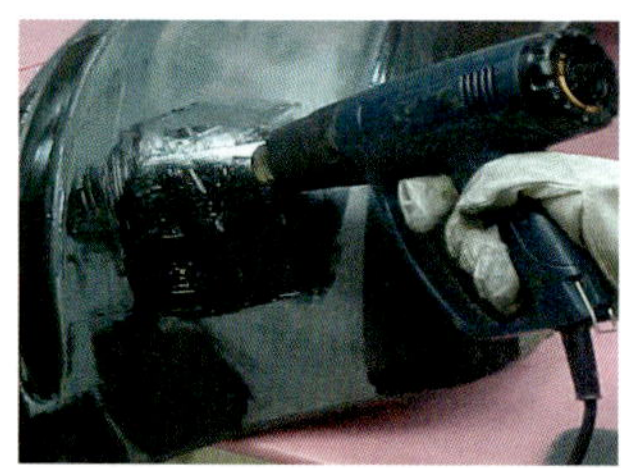

[그림 7-5] 건조 후 연마 작업

(4) 중도 및 상도 작업

중도 작업 후 PP 범퍼의 경우 노출부위에 플라스틱 전용 프라이머를 2회 도장한다. 후속 공정은 중도 및 상도 작업 요령을 참조한다.

3.2 플라스틱 용접기를 이용한 방법

고온의 열풍을 불어내는 플라스틱 용접기로 깨어진 부분을 용접하여 수리하는 방법이다. 용접 부분의 가공이나 정형 등 번거로움이 있지만 꽤 크게 깨어진 부분의 수리도 가능하다.

(1) 금속 용접과 유사한 점

① 열과 용접봉등 유사한 기능이 필요
② 조인트 준비 작업 및 강도 평가 방법도 유사

(2) 금속 용접과 다른 점

① 열전도율이 낮아서 전달이 불규칙하다.
(플라스틱 용접봉과 소재의 표면이 녹기 전에 타 버릴 우려가 있다.)
② 용접봉이 완전히 녹기 전에 접합부의 형태가 형성된다.
③ 용접봉이 외부 표면만 녹고 내부는 딱딱한 상태이고 용접봉을 눌러서 틈새에 밀어 넣는데 열을 주지 않으면 용접봉이 틈새에서 튀어나오므로 강력 접착제를 바르면서 작업한다.
④ 열과 기압의 적절한 조화를 위해 많은 숙련이 필요하다.

[그림 7-6] 프라스틱 열풍 용접기

(3) 용접봉 적용표

【표 7-5】 플라스틱 용접봉 적용

구　분	형　태	적　용
폴리우레탄	투명 유동성	범퍼, 대시보드
폴리플로필렌	흑　색	범퍼, 휀스라우드
A B S	백　색	그릴, 패널, 콘솔
폴리에틸렌	탁한 백색	오버 플로워 탱크, 휀다
나 이 론	탁한 백색	플라스틱 라디에터 탱크
폴리카본	투명 딱딱함	인테리어 부품

(4) 플라스틱 용접 온도

【표 7-6】 플라스틱 용접온도

구 분	용 접 온 도	구 분	용 접 온 도
A B S	350℃	P E	300℃
P P	300℃	PE 소프트 타입	270℃
PP 소프트 타입	270℃	P V C	300℃
P A	400℃	PVC 소프트 타입	400℃
P C	350℃		

3.3 접착제를 이용한 방법

작은 깨짐, 일그러짐 정도라면 접착제로 붙이는 것이 가장 빠르다.

접착제에는 여러 종류가 있지만 플라스틱 소재에 맞는 것을 사용한다.

① 강력 접착제를 사용하여 깨진 부위를 보수 복원한다.

② 접착제는 적은 양을 사용하고 간격이나 어긋남이 없도록 접착시킨다.

③ 깨진 부위가 없다면 동일 소재의 플라스틱을 이용하여 접착시킨다.

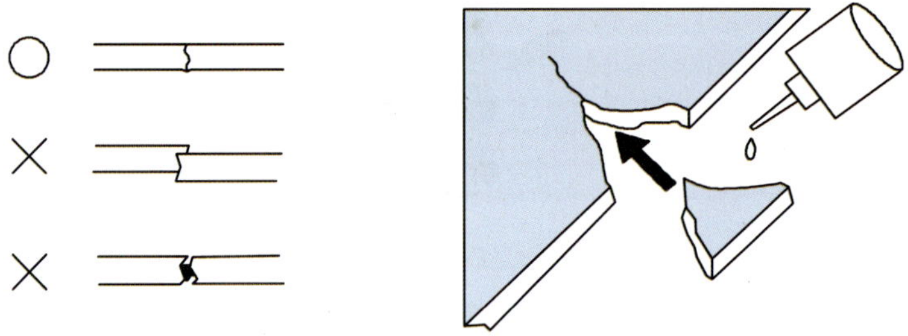

[그림 7-7] 접착제를 이용한 플라스틱 보수 방법

3.4 가열공구를 이용한 방법

깨짐과 상처가 없고 단지 변형되어 있는 정도라면 힘을 너무 가하지 않고 신중하게 취급하면 원래 형태로 수정하는 것이 가능하다.

① 범퍼 커버를 탈거하여 주요 변형 부위를 원적외선 램프나 히터 건(heater gun)을 사용하여 열을 가한다.

② 표면 온도가 50~60℃ 정도 되도록 열을 가하고 변형은 5~10분 후에 수정할 수 있도록 힘을 가한다.

③ 손으로 부분적인 힘을 가하여 수정 복원한다.

④ 작업 후 부분적인 작은 변형 부분은 범퍼 뒷면에 히터 건을 사용하여 직접 열을 가한 후 범퍼가 뜨거워져 있는 상태에서 요철 부위를 밀고 반대편의 흠 등을 제거한다.

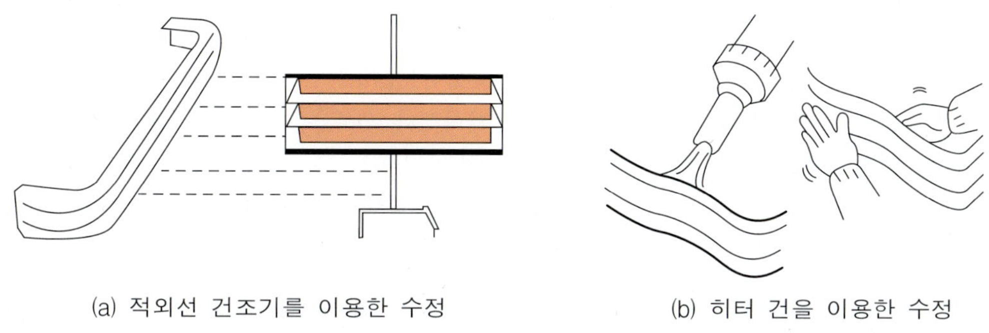
(a) 적외선 건조기를 이용한 수정 (b) 히터 건을 이용한 수정

[그림 7-8] 가열 공구를 이용한 플라스틱 보수 방법

4. 범퍼 상처의 보수 범위

① 보수 가능한 상처의 한도는 찢어지거나 깨어짐은 길이 2000mm 정도이다.
② 한쪽이 끝에 도달하고 있는 것은 범퍼 폭의 1/2까지 작업한다.
③ 도려낼 수 있는 상처는 깊이 × 길이 = 300mm 이하이다(깊이 3mm이면 길이는 100mm 정도, 1mm 얕은 상처면 300mm까지 보수 가능).

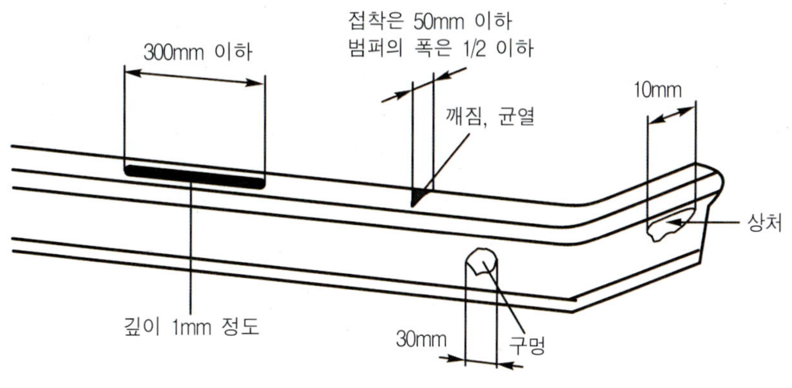

[그림 7-9] 플라스틱 상처의 범위

【표 7-7】 플라스틱 수리 범위에 따른 보수 방법 비교

구 분	퍼티 보수 작 업	용접 보수 작 업	접착제 보수 작 업	가열 수정 작 업
수 리 범 위	큰 상처, 깨짐, 균열, 구멍의 복원 작업	큰 상처, 깨짐, 균열의 복원작업	작은 상처, 깨짐, 균열 복원 작업	부분/전체의 가벼운 변형
도 구 재 료	전처리제, 고정구, 유리섬유 테이프, 롤록샌더, 연마용(더블액션)샌더	열풍/고속팁용접기 용접봉, 고정구, 롤록샌더, 연마용(더블액션) 샌더	접착제, 전처리제, 고정구, 커터	도장용 건조기
후 속 작 업	중도 도장	퍼티 정형 작업 후 중도 도장		

5. 플라스틱 보수 및 도장 시 주의 사항

① 도료업체의 추천에 따라 도료에 유연제를 정확히 혼합한다.

㉠ 유연제 부족 : 유연성이 감소하여 크랙의 원인이 된다.

㉡ 유연제 과다 : 건조시간이 많이 걸리고 내수성이 약하여 물자국 결함의 원인이 된다.

② 범퍼 표면에 이형제가 묻어 있을 경우 박리 현상과 크레타링의 원인이 될 수 있으므로 도장 전에 반드시 탈지 작업한다.

③ 철판과 비교하여 플라스틱은 낮은 열전도 계수를 가지므로 더 많은 열이 필요하다. 그러므로 건조에 알맞은 오븐(Oven)과 같은 장비에서 열처리가 필요하며 적외선 건조기 등은 전체적으로 균일하게 열이 전달될 수 있도록 해야 한다.

④ 건조 시 너무 높은 열에는 변형이 발생될 수 있으므로 80℃ 이하에서 열처리 작업을 해야 한다.

⑤ PP범퍼의 경우 적정한 프라이머 도장 없이는 도료와 범퍼 간에 부착성이 불량해진다.

㉠ 퍼티 도포 전-프라이머-서페이서 도장 전에는 반드시 PP용 프라이머를 선행 도장한다.

㉡ PP용 프라이머는 건조되어도 솔벤트와 낮은 용해력의 실리콘 탈지제에 의해 쉽게 영향을 받는다. 따라서 도장 전 건조되었더라도 표면을 탈지해서는 안된다.

⑥ PP범퍼는 표면위에 연마 작업 후 부푸러기가 발생되므로 히터 건 등으로 제거해야 한다.

⑦ 용제는 수지 「플라스틱」을 용해시키므로 청소용 용제 사용 시 주의하여 신속히 닦는다. 플라스틱전용 탈지제를 사용한다.

⑧ 청소 및 샌딩 시 플라스틱 부품을 거칠게 문지르면 정전기가 일어나 먼지를 흡입한다.

⑨ 우레탄 타입의 범퍼에 퍼티 도포 시 50℃ 이상의 열을 가하지 않는다. 과도한 열은 핀홀 또는 크레타링의 원인이 된다.

VIII. 도장 결함 및 수정 작업

제1절 도장 결함 및 수정 작업

1. 도장 중 및 건조 과정에서의 결함

1.1 불순물(seeding) : 먼지 고착

(1) 현상

도료 내부 또는 공기 중의 먼지 등이 도장면에 부착된 돌기형의 결함

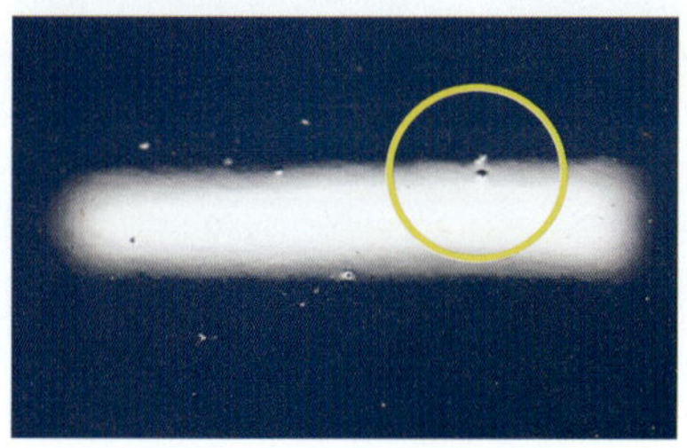

[그림 8-1] 먼지

(2) 원인

① 피도면의 표면세정 불량
② 작업장의 먼지
③ 도료 내부 오염물-부적절한 여과지 사용
④ 스프레이 건의 청소 부실

(3) 예방

① 작업 전 피도면의 충분한 세정 작업
② 작업장의 청결 유지
③ 도료 종류에 적합한 여과지 사용
④ 도장 작업 후 스프레이 건의 청소 철저 시행

(4) 보수

① 작업중

바늘, 칼, 쪽집게, 마스킹테이프 등으로 제거

② 건조 후

P1500, P3000 연마지를 사용하여 연마 후 폴리싱 작업 시행

1.2 메탈릭 얼룩

(1) 현상

메탁릭 얼룩(metallic mottling)은 메탈릭계 알루미늄 입자의 배열 방법이 불균일하거나 분산 상태가 나빠서 반점, 물결 모양이 발생되는 현상이다.

[그림 8-2] 메탈릭 얼룩

(2) 원인

① 증발이 느린 시너를 사용하거나 스프레이 건의 취급이 부적합한 경우

② 베이스 코트와 클리어 사이의 후레쉬 오프 타임이 충분하지 않을 경우

③ 도막이 두껍거나(토출량, 속도, 거리) 에어 압력이 낮을 경우

④ 두꺼운 도막부위는 용제의 과다로 메탈릭(알루미늄) 입자의 불규칙적인 현상 발생

(3) 예방

① 스프레이 건의 패턴 폭과 건의 거리, 이동속도 등을 일정하게 작업 시행

② 도료에 적합한 점도 조절

③ 작업장 온도에 적합한 신너 사용

④ 크리어 도장은 한 번에 두껍게 도장하지 않는다.

(4) 보수

① 과도한 결합 시 재도장 작업 시행

1.3 크레타링(cratering & fish eye)

(1) 현상

피도면에 수분 및 유분의 영향으로 도장 전 상도면에 분화구 모양의 결함

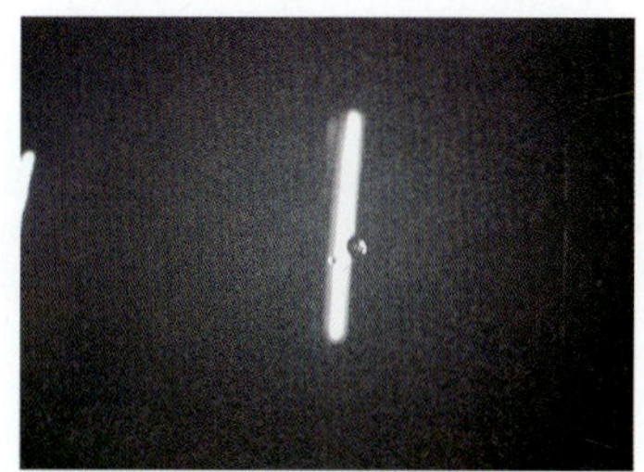

[그림 8-3] 크레타링

(2) 원인

① 유분(오일, 왁스, 실리콘, 컴파운드, 마스킹 테입의 접착제 등)이 피도면에 부착

② 압축공기에 수분이나 오일이 스프레이 건에 포함되어 분사 시

(3) 예방

① 피도면의 충분한 세정 및 탈지 작업

② 탈지 후 피도면의 촉수 금지

③ 표면탈지 작업 시 청결한 걸레 사용

(4) 보수

① 작업중

공기의 압력을 높이고 토출량을 낮추어 구멍 난 부위 보강(메움) 도장

② 건조 후 폴리싱 작업

1.4 백화(blushing)

(1) 현상

용제 증발 시 주변의 열을 흡수하여 피도면에 공기중 습기가 응축되어 구름 낀 모양의 결함

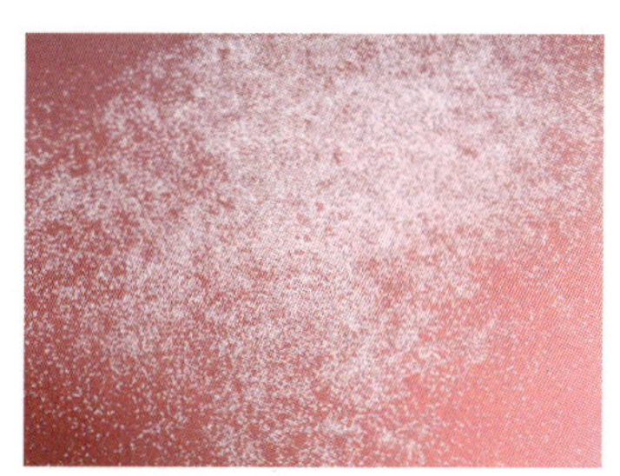

[그림 8-4] 백화

(2) 원인

① 작업장의 높은 습도

② 증발속도가 빠른 신너 사용

③ 스프레이 건의 과도한 압력

(3) 예방

① 작업장의 높은 습도 시 지건성 신너와 리타더 신너 사용

② 스프레이 건의 압력을 충분히 낮춘다.

③ 피도면을 도장 전 예열하여 습기 제거

(4) 보수

① 건조 후 폴리싱 작업

② 결함 과다 시 P1500 이상의 연마를 사용하여 연마 후 재도장 작업 시행

1.5 도막 수축(lifting)

(1) 현상

보수 도막의 용제가 구도막을 용해하여 도막의 수축현상으로 도막내부의 비틀림과 주름현상이 상도도막에 나타나고 열에 의해 확장되는 결함

[그림 8-5] 도막 수축

(2) 원인

① 구도막의 열화 및 산화현상

② 2액형 도료가 반응하는 동안 새로운 도료 도장 시

③ 신너에 반응하는 구도막이 노출된 상태에서 도장 시

(3) 예방

① 구도막이 열화 및 산화 경화형 도료를 사용한 경우 구도막 제거 후 우레탄 프라이머-서페이서를 도장

② 신너에 반응되는 도막의 부분적 노출 시 우레탄 프라이머-서페이서를 도장

③ 2액형 도료 사용 시 완전건조 후 후속 도장 작업 시행

④ 구도막이 자연건조형 도료 시 낮은 온도(50℃ 이하)조건에서 건조

(4) 보수

① 건조 후 평화면으로 연마 후 우레탄 프라이머-서페이서를 도장하고 상도 재도장 시행

② 결함 과다 시 구도막을 완전 제거 후 재도장 시행

③ 우레탄 프라이머-서페이서(또는 실링제)를 부분적으로 도장하면 구도막(자연 건조형 도료)의 경계면에 비틀림 현상 초래

☞ 패널 전체를 블록 도장

1.4 오렌지필(orange peel)

(1) 현상

도장면이 평활하지 않고 오렌지 껍질처럼 불규칙한 표면의 결함

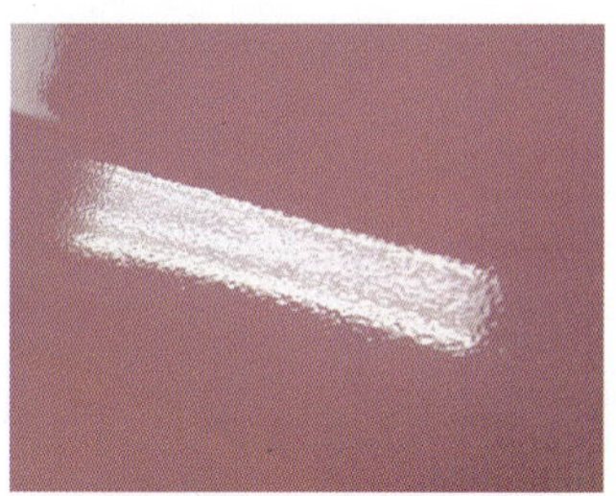

[그림 8-6] 오렌지필

(2) 원인

① 스프레이 작업 시 도막이 너무 얇아 평활면 불량 시

② 도료의 점도가 너무 높을 때

③ 신너의 증발속도가 너무 빠를 때

④ 작업장의 온도나 도료의 온도가 높거나 통풍 너무 좋은 경우 도막이 형성되기 전에 용제 증발 시

⑤ 스프레이 건의 공기압이 너무 높거나 건의 이동 속도가 너무 빠르거나, 건의 거리가 너무

면 경우

⑥ 스프레이 건의 패턴 조절 불량 시

(3) 예방

① 적절한 두께로 도장

☞ 베이스 코트 : 은폐 범위 내에서 얇게

☞ 크리어 코트 : 흐르지 않는 범위 내에서 두껍게 도장

② 도료 업체의 권장 온도와 점도 조절 사용

③ 작업장의 온도에 따라 적합한 경화제나 신너 사용

④ 일정한 스프레이 건의 공기압, 건의 이동속도, 건의 거리 조절

⑤ 차체의 온도가 높지 않은 상태에서 도장

⑥ 스프레이 건의 균일한 패턴으로 분사되도록 노즐 조절

(4) 보수

① 건조 후

P1500, P2000 연마지를 사용하여 연마 후 폴리시 작업 시행

② 결함 과다 시 P1500 연마지를 사용하여 연마 후 상도 재도장 작업 시행

1.7 흐름(sagging)

(1) 현상

한번에 너무 두껍게 도장하여 그 무게로 인해 흘러내리는 모양의 결함

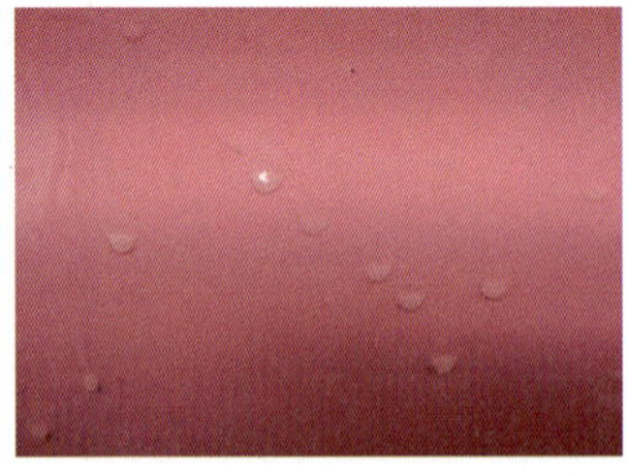

[그림 8-7] 흐름

(2) 원인

① 한번에 너무 두껍게 도장 시

② 사용 도료의 점도가 너무 낮을 때

③ 증발속도가 늦은 신너 사용 시
④ 지건성 신너를 과다 사용 시
⑤ 스프레이 건의 불규칙적인 사용 시

(3) 예방

① 적절한 후레쉬 타임을 주면서 수 회 도장 작업 시행
② 스프레이 건의 거리, 이동 속도 및 패턴 폭을 일정하게 유지하면 시행
③ 외관, 도막 두께, 레벨링 상태 등을 주의 깊게 관찰하면서 시행

(4) 보수

① 건조 후
P1500, P2000 연마지를 사용하여 연마 후 폴리시 작업 시행
② 결함 과다 시
P1500 연마지를 사용하여 연마 후 상도 재도장 작업 시행

1.8 핀홀(pin hole)

(1) 현상

피도면에 작은 구멍(바늘로 찌른 것 같은) 모양의 결함

[그림 8-8] 핀홀

(2) 원인

① 증발 속도가 빠른 신너 사용 시
② 세팅타임이 부족 시
③ 점도가 높은 도료를 두껍게 도장 시
④ 하도의 건조 불량 시
⑤ 하도와 퍼티에 핀홀 상태에서 도장 시

⑥ 강제 건조 시 도장 작업 후 급격한 열처리

(3) 예방

① 작업장 온도에 적합한 신너 사용
② 강제 건조 전 충분한 세팅타임을 주고, 열처리 온도를 서서히 상승 시행
③ 베이스 코트 작업 시 후레쉬 타임을 충분히 주고 3~4회 도장
④ 하도를 완전히 건조 후 후속 도장 시행
⑤ 도장 전 핀홀의 유무를 확인하고, 발견 시 퍼티 작업을 통해 수정 후 후속 도장 시행
⑥ 사용 도료에 적합한 점도유지

(4) 보수

① 미세한 핀홀은 건조 후에 P1500, P2000 연마지를 사용하여 연마 후 폴리시 작업 시행
② 결함 과다시 P1500 연마지를 사용하여 연마 후 상도 재도장 작업 시행

1.9 퍼티 자국(putty mark)

(1) 현상

상도 도장 전 퍼티 작업 부위에 자국이 형성된 결함

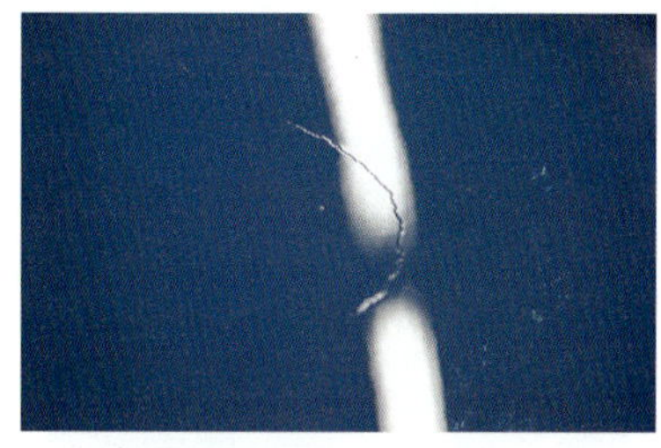

[그림 8-9] 퍼티 자국

(2) 원인

① 퍼티 작업 후 불충분한 건조
② 프라이머-서페이서 또는 상도 도장을 한 번에 두껍게 도장 시
→ 프라서페의 신너가 퍼티면을 부드럽게 하여 경계면 발생
③ 도료의 점도가 너무 낮을 때
④ 지건성 신너(리타더 신너) 혼합량의 과다로 용제 증발이 늦을 때
⑤ 구도막(자연건조형도막)과 퍼티가 경계면을 형성하여 도포 시

(3) 예방

① 퍼티 작업 시 규정량의 경화제를 혼합하여 사용하고 충분히 건조
② 구도막(자연건조형도막) 위에 퍼티가 도포되지 않도록 주의
③ 사용 도료의 점도를 적절히 유지하고 수 회(3~4회) 도장

(4) 보수

건조 후 고운 연마지로 결함 부위를 연마하여 제거한 후 우레탄 프라이머-서페이서로 도장 전 후속 도장

1.10 연마 자국(sander scratch)

(1) 현상

상도 도료의 용제가 구도막의 연마 자국을 확장시키고 피도면에 발생되는 결함

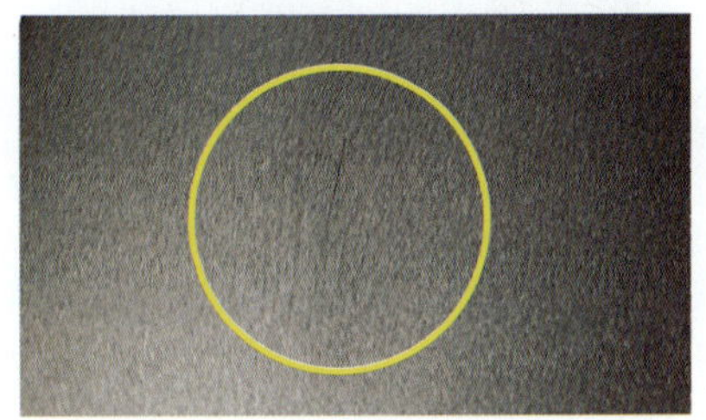

[그림 8-10] 연마 자국

(2) 원인

① 거친 연마지(P320번 이하) 사용
② 점도가 낮은 도료를 두껍게 도장 시
③ 지건성 신너(리타더 신너)를 과다 사용 시
④ 하도 작업면의 건조가 불충분할 때 연마 작업을 하고 후속 도장 시행

(3) 예방

① 작업 단계별 적절한 연마지 사용
② 연마전 하도 작업면의 충분한 건조
③ 사용 도료의 점도를 적절히 유지하고 수 회(3~4회) 도장

(4) 보수

① 건조 후 미세한 연마 자국은 컴파운드 작업 시행
② 결함 과다 시 고운 연마지로 연마하여 결함 제거 후 상도 재도장

1.11 퍼티 기공

(1) 현상

피도면의 퍼티 보수 부위의 작은 기공 발생

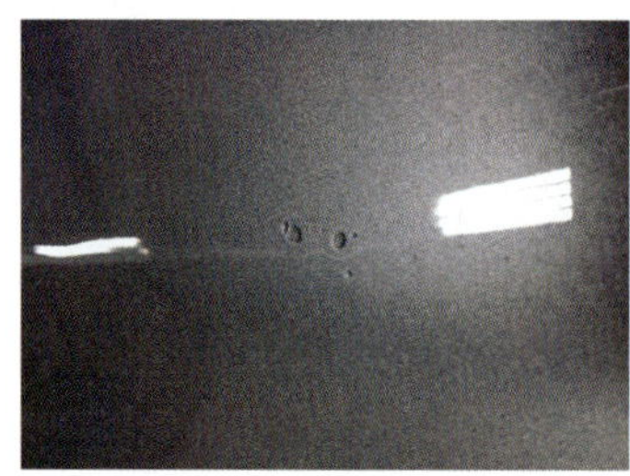

[그림 8-11] 퍼티 기공

(2) 원인

① 퍼티 작업 시 퍼티의 과도한 도포로 공기 유입
② 거친 입자의 안료 사용 시
③ 퍼티의 점도가 높을 때

(3) 예방

① 퍼티 도포 작업 시 얇게 수 회 도포
② 퍼티의 점도 높을 때 희석제 사용

(4) 보수

피도면 완전 건조 후 마감(폴리에스터 : 박막형) 퍼티 또는 래커 퍼티를 사용 얇게 재도포하여 기공 제거

1.12 광택 소실(fading)

(1) 현상

도장 작업 후 시간 경과에 따라 도막의 광택 소실

[그림 8-12] 광택 소실

(2) 원인

① 상도 작업 시 하도면의 불충분한 건조 후 시행
② 광택 작업(컴파운딩) 시 불충분한 건조 후 시행
③ 증발속도가 늦은 신너 사용 및 지건성 신너(리타더 신너)를 과다 혼합 시
④ 상도도막(베이스 코트)이 너무 두꺼울 때
⑤ 하도면에 기공 발생 시

(3) 예방

① 하도 및 상도 작업 후 충분히 건조
② 상도 작업 시 규정된 도막 두께 형성
③ 사용 도료 및 작업장 온도에 적합한 신너 사용
④ 하도에 쉽게 흡수되지 않는 도료 사용

(4) 보수

충분하게 건조된 후 광택 작업(컴파운딩) 시행

2. 도막 건조 후 발생 결함

2.1 부풀음(blister)

(1) 현상

피도면에 습기의 영향에 의해 부풀은 모양의 결함

[그림 8-13] 부풀음

(2) 원인

① 피도면에 오염물(오일, 수분, 땀, 연마분진, 먼지 등)의 제거 불량
② 스프레이 건 사용 시 압축 공기 내의 수분 및 유분의 혼입
③ 도막경계면(상도-중도-하도-철판)의 부착력 저하
④ 프라이머-서페이서의 습기에 대한 저항력 부족
⑤ 피도면의 장시간 노출에 따른 부식
⑥ 상도 도료의 부착력은 오염된 주변의 응축된 습기로 인해 약해지고 도막이 부풀어져 발생

(3) 예방

① 피도면의 철저한 수세 및 탈지 작업
② 공압 설비의 철저한 드레인 시행 후 도장 작업
③ 습기에 강하고 부착력이 우수한 2액형 우레탄 프라이머-서페이서 사용
④ 부착력이 우수한 도료를 선정하고 작업 단계별 조착연마를 철저히 시행
⑤ 피도면의 장시간 대기중 방치 금지

(4) 보수

결함 부위를 완전히 제거하고 재도장 시행

2.2 박리 현상(peeling)

(1) 현상

구도막, 하도 도료가 벗겨져 피도면의 강판이 노출되는 결함

[그림 8-14] 박리 현상

(2) 원인

① 피도면 오염물(오일, 수분, 땀, 연마분지, 먼지, 실리콘 등)의 제거 불량

② 베이스 코트(1액형) 도장 후 크리어 코트(2액형) 작업 시 크리어의 경화제 부족

③ 구도막 표면의 연마 미흡

(3) 예방

① 피도면의 철저한 수세 및 탈지 작업

② 크리어 도료의 정확한 비율로 혼합(전자저울 이용)

③ 구도막, 노출된 강판의 철저한 조착연마

④ 습기에 강하고 부착력이 우수한 2액형 우레탄 프라이머-서페이서 사용

(4) 보수

결함 부위를 완전히 제거하고 재도장 시행

2.3 크랙 현상(cracking-checking-crazing)

(1) 현상

태양의 자외선, 비, 열 또는 외적인 요인에 장시간 노출되어 피도면에 균열이 발생한 결함으로 도막의 균열은 습기를 흡수하여 부풀게 하고, 건조되면 도막이 수축한다. 이러한 부풀음과 수축이 반복되는 동안 도막의 결함은 점차 진전

[그림 8-15] 크랙

(2) 원인

① 도막을 너무 두껍게 도장

② 경화제의 과다 사용

(3) 예방

① 도막이 너무 두껍지 않도록 주의

② 경화제 사용 시 규정 비율 철저히 이행(전자저울 이용)

③ 중도용 도료는 2액형 우레탄 프라이머-서페이서 사용

④ 내후성이 우수한 상도용 도료 사용

(4) 보수

결함 부위를 완전히 제거하고 재도장 시행

2.4 물자국 현상(water spot)

(1) 현상

도막 표면에 고리형태의 백색 반점 모양의 결함

[그림 8-16] 물자국

(2) 원인

① 피도면의 불완전 건조 상태에서 비, 안개 등에 노출(습도 등의 영향)
② 경화제 사용 시 규정비율 미준수
③ 피도면에 조분, 나무의 수액(송진), 산성비, 가솔린 등의 장시간 잔류

(3) 예방

① 충분한 도막 건조 후 출고
② 도막으로부터 외부 오염물 제거
③ 경화제 사용 시 규정 비율 철저히 이행(전자저울 이용)

(4) 보수

① 결함 부위를 컴파운드 연마하여 제거
→필요 시 작업 전 가열하여 침투된 수분 제거
② 결함 과다 시 재도장 시행

2.5 변색(discoloration)

(1) 현상

피도면의 색이 변하거나 퇴색되는 결함
→태양의 자외선에 의해 노출된 안료의 퇴색 현상

[그림 8-17] 변색

(2) 원인

베이스 도료의 내후성이 약한 안료 사용

(3) 예방

상도 도료는 내후성이 강한 도료 사용(도료업체)

(4) 보수

① 1coat - 1bake 타입(2액형 솔리드 도료)의 도막의 경우, 결함 부위의 컴파운드 연마
② 결함 과다 시 구도막 제거 후 재도장

2.6 석회화 현상(chalking)

(1) 현상

피도면이 열과 비에 노출되어 수지와 안료가 분리되면서 가루가 되어 광택을 잃고 손으로 문지르면 손에 묻어나는 결함

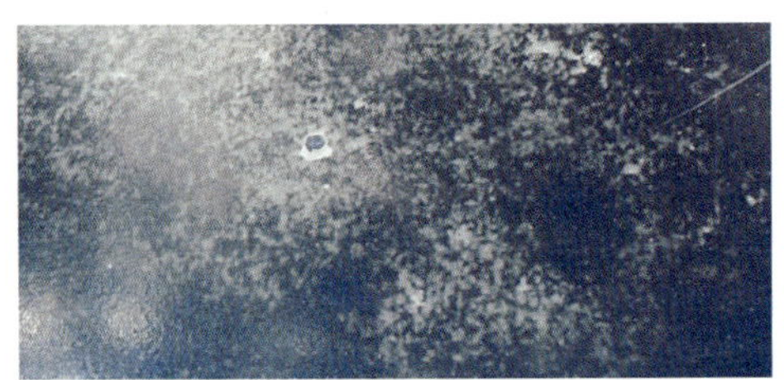

[그림 8-18] 석회화 현상

(2) 원인

① 내후성이 약한 상도용 도료 사용
② 상도 도료의 경화제 사용 비율 부적합 시

(3) 예방

① 내후성이 강한 상도용 도료 사용
② 경화제 사용 시 규정 비율 철저히 이행(전자저울 이용)

(4) 보수

① 결함 부위의 컴파운드 연마
② 결함 과다 시 결함부위 연마 후 우레탄 프라이머-서페이서 도장 전 상도 재도장

2.7 녹(rusting)

(1) 현상

피도면에 녹 발생

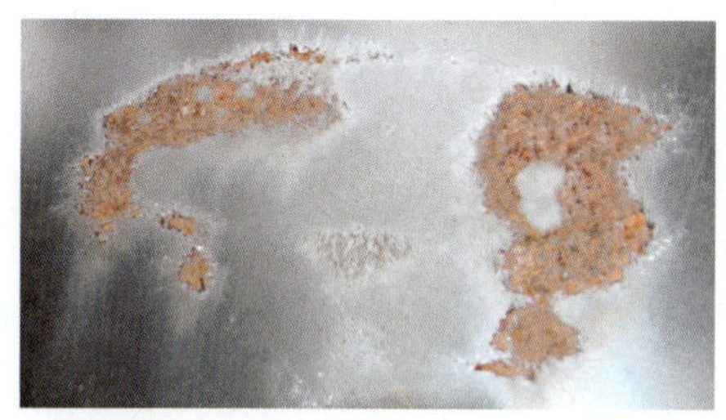

[그림 8-19] 녹

(2) 원인

① 구도막 제거 시 박리제 사용 후 세척 불량
② 금속면의 연마 불량
③ 피도면의 표면처리(방청) 작업 불량
④ 하도의 장시간 노출로 과도한 경화

(3) 예방

① 박리제를 사용하여 구도막 제거 시 세척을 철저히 하고 방청력이 우수한 프라이머 사용
② 적절한 조착 연마 시행
③ 철저한 표면처리 작업 시행
④ 규정된 작업단계별 도장 간격 유지

(4) 보수

구도막 제거 후 재도장 시행

제 2 절 도장 용어 해설

1코트-1베이크 시스템(1coat-1bake)

상도 도장 기법중 1단계 도장 시스템의 2액형 솔리드 도료를 도장하고 최종 1회 가열 건조시스템.

2코트-1베이크 시스템(2coat-1bake)

상도 도장 기법중 2단계 도장 시스템의 도료를 도장하고 1회 가열(크리어 코트 : 2액형)건조시스템.

3코트-1베이크 시스템(3coat-1bake)

상도 도장 기법중 3단계 도장 시스템의 도료를 도장하고 1회 가열(크리어 코트 : 2액형)건조시스템.

1차 원색(Primery Color)

빨강, 노랑, 파랑. 이것은 같은 색상이 없으며 다른 색상들의 혼합에 의해서 만들 수 없는 색상이다.

2차 원색(Secondary Color)

2차 원색을 만들기 위해 두 1차 원색을 혼합한다. 예를 들면 빨강과 노랑을 혼합하여 오렌지색을 만든다.

2액형(Two-Component)

주제와 경화제를 혼합하여 경화되는 타입의 도료.

1회 도장(Single Coat)

스프레이 작업 시 3/4씩 겹쳐 1회 도장으로 마무리하는 방법.

2회 도장(Double Coat)

스프레이 작업 시 3/4씩 겹쳐 2회 도장하는 방법.

가사 시간(Pot Life)

경화제를 혼합하여 도료를 사용할 수 없게 되는 시간.

가이드 코트(Guide Coat)

보통 프라이머-서페이서 도장면에 다른 색상의 가이드 코트를 도장하여 연마하면 연마되지 않은 부분의 가이드 코트가 남아 있으므로 연마의 정도를 쉽게 알아 볼 수 있도록 하는 도료이다.

갈라짐(Crack)

도막의 표면에 미세한 갈라짐 혹은 쪼개짐으로 부적당한 도막형성이나 너무 두꺼운 도막에서 발생한다.

강도(Toughness)
스크래치, 마모 등에 저항하는 도막의 정도.

강제 건조(Force Dry)
열을 가함으로써 빠르게 건조

건조(Dry)
도막으로부터 용제의 증발.

건조 도막 두께(Dry Flim Thickness = D.F.T)
건조, 경화 후 도막의 두께, 단위는 마이크론(μ)이나 밀(mill)을 사용한다.

건조제(Drier)
도료에 사용되는 건조를 촉진시키는 물질.

경도(Hardness)
연필 경도로 측정되며 도막의 딱딱함 정도를 말한다.

경화(Cure)
건조 과정중의 도막의 화학반응. 차후에 용제에 용해되지 않음.

경화제(Hardner)
주제를 경화시키는 화학적 물질.

고농축 도료(High Strength/High Concentrated)
고형분 부피비에서 안료의 량이 수지에 비해 높은 도료.

고온 소부(High Bake)
80℃ 이상 도막의 소부.

고형분(Solid)
증발하지 않는 안료, 수지 등 도료의 일부.

광택(Gloss)
도막 표면의 빛 반사.

광택 손실(Die Black, Low Gloss)
폴리싱 후 용제의 증발이 계속되면서 광택의 점차적인 손실.

광택제(Glaze)
광택이나 윤을 얻기 위해 사용하는 매우 고운 광택제.

광학적 반응 물질(Photochemically Reactive)
오존이나 스모그와 같은 강산성을 형하는 물질로서 자외선으로 반응하는 유기물질.

귤껍질 현상(Orange Peel)
귤껍질과 유사한 표면으로 부적절한 보수도장으로 발생.

그라운드 코트(Ground Coat)
높은 은폐율을 위해 은폐가 낮은 색상을 도장 전에 안료분이 높은 도료를 도장하는 것.

기본 색상(Color Standard)
신차 색상의 기본 패널, 이 색상은 부여된 코드가 있는데 자동차 공장에서 부여된 차량의 색상이다.

내후성(Durability)
도막의 기후에 대한 저항성 정도.

높은 고형분 도료(High Solid)
액체 상태에서 건조되어 남는 성분이 휘발되어 되는 성분보다 많은 도료.

니트로 셀롤로오즈 락카(Nitro Celloluse Lacquer)
도막형 요소로서 니트로 셀로로즈로 만든 용제 증발형 락카.

단 낮추기 작업(Feather edge)
금속면으로부터 구도막의 상도면에 이르기까지 가장 자리 부위에 대한 도막간 경계면을 평탄하게 하는 작업.

단색(Solid Color)
도료의 안료 중 메탈릭 안료를 포함하지 않는 색상.

도료 침전(Paint Setting)
도료 캔의 바닥에 희석 혹은 희석되지 않은 도료의 고형분의 침전.

도장 변수(Variables)
도장하는 사람이 조절할 수 있는 사항으로 희석비율, 공기압, 건의 움직임 속도, 후래쉬 타임.

드라이 스프레이(Dry Spray)
스프레이시 촉촉함 없이 날려 도장하는 방법.

브리틀(Britle)
유연성이 없는 딱딱한 도막.

락카(Lacquer)
용제 증발에 의해 건조되는 도료로서 장시간이 경과해도 도막이 용제에 의해 녹는다.

랜덤 배열(Random Orientation)
특별한 형식 없이 메탈릭이나 마이카 조각이 배열된 분포.

리타더(Retarder)
용제의 증발이 아주 늦음. 작업장의 온도가 용제의 증발을 늦추기 위해 첨가한다.

리프팅(Lifting)

주름의 원인이 되는 용제 용해형 하도 도료에 용제가 침투하여 하도로부터 주름이 발생하여 상도에까지 영향을 미침.

마감 퍼티(Spot Putty)

하도의 결점을 메우는데 사용하는 도료. 락카 혹은 폴리에스테르 수지로 만들어짐. 고무헤라로 도장하고 매끈하게 연마한다.

마스킹(Masking)

도장하지 않는 부분에 도장 작업을 할 때 도료가 묻는 것을 막기 위해 부착력과 내용제성이 우수한 테이프와 종이를 사용하여 적용하는 공정.

메탈릭 색상(Metallic Color)

다양한 크기의 알루미늄 조각을 포함하는 색상. 다양하게 조화를 이루어 사용하고, 양을 조정하여 사용할 때 색상의 광학적 특성을 변화시키는 빛 반사 특성을 가지고 있다.

메틸에틸케톤(MEK)

많은 페인트 희석제와 신너에 많이 사용되는 용제로서 증발 속도가 빠르다.

명도(Depth)

두 색상을 비교하여 밝고 어두움을 말함. 조색 시 제일 먼저 조정.

물고기 눈(Fish Eye)

오염에 의해 크레터링과 유사한 둥근 분화구 현상으로 크기가 크레터링보다 작다.

미립화(Atomize)

스프레이 건을 사용하여 페인트를 작은 입자로 분사하는 것.

미스트 코트(Mist Coat)

균일한 메탈릭 상도 색상에 약한 스프레이 도장으로 숨김 도장에 적용하거나 얼룩제거용 도장에 사용한다. 때때로 균일한 마감 도장과 광택증가를 위해 적은 양의 용제를 사용할 때도 있다.

밀(Mill)

도막 두께를 측정하는 단위로 1/100inch와 같다.

박리 현상(Flake-Off, Peel-Off)

소지 혹은 하도에서 떨어져 나온 페인트, 언더코트, 바디 실러, 상도 등의 조각이 떨어져 나가는 현상.

반점(Mottling)

도막 안에서 메탈릭이나 마이카 입자의 얼룩.

배열(Defined Orientation)

지정된 방향으로 메탈릭이나 마이카(펄)조각의 분산 분포.

백열광(Incandescent Light)
유리전구의 필라멘트에서 발산하는 빛.

백화(Blushing)
응축수나 습도막에서 높은 습도에 의해 상도에 나타나는 우유 빛 결함으로 이것은 열을 가하면 제거된다.

베이스 코트/크리어 코트(Base Coat/Clear Coat)
색상 도장과 투명 도장으로 2회 도장하는 시스템.

버핑(Buffing/Compounding)
상도의 광택이나 이물질 제거를 위해 부드러운 연마제를 사용하며, 사람의 손이나 기계를 사용한다.

벗겨짐(Delamination)
부착 불량으로 도막의 벗겨짐.

벗겨짐(Peeling)
연속 도장되는 도막과 도막사이의 부착 불량으로 도막이 떨어지는 현상.

보색(Complementtary Colors)
색상환에서 반대되는 색상.

부분 보수(Spot Repair)
자동차나 패널의 일부분만을 재도장하는 공정.

부착촉진제(Adhesion Promoter)
상도 도료의 부착을 증진시키기 위해 신차 도막(OEM)이나 경화되는 도막 위에 사용하는 물질.

부풀음(Blister)
하도 도장의 용제나 습기로부터 발생되는 압력에 의해 도막에 주름이나 부풀음이 생기는 현상.

불투명 상도(Opaque)
상도가 투명하지 않음. 하도가 보이지 않아 빛이 통과할 수 없음.

브리징(Bridging)
프라이머나 서페이서가 연마 자국이나 흠집 부위를 메우지 못한 경우에 발생, 하도 도장에는 나타나지 않으나 상도 도장 전에 보이게 된다.

사전조색 시스템(Factory Package Color = F.P.C)
보수도장에 사용되는 특별한 자동차 색상코드의 색상으로 도료회사에서 조색하고 생산하여 포장한 자동차 색상 도료.

산화(Oxidtion)
산소와 다른 물질과의 사이에 화학적인 반응으로 도막 경화, 도막 형성 파괴, 금속의 녹 등이 산화의 원인으로 발생한다.

상도(Topcoat)
도장 공정중 안료를 포함하는 도막의 능력.

상태 조정(Let Down)
색조와 착색력을 알 수 있는 공정으로 백색 혹은 실버의 추가로 조색 능력 혹은 매스톤의 강도를 줄이는 과정.

색 보지력(Color Fast, Color Retention)
오랜 기간 동안 원래의 색상을 유지시키는 능력.

색맹(Color Brind)
색상의 분별을 할 수 없는 사람의 상태. 특정한 색상이나 또는 어떤 색상일지라도 감지할 수 없거나 차이를 알 수 없음.

색바램(Fading)
도장면이 점차적으로 색상이나 광택이 변함.

색번짐(Bleeding)
구도막의 염료, 안료가 보수도막의 용제에 의해 녹아 새로운 도막에 색상으로 떠오른 현상.

색분리(Floating)
안료가 페인트 용제, 수지와 분리되어 젖은 도막 표면에 유동성을 가지는 특성.

색상 도장(Color Coat)
마지막 마무리의 색상을 도장.

색상의 착색력(Strength of Color)
원색이나 조색제의 착색 능력, 은폐능력.

색약(Color Defficience)
색상분별이 약한 상태, 어떤 색상이나, 색상의 수준을 감지할 수 없거나 차이를 알 수 없음.

색조(Cast)
색상의 변화. 예 청색기가 도는 적색

색조(Shade)
색상의 다양함. cast와 같은 의미.

선명성(D.O.I = Distinctness Of Image)
화상의 도막반사가 선명한 정도.

섬유소(Cellulose)
도료를 만들기 위해 면실유로 만들어지는 천연 중합체나 수지.

소광제(Flatting Agent)
페인트를 거칠게 하거나 광택을 낮출 때 사용.

소부건조(Baking)
경화속도나 건조시간을 빠르게 하기 위해 열을 가하는 방법.

수용성 도료(Waterborne Coating)
도료의 휘발성분 중 물을 5% 이상 포함하는 도료.

수지(Resin)
고형분이나 도막 두께를 나타내는 도막의 투명 혹은 반투명부분. 수지는 광택, 안정성, 부착, 작업성, 건조 등의 특성을 부여한다.

수축(Shrinkage)
용제 증발로 도막이 단단해지거나 수축됨.

숨김 도장(Blending)
마무리 색상을 약간의 점차적인 차이를 두어 도장함으로써 두 색상을 구별할 수 없게 만드는 방법. 하나의 색상을 다른 색상에 서서히 색상의 차이를 줌으로서 흡수시키는 것.

스프레이 패턴(Spray Pattern)
스프레이 건에서 도료가 분사될 때의 모양으로 긴 타원형부터 둥근 모양으로 조절할 수 있다.

습도(Humidity)
공기 중에 %로 측정되는 물의 양이나 정도.

신너(Thinner)
도료의 점도를 낮추는데 사용하는 용제로 희석제와 동일하게 통용된다.

실러(Sealer)
색상 유지력을 증진시키기 위해 상도 전에 도장하는 도료로서 색상이나 부착에 기여하지는 않는다. 그러나 보수도장의 현장에서는 실러의 의미는 새로운 부품의 헤밍부위 등의 방수목적으로 도포하는 것을 의미하기도 한다.

씨앗현상(Seedy)
매우 작은 불용성 입자 때문에 도료가 거칠고, 모래알 같은 외관의 결함.

아크릴(Acrylic)
광택 및 내구력을 증진시키기 위해 사용되는 페인트 원료 수지.

안료(Pigment)
불용성의 고운가루로 천연 및 인조, 유기 및 무기 안료가 있다. 안료는 도료에 색상, 경도, 안정성, 은폐, 내오염성을 부여한다.

안료농도(Concentration)
도료상의 수지와 안료의 비.

안정제(Stabilizer)
베이스 코트 색상에 메탈릭을 통제하고 재도장 시간에 있어서 도움을 주는 첨가제로서 특별한 용제를 포함한 용제가 사용한다.

얼룩(Chmical Stain/Spotting)
눈, 비, 공기 등의 오염으로 발생되는 반응 화합물에 의해 발생되는 원형, 사각형 혹은 불규칙한 점이나 퇴색된 도막의 부위.

에칭프라이머(Etching Primer)
일명 워시프라이머. 비닐부틸랄 수지와 녹발생을 억제하는 징크 크로메이트 안료가 주성분으로 녹발생 방지와 부착력 향상을 위해 도장하며 두껍게 도장되거나 불완전 건조 시 부착력이 저하된다.

연마(Grinding)
거친 연마제를 사용하는 데 보통 퍼티를 도장하기 전에 구도막을 연마하는 것을 그라인딩이라 한다.

열가소성 도료(Thermoplastic Paint)
열을 가함으로서 부드럽고 유연하게 되고 냉각시키면 딱딱해지는 도료.

열경화성 도료(Thermosetting Paint)
열을 가했을 때 단단해지고 재성형을 할 수 없게 되는 플라스틱 형태로 열을 가한 후에는 내역성이 있다.

오존(Ozone)
대기에서 자외선 흡수에 필요하며 지상의 스모그 성분.

용액(Solution)
둘 또는 그 이상의 서로 다른 물질이 완전히 혼합되어 있음.

용액화(Reform)
도료를 용해하거나 용액으로 만들기 위해 어느 정도 열을 가함.

유연제(Flexible Agent)
도료에 유연성을 첨가시켜주는 물질로서 일반적으로 고무나 유연성을 가진 플라스틱을 사용한다.

은분 안료(Aluminium Pigment)
빛의 반사를 위해 도료에 사용되는 작은 알루미늄 조각. 이 얇은 조각이 크기에 따라 변화를 보이고, 매혹적이고 반짝이는 빛을 반사.

은폐력(Coverage, Hiding Power)
표면을 안료색상으로 숨기거나 덮어씌우는 능력.

응어리져 굳음(Clouding)
경화제에 의해 도료가 겔(gelling)이나 부분경화에 의해 발생.

이산화티타늄(Titanium Dioxide)
도료에 사용되는 안료 중 백색을 나타내는 안료는 이산화티타늄 계통으로 비중이 높다.

이색현상(Metamerism)
하나의 광원 혹은 여러 광원에서 두 색상이 같게 보이지만 모든 광원 혹은 모든 조건하에서 색상이 맞지 않는다. 이 색상은 일정한 조건에서만 같게 보인다. 각각 색상은 서로 다른 스펙트럼 분포 곡선을 가지고 있다.

이소시아네이트(Isocyanate/Polyisocyanate)
질소, 탄소, 산소의 그룹을 지닌 화학 물질로서 우레탄 도막에서 가교 결합을 주는 우레탄 촉매와 경화제에 사용한다.

자연건조(Air Dry)
상온에서 상도 도료의 건조 혹은 용제 증발.

자외선(Ultra Violet Light)
스펙트럼의 가시광선 아래쪽에 위치하는 영역으로 도료의 색을 바래게 하는 원인이 되는 스펙트럼 영역.

재도장(Refinish)
보통 하도나 상도로 도장된 표면을 다시 도장하거나 보수하는 작업.

저압 다량 도장(High Volume Low Pressure = HVLP)
1~2기압의 낮은 압력으로 압송하지만 표면에 토착되는 도료의 양은 많은 도장방법.

저압 도장(Low-Pressure Coat)
낮은 에어압력으로 마감 도장을 하는 공정.

저온소부(Low-Bake)
60~80℃에서 도막을 열처리.

적외선(Infra-Red Light)
전기 스펙트럼에서 가시광선 영역 위의 영역, 열 경화 도료에 사용될 수 있다.

전이율(Transfer-Efficience)
사용된 도료 양과 비교하여 소지 표면에 실제로 도장된 도료양의 % 비율.

점도(Vicosity)
오리피스관을 통하여 흐르는 양으로 측정하거나 일정량이 흐르는 시간으로 측정한다.

정면관찰(Direct Face)
직각으로 색상을 관찰.

정전 도장(Electrostatic Paint Application)

정전기에 의한 도장방법으로 도료와 피도물의 서로 다른 전하를 갖게 하여 도료를 피도물에 균일하게 도장하는 공정.

조색(Color Matching)

두 색상이 같은 조건에서 관찰할 때 차이를 인지할 수 없는 상태.

조색제(Colorant, Intermidiate)

안료, 용제, 수지가 주체가 됨. 현장 조색 시스템의 상도 도료를 만들 때 사용되며 안료가 고농축으로 되어 있음.

주름(Pucked)

첨가제의 상용성이 일치하지 않아 잔주름이나 뒤틀림이 생김.

지촉건조(Tack Free)

완전히 건조(경화)되지 않았지만 도막이 끈적거리지 않는 도막 건조시간.

착색제(Tinter)

다른 색상의 변화를 위해 사용된 순수한 원색 도료.

첨가제(Additive)

특별한 물성을 증진시키기 위해 도료에 첨가하는 화학 물질.

촉매(Catalyst)

경화속도를 빠르게 하거나, 재도장성을 좋게 하거나, 내후성을 혹은 광택을 높이는 첨가제가 있다.

촉진제(Accelerator)

도막의 경화속도를 빠르게 하는 도료 첨가제.

쵸킹(Chalking)

도막이 기후에 의한 열화로 하얀 가루가 묻어나는 현상.

측면색감(Flot=Side Tone)

측면에서 보았을 때 상도 도료의 색상(20°, 60°).

층간부착(Innercoat Adhension)

도막과 도막과의 부착능력.

칩핑(Chipping)

보통 돌멩이의 충격에 의해 발생하는 도막의 벗겨짐.

크레이징(Crazing)

도막에 가늘게 여러 방향으로 무수히 많은 크랙이 모여있는 현상의 결함.

크레터링(Cratering)

도막에 오염물질의 영향으로 도막에 분화구와 같이 패여 있는 결함.

크로스 코트(Cross Coat)

십자(+)형으로 도장함. 첫 번째는 한 방향으로, 다음은 처음의 90° 방향으로 도장을 함.

택크로스(Tack Cloth, Tack Rag)

도장 전에 먼지를 제거하는데 사용되는 끈끈한 면 조각.

토너(Toners)

안료, 용제, 수지를 연육하여 만듦. 현장 조색 시스템으로 색상을 만들기 위해 사용됨.

퍼짐성(FlowSelf-Leveling)

젖은 도막의 퍼짐을 나타내는 특성.

퍼티(Body Filler)

자동차 차체부위의 손상에 의해 생기는 요철면을 메우는 하도 작업에 사용되는 활성폴리에스테르 타입의 도료.

펄색상(Pearl Color)

펄의 다양한 크기와 색상을 포함하는 안료. 펄 조각은 빛의 반사, 통과, 흡수에 따라 다양한 광학적 특성을 갖고 있다. 단색이나 은분조각에 첨가했을 때 보는 각도에 따라 색상이 다르게 보인다.

포그코트(Fog Coat)

도료의 마지막 분사 도장, 보통 정상보다 높은 공기압과 먼 도장 거리를 유지하고 도장한다.

프라이머 실러(Primer Sealer)

부착을 증진시키고 최소의 도장으로 색상 유지를 위해 사용되는 하도 도료.

프라이머-서페이서(Primer-Surfacer)

표면에 대해서는 프라이머 역할을 상도에 대해서는 서페이서 역할을 하는 도료.

플래쉬타임(Flash Time)

또 다른 도장이나 열을 가하기 전에 도장된 피도물로부터 용제가 증발하도록 필요한 시간. 도장간 대기시간을 말함.

핀홀(Pin Hole)

도장하고 건조된 도막의 표면에 바늘구멍과 같은 결함을 말한다.

하도(Primer)

이 도료는 내 오염성, 부착, 내 화학성을 부여하기 위해 하도에 도장한다.

핸드 슬릭(Hand Slick)

도장 전 다시 도장할 수 있을 정도의 젖은 도막이 되는데 걸리는 시간.

홀드아웃(Hold Out)

하도가 상도를 흡수하지 않는 능력.

화학처리(Etching)
내오염성, 하도의 부착 혹은 녹 제거를 위해 화학물질로 처리하는 공정.

회색기(Grayness)
어떤 특정한 색상에서 흑색 혹은 백색의 양.

휘발성 유기화합물(VOC = Volatile Organic Compound)
대기의 광화학적인 반응에 관계된 유기 화합물로서 휘발성이 있음.

흐름(Running, Sagging)
표면 위에 부착되지 못한 과도한 도막이 부분적으로 흘러내리는 것을 말한다.

희석제(Reducer)
모든 도료의 점도를 낮추는데 사용되는 용제. 용제 하나일 수도 있고 여러 용제의 혼합물일 수도 있다.

관련자료 출처

[그림 1-4] 활성탄과 방진 필터의 구조
http://blog.naver.com/hun2ssi?Redirect=Log&logNo=30114591819
http://blog.naver.com/allthatpaper?Redirect=Log&logNo=20129079379

[그림 2-19] 모세관 점도계
출처 : http://www.dongjins.com/index.htm

[그림 2-20] 기포 점도계
출처 : (주)에이비 넥소(BYK-Gardner)

[그림 2-21] 점도컵
출처 : (주)에이비 넥소(BYK-Gardner)

[그림 2-22] 회전 점도계
http://www.dreamsci.co.kr

[그림 2-23] 은폐력 시험
출처 : (주)에이비 넥소(BYK-Gardner)

[그림 2-24] 색의 안전도
출처 : http://www.techcomp.com.hk/product_detail.asp?id=197(분광광도계)
http://www.dreamsci.co.kr(색차계)

[그림 2-25] 광도 측정
출처 : (주)에이비 넥소(BYK-Gardner)

[그림 2-26] 경도 측정기
출처 : (주)에이비 넥소(BYK-Gardner)

[그림 2-27] 묘화 시험기
출처 : http://www.dreamsci.co.kr

[그림 2-28] 크로스커팅 시험기
출처 : (주)에이비 넥소(BYK-Gardner)

[그림 2-29] 에리센 시험기
출처 : http://www.dreamsci.co.kr

[그림 2-30] 굴곡 시험기
출처 : (주)에이비 넥소(BYK-Gardner)

[그림 2-31] 내충격 시험기
출처 : http://www.dreamsci.co.kr

[그림 3-15] 싱글액션 샌더
출처 : http://09yes.com/shop/main/index.php

[그림 3-16] 더블액션 샌더
출처 : http://www.uro.co.kr

[그림 3-17] 오비탈 샌더
출처 : http://www.uro.co.kr

[그림 3-18] 스트레이트 샌더
출처 : http://www.uro.co.kr

[그림 3-19] 벨트 샌더
출처 : http://09yes.com/shop/main/index.php

[그림 3-21] 집진기 세트
출처 : http://www.uro.co.kr

[그림 3-55] 칼라 샌딩용 더블액션 샌더와 트라이젝 연마지
출처 : http://www.uro.co.kr

[그림 3-57] 폴리셔의 종류
출처 : http://09yes.com/shop/main/index.php

[그림 3-58] 버프의 종류
출처 : http://www.uro.co.kr

[그림 7-6] 프라스틱 열풍 용접기
출처 : http://mc.daara.co.kr/mc/sell/s_view.php?no=82171&bc=05&mc=02

정석 자동차 보수도장

지 은 이	성낙천 · 양은상 · 김영길 · 김동학
펴 낸 이	김형근
펴 낸 곳	도서출판 기한재
주　　소	경기도 파주시 회동길 56 (파주출판도시)
전　　화	031)955-0900~2
팩　　스	031)955-0100
등　　록	1990년 3월 15일 제2-968호
발　　행	2021년 3월 30일 1판 3쇄
정　　가	19,000원

Published by Kihanjae Co.
ISBN 978-89-7018-681-8
http://www.kihanjae.com
E-mail : kihanjae@hanmail.net